ILJA BOHNET

DIE 42 GRÖSSTEN RÄTSEL DER ASTRONOMIE

»It cannot be seen, cannot be felt,
Cannot be heard, cannot be smelt.
It lies behind stars and under hills,
And empty holes it fills.
It comes first and follows after,
Ends life, kills laughter.«[1]
– J. R. R. Tolkien, *The Hobbit*

1 – Zu Deutsch etwa: »Man kann's nicht sehen noch aufstöbern, kann's nicht riechen und auch nicht hören. Es liegt hinter Sternen und unterm Gestein, rieselt in leere Löcher hinein. Es kommt zuerst und folgt zuletzt. Löscht alles Leben, bis keiner mehr schwätzt.«

DIE 42 GRÖSSTEN RÄTSEL DER ASTRO—NOMIE

URKNALL,
SCHWARZE LÖCHER,
LEBEN IM UNIVERSUM

AKTUELLE FORSCHUNG,
EXKLUSIVE EINBLICKE

ILJA BOHNET

KOSMOS

Für Momeln

INHALT

5 DIE MYSTERIEN DER GALAXIEN

6 DAS FURIOSE UNIVERSUM

GRUSSWORT

Rätsel als Schlüssel zur Erkenntnis

Die vorliegenden 42 Rätselfragen sind eine geschickte Auswahl von bedeutsamen Fragestellungen der Astronomie, Astrophysik und Kosmologie – einige davon sind fundamental und rätselhaft, andere eher supplementär und ins Detail gehend. Grundlage bilden Gespräche mit gut zwei Dutzend Wissenschaftlerinnen und Wissenschaftlern aus den jeweiligen Fachgebieten der Astronomie, flankiert von Beispielen aktuell laufender oder geplanter Projektvorhaben und Missionen. Eine gewisse Ähnlichkeit zu dem Buch *Die 42 größten Rätsel der Physik* des Autors ist gewollt, doch der Themenbereich hier ist komplementär im besten Sinne. Es wird auch deutlich, dass die Eigenschaften der kleinsten Teilchen die Eigenschaften des ganzen Universums bestimmen und von allen Objekten und Phänomenen darin. Umgekehrt kann man aus Beobachtungen der Sterne, Galaxien und gar der Schwarzen Löcher auf Eigenschaften der Elementarteilchen schließen, die wir (noch) nicht direkt messen können. Der Duktus der Unterkapitel zu den Rätselfragen spiegelt die Leichtigkeit der Gespräche wider, was die Begeisterung der Forschenden für ihre Arbeit erkennbar macht. Eine Übersicht zu Beginn über den Gegenstand des Buches ist hilfreich und lässt schon erahnen, wie vielschichtig die Astronomie geworden ist und wie vielschichtig und erkenntnisproduktiv die Vernetzung von Teilgebieten ist. Der Erzählstrang folgt sechs Hauptkapiteln, denen jeweils eigene kurze Einführungen vorangestellt werden.

Das Buch erscheint pünktlich zum 100. Geburtstag der Entdeckung der Rotverschiebung der meisten Galaxien durch Edwin Hubble, die im Jahr 1925 den Anstoß für die Entwicklung der Kosmologie eines dynamischen Universums lieferte. Zeitgleich feiert die Quantenmechanik ihr Jubiläum, die von Werner Heisenberg und seinen

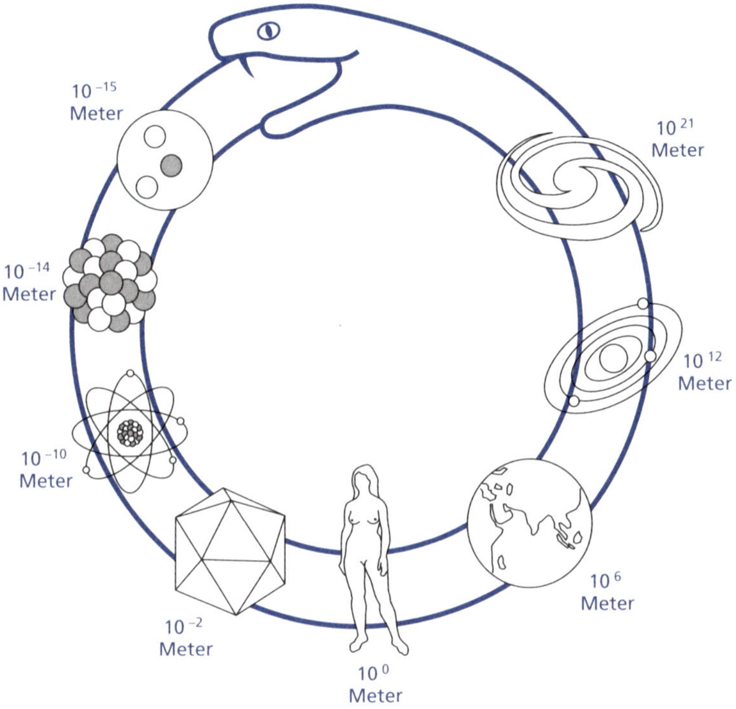

Kollegen ebenfalls vor 100 Jahren begründet wurde. Die Quanten haben ihren Einzug über die Teilchenphysik bereits in unglaublich viele Bereiche unserer täglichen Technologie gehalten. Die das Universum beherrschende Gravitation wird hervorragend durch Einsteins Allgemeine Relativitätstheorie beschrieben – doch die Verbindung zu den Quanten ist noch immer rätselhaft. Die Leserschaft wird sich davon nicht beirren lassen, sondern mit den Gesprächspartnern zusammen staunen, was wir alles schon wissen – und was nicht.

Prof. Dr. Johannes Blumer
Vorsitzender der Heisenberg-Gesellschaft

EINLEITUNG

VON WELTBILDERN UND WELTRÄTSELN

Ein Überblick, …

… worin kurz der Gegenstand des Buches skizziert wird, wir anschließend einen Streifzug durch die Geschichte der Astronomie entlang ihrer Weltbilder und Rätsel antreten, dabei wichtige naturwissenschaftliche Meilensteine des spannenden 20. Jahrhunderts und damit verbundene offene Fragen näher in Augenschein nehmen, um schließlich zu dem kosmologischen Weltbild von heute zu gelangen.

WAS IST GEGENSTAND DIESES BUCHS?

Die Fragen nach allem

Um es mit den Worten des Autors Douglas Adams zu sagen: Im Grunde geht es in diesem Buch um nichts weniger als um die Frage nach »life, the universe and everything«. Etwas trockener formuliert: um die Entstehung und den Aufbau unseres Universums und unseren Platz darin. Diese Frage ist beileibe nicht neu. Sie führt uns zur ältesten Wissenschaft der Menschheit, zur Astronomie. Das ist die Stern- und Himmelskunde, die sich mit der Erforschung des Weltalls befasst – mit Objekten wie der Sonne und den Planeten, Fixsternen und Galaxien, sowie mit ihrer Verteilung, Bewegung, physikalischen

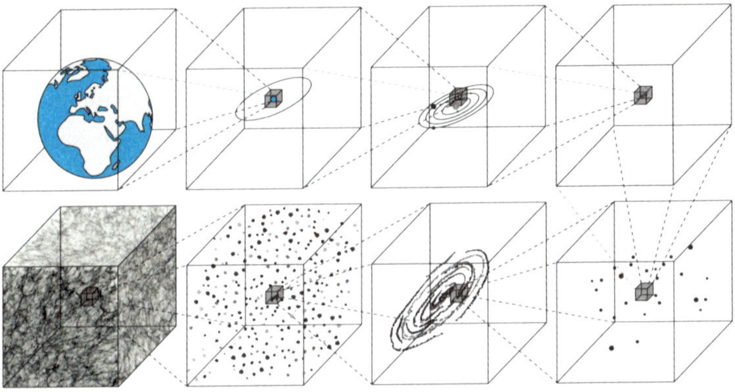

Ein Zoom ins Universum: von der Erde mit $15 \cdot 10^6$ Metern über die inneren Planeten des Sonnensystems in jeweils 1000-facher Vergrößerung bis an die Grenzen des beobachtbaren Universums von $1{,}5 \cdot 10^{27}$ Metern.

Funktionalität und chemischen Zusammensetzung. Die Astronomie hat im Laufe ihrer Erkenntnis- und Forschungsgeschichte große Wandlungen durchlebt, sich zunehmend entkoppelt sowie von einer ganzheitlichen Betrachtungsweise der Welt, der noch die Steinzeitmenschen und ersten Kulturvölker anhingen, emanzipiert und hin zu einer ausgewachsenen modernen Naturwissenschaft entwickelt.

Einfach gesprochen analysiert die moderne Astronomie zunächst die aus dem Kosmos kommenden optischen Signale. Auch solche, die über den sichtbaren Frequenzbereich hinausgehen – vom Gamma- und Röntgenbereich über Ultraviolett- und Infrarotstrahlung bis hin zum Radiobereich. Die Astronomie ist eng verknüpft mit der Astrophysik, die das Weltall mit physikalischen Methoden erforscht – beispielsweise mittels der Spektralanalyse, sprich der Zerlegung des Lichts in verschiedene Wellenlängenbereiche. Die Einbettung der kosmischen Strahlung in die astronomische Beobachtung führt zur Entwicklung der Astroteilchenphysik, womit kosmische Elementarteilchen als Signalformen ins Spektrum des beobachtbaren Universums hinzukommen. Dementsprechend werden in der heutigen ›Multimessenger‹-Astronomie ganz unterschiedliche Signale und Strahlungsarten aus dem Kosmos beobachtet. Dazu werden mannigfache experimentelle Apparaturen gebraucht, von klassischen Fernrohren, den Teleskopen, bis hin zu großflächig verteilten Detektorsystemen. Mit der noch jungen Entdeckung der von Albert Einstein vorhergesagten Gravitationswellen gewinnt das Spektrum der astrophysikalischen Untersuchungsmethoden eine weitere Facette hinzu. Die Multimessenger-Astronomie stellt die verschiedenartigen Signale aus dem Kosmos in einen gemeinsamen physikalischen Kontext – die Kosmologie.

Die Kosmologie ist die Lehre vom Weltall als ein einheitliches Ganzes. Auf der Grundlage astronomischer und astrophysikalischer Beobachtungen untersucht die heutige Kosmologie die Entstehung, die Entwicklung, das Alter, die Ausdehnung, die Zusammensetzung und die Struktur des Universums. Wie wir sehen werden, ist diese Art der Kosmologie noch verhältnismäßig jung. Obschon die Menschen seit Jahrtausenden in den Himmel blicken, um Jahreszeiten zu bestimmen und in Einklang mit der Welt zu kommen, erschien ihnen der Sternenhimmel unvergänglich – von vereinzelt aufscheinenden astronomischen Ereignissen einmal abgesehen. Erst seit 100 Jahren erkennen wir, dass dieser Sternenhimmel, wie auch das Weltall als Ganzes, dramatischen Veränderungen unterworfen ist. Wie schon den Altvorderen muss auch uns heute die Welt groß, geheimnisvoll und rätselhaft erscheinen. Doch die Welträtsel von damals, die das Weltbild der Menschen bestimmten, waren andere als die Rätsel der Gegenwart. Um den Wandel der Weltbilder und Welträtsel in der Menschheitsgeschichte besser zu verstehen und uns einzustimmen auf die 42 größten Rätsel der Astronomie heute, werden wir im folgenden Abschnitt einen kurzen Streifzug durch die Geschichte dieser faszinierenden Wissenschaft machen.

DER KOSMOS UND SEINE RÄTSEL IM SPIEGEL DER GESCHICHTE

Die Kunst des richtigen Fragenstellens

Der Sternenhimmel übt auf die Menschen seit jeher eine große Faszination aus. Unerreichbar und doch vertraut, erscheint er uns zeitlos, geheimnisvoll und überwältigend. Kaum verwunderlich, dass systematische Himmelsbeobachtungen bereits von den Urmenschen betrieben wurden. Die geografische Ausrichtung von Grablegungen aus der Steinzeit zeugt von ihrer sehr genauen Kenntnis der Himmelsrichtungen. Megalithische Steinsetzungen wie zum Beispiel Stonehenge, das vor etwa 5000 Jahren errichtet wurde, beweisen überdies eine beeindruckende Leistung hinsichtlich Organisation und Logistik für den Bau der Anlagen, die der heutiger Großforschungsprojekte in nichts nachsteht. Solche steinzeitlichen Monumente dürften neben rituellen Zwecken in erster Linie als Hilfsmittel für die Einteilung der Kalenderzeiten gedient haben. Auch die Himmelsscheibe von Nebra aus der Bronzezeit legt davon Zeugnis ab. Durch die Einführung von Schrift und Zahlenarithmetik der sich anschließenden Hochkulturen in der Bronze- und Eisenzeit konnten die Himmelsbeobachtungen akribischer betrieben und dokumentiert werden, sie dienten fortan nicht nur zur Messung der Jahreszeiten, sondern auch zur Vorhersage von besonderen Himmelsereignissen, wie Mond- und Sonnenfinsternissen. Dementsprechend eng gekoppelt war die Astronomie an die Astrologie, die Vorhersagen über die angebliche Wirkung der Gestirne auf das Schicksal der Menschen macht. Doch ob Steinzeitgesellschaften oder später die Hochkulturen: Die astronomischen Beobachtungen waren fest eingebettet in die Schöpfungsmythen der Völker, die keinen geringeren Anspruch hatten, als das Rätsel der Weltschöpfung allumfassend zu beantworten, wobei jedes Volk sein eigenes kulturelles Steckenpferd verfolgte: Grob gesprochen verbanden die Babylonier die Astronomie mit dem Zählen und Rechnen, die Chinesen und Mayas mit ihren Chroniken. Für die Ägypter wie für die Chinesen spielte die Vorhersage von Sonnenfinsternissen eine herausragende Rolle, diente sie doch der eindrucksvollen Legitimation des gesellschaftlichen Systems – im Fall der Ägypter mit einem Pharao an der Spitze. Doch all den Weltbildern dieser Hochkulturen, ob sie nun auf Urschildkröten, Elefanten, einem Phönix oder allmächtigen Urgöttern gründeten, war eines gemeinsam: Sie haben aus heutiger Sicht mit der Entstehung und dem Aufbau des Universums so gut wie nichts gemein.

Eine bemerkenswerte Ausnahme bilden die alten Griechen. Nicht nur, weil ihr Schöpfungsmythos, wie ihn beispielsweise Thales von Milet und sein Schüler Anaximander formulieren, bereits anknüpft an eine recht modern anmutende Vorstellung von einer freischwebenden Kugelerde in Raum und Zeit. Die Griechen der Antike versuchen ernsthaft, die Himmelsmechanik und die darin verborgenen Gesetzmäßigkeiten systematisch zu ergründen. Sie lösen sich von einer rein passiven Betrachtung des Himmels, verfolgen experimentelle Ansätze und stellen ihre Beobachtungen auf ein mathematisch-geometrisches Fundament. Dafür schaffen Platon und Aristoteles im vierten Jahrhundert vor Christus einen naturphilosophisch-mathematischen Rahmen. Etwas später formuliert Aristarchos von Samos erstmals das heliozentrische Weltbild, wonach die Erde um die Sonne kreist und nicht andersrum die Sonne um die Erde. (Er sollte sich allerdings damit nicht durchsetzen und zunächst wieder in Vergessenheit geraten.) Mit erstaunlicher Genauigkeit bestimmt anschließend Eratosthenes von Kyrene als Erster mittels trigonometrischer Messungen den Erdumfang. Nicht minder beeindruckend ist die Bestimmung der Entfernung des Mondes von der Erde durch Hipparchos von Nicäa mit einem Fehler von nur wenigen Prozent.

Es ist schließlich Claudius Ptolemäus, der im ersten Jahrhundert nach Christus das Wissen der griechischen Antike zur Astronomie, Geografie und Astrologie als Standardwerk für nachfolgende Generationen zusammenfasst. Als Anhänger der aristotelischen Naturphilosophie vertritt er das geozentrische Weltbild, wonach die Erdkugel im Mittelpunkt der Welt steht und von den Wandelsternen (Sonne, Mond und die fünf damals bekannten Planeten) sowie dem Sternhimmel auf vollkommenen Kreisbahnen umrundet wird. Es sind die Araber, die sein Werk (wie das vieler anderer antiker Autoren) als *Almagest* (arabisch al-maǧisṭī) über die Zeitenwenden der Geschichte und das lange Mittelalter hinweg bewahren und die Mathematik und Beobachtungstechniken weiterentwickeln. So wird das von den Arabern bewahrte und bereicherte griechische Erbe von den christlichen Scholastikern des Mittelalters wiederentdeckt und aufgegriffen. Doch um es in den Worten des Astronomen und Publizisten Dieter B. Herrmann zu sagen: »Man redet über den gestirnten Himmel, aber man betrachtet ihn nicht.«

Das ändert sich mit den überseeischen Entdeckungen, allen voran die von Amerika durch Christopher Kolumbus, womit für die atlantische Seefahrt die Notwendigkeit einer hochpräzisen Himmelsnavigation und Nautik entsteht. Kurz darauf folgt ein echter Paradigmenwechsel – die sogenannte kopernikanische Wende. Im 16. Jahrhundert formuliert Nikolaus Kopernikus sein heliozentrisches Weltbild: Die Erde sei nur ein Planet, der wie die anderen fünf auf Kreisbahnen um die Sonne wandert. Jedoch ist sein Modell, auf dem die Wandelsterne inklusive der Erde auf Epizykeln um die Sonne kreiseln (auf kleinen Kreisbahnen entlang der Hauptkreisbahnen), äußerst kompliziert und zudem weniger genau als das bis dato akzeptierte ptolemäische Modell. Aber es löst ein Umdenken aus, ist doch auch das Ptolemäische nicht mehr den Anforderungen der Neuzeit gewachsen. Kurz darauf erscheint Johannes Kepler, der die äußerst präzisen astronomischen Messungen seines Kollegen Tycho Brahe zu den Wandelsternen studiert, analysiert und im Folgeschluss die Idealvorstellung der auf vollkommenen (göttlichen) Kreisbahnen um die Sonne laufenden Planeten verwirft. Er stellt das Messergebnis über seine Idealvorstellung – ein ungeheuerlicher Vorgang, aber erfolgreich. Seine auf den braheschen Messungen beruhenden keplerschen Gesetze beschreiben den Umlauf der Planeten um die Sonne auf mehr oder weniger eierigen Bahnen – auf Ellipsen – mit einer im Rahmen der klassischen Physik 100-prozentigen Genauigkeit. Keplers Zeitgenosse Galileo Galilei nutzt – neben seinen mechanischen Studien zur Bewegung und Beschleunigung freier Massen – als einer der Ersten ein technisch ausgeklügeltes Hilfsmittel bei der Beobachtung des Sternenhimmels: das Teleskop, ein optisches Fernrohr. Mit Kepler und Galilei werden die Himmelsmechanik wie auch die irdische Mechanik erstmals auf eine gesetzmäßige Grundlage gestellt. Isaac Newton gelingt es dann, getreu dem Prinzip »wie im Himmel, so auf Erden«, die Bewegungsgesetze Galileis und die Planetengesetze Keplers im Rahmen seiner newtonschen Mechanik einheitlich zu beschreiben. Mit der Aufstellung seines Gravitationsgesetzes – dem ersten universellen Kraftgesetz – schafft er eine umfassende Grundlage für die klassische Physik. Aber was genau die Gravitation über große Entfernungen bewirkt, bleibt auch für Newton rätselhaft.

Das Zeitalter der Aufklärung bricht an und mit ihm treten viele Akteure in Erscheinung, die gemäß dem Motto René Descartes' »[n]ichts für wahr halten, was nicht so klar und deutlich erkannt ist, dass es nicht in Zweifel gezogen werden kann.« Die Lehre von der Optik entwickelt sich zum Beispiel dank Christiaan Huygens (der den Wellencharakter des Lichts herausfindet), was das optische Instrumentarium verbessern hilft und zunehmend genaue Entfernungsbestimmungen im Sonnensystem erlaubt. Dieses entpuppt sich als um ein Vielfaches größer als in der Antike oder im Mittelalter angenommen.

Dank zunehmend ausgefeilter Teleskope (Refraktoren und Reflektoren) können die Objekte am Sternenhimmel immer besser aufgelöst werden. So vermutet Immanuel Kant als einer der Ersten folgerichtig, dass es sich bei dem bereits im Mittelalter von dem persischen Astronom Abd ar-Rahman as-Sufi dokumentierten Andromeda-Nebel um eine scheibenförmige Anordnung von Gestirnen handeln müsse; eine Welteninsel wie die Milchstraße. Doch dessen wahre Natur bleibt noch lange rätselhaft. Ende des 18. Jahrhunderts entdeckt Friedrich Wilhelm Herschel den siebten Planeten im Sonnensystem: Uranus. Seine Schwester Caroline Herschel, mit der Wilhelm zeitlebens gemeinsam arbeitete, spürt mit ihrem Teleskop mehrere Kometen auf. Bereits die Familie von Gottfried und Maria Margaretha Kirch stellt mit ihren astronomischen Beobachtungen gewissermaßen »ein akademisches Haushaltssystem« dar, wie es die Wissenschaftshistorikerin Annette Vogt nennt. In dessen Folge dürfen zunehmend mehr Frauen Astronomie studieren und können sich auf diesem Forschungsfeld profilieren. In jener Zeit beschäftigen sich Astronomen wie Edmond Halley oder Heinrich Wilhelm Olbers auch mit der Frage zur möglichen Unendlichkeit des Weltraums, die zu stellen den Priester und Astronomen Giordano Bruno zwei Jahrhunderte zuvor noch auf den Scheiterhaufen gebracht hatte. Doch die Aufklärung ist neuen Ideen gegenüber aufgeschlossener. So darf Johann Heinrich Lambert eine differenzierte Hierarchie im Universum von kleinsten Strukturen hin zu immer größeren postulieren.

Im 19. Jahrhundert entwickelt sich die Mathematik mit der Differential- und Integralrechnung wesentlich weiter. Davon profitieren auch die Astronomen: Carl Friedrich Gauß erarbeitet Methoden zur genaueren Bahnbestimmung und Friedrich Wilhelm Bessel, Friedrich Georg Wilhelm Struve und Thomas Henderson gelingen erstmals Entfernungsmessungen von sonnennahen Sternen (auf Grundlage der Sternparallaxen), was die Gültigkeit des heliozentrischen Weltbildes endgültig beweist. Schließlich sagt der Astronom Urbain Le Verrier aufgrund einer errechneten Störung der Umlaufbahn des Uranus einen weiteren Planeten voraus: Neptun, der kurz darauf an der von ihm prognostizierten Position entdeckt wird – eine Sensation. Das 19. Jahrhundert zeichnet sich durch viele weitere epochale Erkenntnisse über die Natur und den Aufbau der Materie aus. Die industrielle Revolution bringt Dampfmaschinen, elektrische Geräte, sogar Foto- und Filmapparate hervor. Die Natur- und Ingenieurswissenschaften emanzipieren sich zunehmend von der bis dahin dominierenden Naturphilosophie. Mit der Gesteinsforschung (Geologie), der Wärmelehre (Thermodynamik) und der Elektrizitätslehre (Elektrodynamik) entstehen neue Forschungsdisziplinen, die auch auf die Astronomie und die anverwandte Astrophysik ausstrahlen. Charles Darwin gelingt es, anhand von mineralogischen Erosionsprozessen im heutigen England das Alter der Erde auf mehr als 300 Millionen Jahre abzuschätzen (was sich noch als Unterschätzung erweisen wird, wenngleich das in der Bibel genannte Erdalter damit bereits um 10.000 Größenordnungen übertroffen wird). Hermann von Helmholtz zeigt, dass Energie weder erzeugt noch vernichtet, sondern nur in andere Formen umgewandelt werden kann. Die von dem Optiker Joseph Fraunhofer entdeckten Spektrallinien des Sonnenlichts erlauben später Robert Bunsen und Gustav Kirchhoff die Entwicklung der Spektralanalyse, mit deren Hilfe chemische Elemente in der Sonne oder in fernen Sternen nachgewiesen werden können. Mit der Spektralanalyse liegt das dritte Bauteil im astronomischen Instrumentarium vor, das bei der Untersuchung astrophysikalischer Objekte noch heute aktiv genutzt wird. Zusammengefasst sind das die Spektroskopie (zur Bestimmung der Farbigkeit beziehungsweise der chemischen Zusammensetzung des leuchtenden Objekts), die Astrometrie (zur Positionsbestimmung) und die Fotometrie (zur Helligkeitsbestimmung). Sie bilden auch heute noch den Werkzeugkasten der modernen Astronomie. Mit der

Erkenntnis von Clerk Maxwell, dass elektrische, magnetische und optische Erscheinungsformen letztlich Ausdruck ein und desselben Phänomens sind – nämlich von elektromagnetischen Feldern, die durch elektrisch geladene Teilchen erzeugt werden und sich in Gestalt von Licht und anderen elektromagnetischen Wellen im Raum ausbreiten –, kommt das Weltbild des 19. Jahrhunderts zu einem bejubelten Abschluss. Die Menschen beginnen, die ungeheuerliche Größe des Weltalls und sein Alter zu ermessen, und gelangen zu der selbstbewussten Ansicht, das technisch auch zu bewerkstelligen.

Doch gibt es auch Widersprüchliches und Rätselhaftes am Ende dieses wissenschaftlich so erfolgreichen Jahrhunderts: Wenn beispielsweise das Weltall und alle Objekte darin so viel älter sind, als es die Bibel oder andere Weltreligionen behaupten, wie können dann Sonne und Sterne (von denen anzunehmen ist, dass es sich ebenfalls um Objekte wie die Sonne handelt) über Jahrmillionen friedlich vor sich hin brennen? Welche Prozesse stecken hinter dem Sonnenfeuer, wenn es keine Kohlenflöze sind, die da abfackeln? Auch die Ausbreitung des Lichts im Weltall erweist sich als ein offensichtliches Rätsel dieser Zeit. Gibt es ein spezielles Medium, in dem es sich ausbreitet – einen Äther oder vielleicht die schon von den alten Griechen vermutete Quintessenz als fünften Stoff in den Himmelssphären? Aber dieser Äther müsste sich, ob ruhend oder in Bewegung und notgedrungen von ausgesprochen geringer Dichte, auf die Geschwindigkeit des Lichtes auswirken. Die schon erstmals von dem Astronomen Ole Rømer im 17. Jahrhundert gemessene Lichtgeschwindigkeit wird daraufhin Ende des 19. Jahrhunderts von Albert A. Michelson, Edward W. Morley und anderen über Jahre mit hoher Präzision wieder und wieder vermessen und erweist sich als konstant – als völlig unabhängig von der Bewegung der Erde in einem wie auch immer gearteten Äther. Unbegreifliches findet sich auch in anderen physikalischen Forschungsgebieten. So lässt sich beispielsweise das elektromagnetische Strahlungsverhalten von einfachen Strahlungsquellen nicht mit der klassischen Vorstellung der gut verstanden geglaubten Wärmelehre in Einklang bringen. Doch nicht nur die Erforschung dieser Rätselphänomene verläuft anders als erwartet. Im mikroskopisch Kleinen gibt es ebenfalls Überraschungen: Sie münden in den Entdeckungen des Elektrons, der Röntgenstrahlung und der Radioaktivität – mit all den merkwürdigen Eigenschaften, die damit zusammenhängen; so zum Beispiel der Photoeffekt, der den Teilchencharakter des Lichts (sprich des Photons) verdeutlicht und die Existenz des planckschen Wirkungsquantums beweist. Diese Schlüsselexperimente und unerwarteten Entdeckungen lassen sich mit dem Weltbild, an das man sich Ende des 19. Jahrhunderts gerade gewöhnt hat, nur schwerlich vereinbaren. Die Untersuchungen dieser rätselhaften Phänomene werden in den folgenden Jahren zur Ausgestaltung der beiden Theoriegebäude führen, die für die Astronomie und Astrophysik von fundamentaler Bedeutung sind: die Relativitätstheorie und die Quantentheorie. Sie eröffnen schließlich ein neues kosmologisches Weltbild – das eines dynamischen, evolutionären Universums.

DIE ENTWICKLUNG DER MODERNEN KOSMOLOGIE

Weshalb auf eine fundamentale Erkenntnis stets ein neues Rätsel folgt

Die von Albert Einstein Anfang des 20. Jahrhunderts konzipierte Spezielle Relativitätstheorie beruht auf der Erkenntnis, dass die Lichtgeschwindigkeit eine universale und nicht überschreitbare Grenze darstellt. Damit verwirft Einstein handstreichartig die Idee der Existenz eines Äthers. Aus der Konstanz der Lichtgeschwindigkeit leitet Einstein das Relativitätsprinzip ab, wonach die Naturgesetze in allen gleichförmig bewegten Bezugssystemen (zum Beispiel auf einem Bahnsteig ebenso wie im vorbeifahrenden Zug) stets die gleiche Form haben und nichts schneller sein kann als das Licht. Raum und Zeit bilden eine fundamentale Einheit. Es gibt weder eine absolute Zeit noch einen absoluten Raum. Beide sind relativ in verschiedenen Bezugssystemen (Zeit-Dilatation und Lorentz-Kontraktion). Aus der absoluten Konstanz der Lichtgeschwindigkeit in allen Bezugssystemen folgt auch die relativistische Massenveränderlichkeit. Wird die Energie eines Teilchens erhöht, so nimmt auch dessen Masse zu – was sich ausdrückt in der Äquivalenz von Energie und Masse und der berühmten Formel $E = mc^2$.

In der kurz darauf entwickelten Allgemeinen Relativitätstheorie geht Einstein noch weiter, indem er beschleunigte Bezugssysteme betrachtet und behauptet, dass Masse die Raumzeit krümmt, und umgekehrt Gravitation nichts anderes ist als die Wirkung der Raumzeitkrümmung durch Masse. Ausgangspunkt seiner Überlegungen ist die Frage, wie sich die gravitative Wirkung einer Masse überträgt. (Eine Frage, die sich schon Newton gestellt hatte.) Die Aussagen der Relativitätstheorie sind dementsprechend formal ähnlich wie die der klassischen Elektrodynamik: Während dort beschleunigte Ladungen zur Aussendung elektromagnetischer Wellen aus gekoppelten elektrischen und magnetischen Feldern führen, senden in der Relativitätstheorie beschleunigte Massen Gravitationswellen aus – beide Wellenarten bewegen sich maximal mit Lichtgeschwindigkeit.

Den eigentlichen Bruch mit dem klassischen physikalischen Weltbild vollzieht die von Max Planck und Albert Einstein angestoßene Quantentheorie mit ihrer Beschreibung des mikroskopisch Kleinen – die Atome, die Atomkerne und Elementarteilchen. Denn die Quantentheorie muss den strengen Determinismus der klassischen Physik aufgeben, wonach physikalische Ereignisse durch die Vorbedingungen im Prinzip eindeutig festgelegt sind: zum einen aufgrund der Entdeckung von diskreten, also von der Natur festgelegten Zustandsänderungen im atomaren Bereich und zum anderen durch den Welle-Teilchen-Dualismus von Quantenteilchen, wonach sie sich unter gewissen Bedingungen entweder wie uns bekannte mechanische Wellen oder wie Teilchen verhalten. Diese klassischen Modellvorstellungen von Welle und Teilchen sind jedoch jeweils für sich genommen ungeeignet, Quantenteilchen vollständig zu erklären, woraus sich schließen lässt, dass es sich bei ihnen weder um Wellen noch um Teilchen im klassischen Sinne handeln kann. Gleichwohl können ihre Zustände durch Wellenfunktionen beschrieben werden, die sich entsprechend des Superpositionsprinzips ungestört überlagern und in Beziehung stehen zu daraus ableitbaren messbaren Wahrscheinlichkeitsdichten. Der Welle-Teilchen-Dualismus und die Quantisierung führen zu der berühmten von Werner Heisenberg formulierten Unschärferelation, wonach bestimmte klassische Eigenschaften eines Quantenteilchens, wie zum Beispiel sein Ort und sein Impuls, nicht gleichzeitig beliebig genau festlegbar sind. Diese Unschärfe markiert nicht bloß eine messtechnische, sondern eine fundamentale erkenntnistheoretische Grenze für die gleichzeitige Anwendung unserer klassischen physikalischen Begriffe wie Impuls, Ort, Energie und Zeit.

Die Astronomie in diesen wilden Jahren Anfang des 20. Jahrhunderts ist – ebenso wie die Physik – geprägt vom Aufbruch in die Moderne, von Entdeckungen, Erschütterungen und Paradigmenwechseln. Die Astronomin Henrietta Swan Leavitt entdeckt bei ihrer Untersuchung von fotografischen Platten, dass es einen Typus pulsationsveränderlicher Sterne gibt, bei dem die Schwankung in der Helligkeit streng periodisch erfolgt – die sogenannten Cepheiden-Sterne. Leavitts Entdeckung liefert der Astronomie die erste ›Standardkerze‹, die dank der Beziehung zwischen Pulsationsdauer und tatsächlicher Leuchtkraft dieses Sternentyps Entfernungsmessungen auch bei weit entfernten Objekten erlaubt. Kurz darauf finden die

Astronomen Vesto Slipher und Max Wolf unabhängig voneinander heraus, dass Objekte wie der Andromeda-Nebel oder Messier 104 rotieren. Dies schlussfolgern sie aus Frequenzverschiebungen in den Absorptionsspektren dieser Gebilde. Offenbar sind Sternennebel in Bewegung, auch wenn immer noch nicht ganz klar ist, woraus diese Nebel genau bestehen und wie weit sie von der Erde entfernt sind. Noch gehen die meisten Menschen davon aus, dass es nur eine Welteninsel im Universum gibt: die Milchstraße. Derweil fotografiert Arthur Stanley Eddington auf der Südhalbkugel eine totale Sonnenfinsternis, um Effekte der Raumzeitkrümmung durch die Sonne auf die dahinterliegenden Sterne aufzuspüren, was im Ergebnis als weiterer Beweis der Allgemeinen Relativitätstheorie gewertet wird (den ersten Beweis hatte Einstein bei Vorlage seiner Theorie selbst angeführt, nämlich einen relativistischen Effekt des Schwerefelds unserer Sonne auf die Umlaufbewegung von Merkur). Spätestens mit Eddingtons Messung wird die Allgemeine Relativitätstheorie salonfähig und Albert Einstein ein Superstar.

Im Jahr 1920 kommen führende Astronomen der Welt zu einer Konferenz in Washington zusammen, um über den Charakter der ominösen Sternennebel und ihre Entfernungen im Weltall zu diskutieren. Diese Tagung soll in die Astronomiegeschichte als ›The Great Debate‹ eingehen; vielleicht auch, weil die Teilnehmer zu keiner einvernehmlichen Lösung kommen, was die Interpretation der jüngsten Entdeckungen anbetrifft. Es ist Edwin Hubble, der drei Jahre später unumstößliche Gewissheiten schafft. Ihm gelingt es, im Andromeda-Nebel einen Cepheiden-Stern zu identifizieren und mittels dieser Standardkerze die Entfernung des Nebels von der Erde zu bestimmen: Mindestens sagenhafte 900.000 Lichtjahre ist er von uns entfernt, womit sich auch die Natur des Andromeda-Nebels mit einem Schlag offenbart. Es muss sich um eine Galaxie handeln, vergleichbar mit der Milchstraße. (Spätere Messungen vergrößern den Abstand auf mehr als 2,5 Millionen Lichtjahre.) Angespornt von seinen Ergebnissen, vermisst Hubble weitere nebelhafte Objekte am Sternenhimmel und kommt ebenfalls zu erschütternden Ergebnissen: nicht nur, dass es sich bei den anderen Nebeln ebenfalls um Galaxien handelt. Die Rotverschiebung vieler spektraler Analysen (sprich das Auseinanderstrecken der Wellenlängen des gemessenen Lichts ins zunehmend Rote) weisen überdies darauf hin, dass sich diese Objekte umso schneller von uns wegbewegen, je weiter sie von uns entfernt sind – eine erneute Sensation, die keinen Stein auf dem anderen lässt. Der katholische Priester und Physiker Georges Lemaître schließt 1927 aus Einsteins Allgemeiner Relativitätstheorie folgerichtig, dass unser Universum nicht statisch ist, sondern expandiert. (Weshalb streng genommen Entfernungsbestimmungen auf kosmologischen Skalen, sprich zu extrem weit von uns entfernten Objekten, stets die Lichtlaufzeit und die damit verbundene Laufzeitentfernung in einem expandierenden Universum einkalkulieren müssen). Wenn wir umgekehrt diese kosmische Expansion zeitlich zurückverfolgen, gelangen wir zurück bis zum Ursprung unserer Welt, als das Universum bei schier unendlich großer Energiedichte quasi in einem Punkt konzentriert gewesen sein muss, bevor es zum Urknall kam und es auseinanderstrebte. Starker Tobak! Und noch glauben nicht alle an diese Explosion, die von den Kritikern dieser Hypothese verunglimpfend als ›Big Bang‹ bezeichnet wird. Dann entdecken in den 1960er-Jahren die Physiker Arno Penzias und Robert Woodrow Wilson bei ihren radioastronomischen Arbeiten eher zufällig die kosmische Mikrowellenhintergrundstrahlung, die sie schließlich folgerichtig als ein gedehntes Nachhallen des Urknalls deuten. Jetzt gibt es kaum noch einen Zweifel, dass es den Urknall wirklich gegeben haben muss.

Auch auf dem Forschungsgebiet der Elementarteilchen, das mit der Entdeckung des Elektrons seine Premiere gefeiert hatte, kommt es zu Überraschungen. Viktor Hess steigt Anfang des 20. Jahrhunderts mit dem Ballon in den Himmel hinauf, um nachzuprüfen, ob die ominöse radioaktive Strahlung wirklich aus dem Erdboden kommt. Er entdeckt das Gegenteil: eine kosmische Strahlung aus dem Weltall, die sich später als Fluss von Elementarteilchen entpuppt. Ernest Rutherford entschlüsselt kurz darauf anhand von Streuexperimenten der ominösen radioaktiven Alpha-Strahlung an einer Goldfolie die prinzipielle Struktur der Atome. (Der geheimnisvollen Radioaktivität entspringt auch die Beta-Strahlung, die sich später als Folge einer schwachen Kernkraft der Atome zeigt.) Doch mit der Entdeckung von Protonen und Neutronen, aus denen Atomkerne bestehen, die von Elektronen umgeben sind, ist es nicht getan: Im Laufe des 20. Jahrhunderts werden weitere Elementarteilchen gefunden, ein ganzer Teilchenzoo. Es wird deutlich, dass da eine starke Kernkraft in den Atomkernen herrscht, die um ein Vielfaches größer ist als die weitreichenden Kräfte des Elektromagnetismus oder der Gravitation. Die meisten Teilchen dieses Teilchenzoos haben sehr kurze Lebenszeiten und scheinen sich nur unter extremen physikalischen Bedingungen erzeugen zu lassen. Bald schon reichen natürliche, sprich radioaktive Strahlungsquellen nicht mehr aus, um die Elementarteilchen und deren Wechselwirkungen tiefergehend zu untersuchen. Teilchenbeschleuniger schaffen hier Abhilfe: In immer größeren Forschungsanlagen werden geladene Elementarteilchen mittels elektrischer Felder auf möglichst große Bewegungsenergien beschleunigt und mit gegenläufigen Teilchen zur Kollision gebracht; gemäß dem Motto: »Smashing the atoms!« In der zweiten Hälfte des 20. Jahrhunderts gelingt es Murray Gell-Mann, Steven Weinberg und anderen, endlich Ordnung in den Teilchenzoo zu bringen und daraus das Standardmodell der Teilchenphysik abzuleiten. Diesem Standardmodell zufolge besteht alle Materie im Universum aus einer Familie von Elementarteilchen, nämlich aus zwei unterschiedlichen Quarks, dem Elektron und einem entsprechenden Neutrino-Teilchen. Mit der kurzreichweitigen starken und schwachen Kraft, sowie der langreichweitigen elektromagnetischen Kraft und der Gravitation werden vier fundamentale Wechselwirkungen ausgemacht, die in unserer Welt herrschen. Allerdings kann die Gravitation nicht in das Standardmodell integriert werden. Warum es kurz nach dem Urknall noch zwei weitere Familien mit Pendants der oben genannten Teilchensorten gegeben haben muss, die nur massereicher und entsprechend kurzlebiger sind als die Mitglieder der ersten Familie, bleibt rätselhaft. Ebenso unklar ist, weshalb kurz nach dem Urknall nicht alle Materie durch die (uns im Labor wohlvertraute) Antimaterie gleich wieder vollständig ausgelöscht wurde.

Mit der Quantentheorie und der Relativitätstheorie erschließt sich im 20. Jahrhundert erstmals ein umfassendes naturwissenschaftliches Weltbild, das sich vom unendlich Kleinen (Mikrokosmos) bis zum unendlich Großen (Makrokosmos) erstreckt. Dieses Weltbild erklärt die Struktur der Materie – die Atome, Atomkerne, Elementarteilchen sowie die kondensierte Materie sowie den ganzen Kosmos und seine Planeten, Sonnensysteme und Galaxien gleichermaßen. Es umfasst die entferntesten astrophysikalischen Objekte des Universums und beschreibt so unvorstellbare Phänomene wie Neutronensterne und Schwarze Löcher, zu denen Physiker wie Karl Schwarzschild, Roger Penrose und Stephen Hawking bereits forschen, lange bevor sie als reale Objekte nachgewiesen werden. Mit der Entdeckung des Higgs-Bosons im Jahr 2012 am Large Hadron Collider (LHC) der Europäischen Organisation für Kernforschung CERN in Genf findet das Standardmodell der Teilchenphysik seinen krönenden Abschluss. Dieses Wechselwirkungsteilchen gilt als Nachweis des von dem theoretischen Physiker Peter Higgs und anderen Anfang der 1960er-Jahre vorhergesagten Higgs-Felds, das für die Massen der Quarks und Elektronen verantwortlich ist. Die Entdeckung 50 Jahre später ist eine Sensation, an der die Weltöffentlichkeit begeistert teilnimmt.

Doch längst ist das damit verbundene Weltbild ins Wanken geraten. Weder kann das Standardmodell der Teilchenphysik den Grund für die Existenz von drei Teilchenfamilien erklären, noch liefert es eine Erklärung für die Massen der Neutrinos, die zwar unvorstellbar viel kleiner sind als die der Quarks und Elektronen, aber eben nicht exakt Null. Kopfzerbrechen bereitet den Wissenschaftlerinnen und Wissenschaftlern auch der Umstand, dass sich mit den gegenwärtigen Beschleuniger-Anlagen eine Physik jenseits des Standardmodells nicht nachweisen lässt. Der Grund ist einfach: Die Energien der Teilchenkollisionen reichen dafür bisher offenbar nicht aus. Damit scheint der Nachweis einer Supersymmetrie des Mikrokosmos (kurz SUSY), die eine Vereinigung von Allgemeiner Relativitätstheorie und Quantentheorie zu einer Quantengravitation in Aussicht stellt, in weite Ferne gerückt. Darüber hinaus gibt es noch zwei rätselhafte Phänomene, derer sich die Wissenschaftsgemeinde gewahr wird und die das moderne physikalische Weltbild zunehmend heftiger erschüttern: die Dunkle Materie und die Dunkle Energie.

Eine nicht sichtbare, verborgene Materie wird von den Astronomen bereits recht früh im 20. Jahrhundert in fernen Galaxien vermutet. Fritz Zwicky spricht erstmals von ihr bei der Untersuchung der Galaxien im Coma-Cluster. Später beobachtet Vera Rubin, dass die von ihr aufgenommenen Rotationskurven der Galaxien nicht mit dem Gravitationsgesetz zusammenpassen, es sei denn, es ist sehr viel mehr Masse vorhanden als augenscheinlich zu sehen ist. Einer der ersten, der dieses Phänomen einer unsichtbaren, aber massebehafteten Materie zuschreibt, ist der Kosmologe Edward W. Kolb. Das Phänomen wird daraufhin systematischer untersucht. Es zeigt sich erst in einigen wenigen und heute in weit über 100 Galaxien. Zunächst erscheinen Neutrinos als bestmögliche Kandidaten zur Erklärung der Dunklen Materie, doch zeigt sich, dass ihre Massen zu gering sind, um das Phänomen abschließend zu erklären. Und es bleibt nicht bei dieser einen Erschütterung des kosmologischen Weltbilds. Die zweite folgt kurz vor dem Übergang ins neue Millennium: Zwei unabhängige Forscherteams um Brian Schmidt, Saul Perlmutter und Adam Riess entdecken anhand von Entfernungsmessungen von Supernova-Explosionen, dass sich die Expansion des Universums offenbar seit etwa der Mitte seines Bestehens beschleunigt. Sie entspringt einer mysteriösen Anti-Schwerkraft, ausgelöst durch eine Dunkle Energie. Vor dem Hintergrund dieser Beobachtungen lässt sich jedoch die Entwicklung des Universums im neuen Millennium mithilfe leistungsfähiger Supercomputer sehr gut simulieren. Damit etabliert sich das sogenannte Standardmodell der Kosmologie. Es enthält vier Hauptkomponenten des Universums: die Dunkle Energie, die Dunkle Materie, die gewöhnliche Materie sowie Strahlung. Das Standardmodell schreibt der Dunklen Energie fast 70 Prozent des Massehaushalts des Universums zu, etwa 25 Prozent gehen demnach auf das Konto der Dunklen Materie und nur fünf Prozent des Universums bestehen offenbar aus der uns bekannten gewöhnlichen Materie – überwiegend Wasserstoff und Helium, Neutrinos und Photonen. Wenn wir in den Himmel schauen und die funkelnden Sterne sehen, dann erblicken wir tatsächlich nur einen winzigen Teil des Universums – nicht einmal ein Prozent dessen, woraus das Universum eigentlich besteht.

Angesichts dieser bedrückenden Übermacht an Rätselhaftem könnten die Wissenschaftlerinnen und Wissenschaftler in Lethargie und Ratlosigkeit verfallen. Doch das Gegenteil ist der Fall. Denn die technischen Entwicklungen von bodengestützten Observatorien bis hin zu Weltraumteleskopen und Sonden sind mannigfaltig und verheißungsvoll, eröffnen sie der Wissenschaft doch ganz neue Möglichkeiten. Mithilfe von Höchstleistungsrechnern lässt sich die Physik des Universums grundsätzlich modellieren, da der Blick in die Ferne des Weltalls immer auch ein Blick in die Vergangenheit des Universums ist, womit sich der Kosmos in seiner Entwicklung beobachten lässt. Moderne Datenauswertungen und Künstliche Intelligenz schaffen überdies Optionen für die Analyse, von denen man zuvor nicht zu träumen gewagt hatte. Mit alldem lässt sich heute die Entwicklung des Universums vom Urknall bis zur Gegenwart erstaunlich genau nachzeichnen – trotz der dunklen Flecken, die wir bisher nicht verstehen.

Im folgenden Abschnitt wollen wir nun versuchen, auf wenigen Seiten die kosmologische Entwicklung und unser naturwissenschaftliches Weltbild von heute nachzuzeichnen. Dabei werden wir auch direkt oder indirekt auf die 42 größten Rätsel der Astronomie stoßen, denen wir uns dann in den darauffolgenden Kapiteln im Detail annehmen.

UNSER KOSMOLOGISCHES WELTBILD UND SEINE RÄTSEL HEUTE

Vom Urknall bis zur Gegenwart

Unser kosmologisches Weltbild leitet sich ab aus der Expansion des Weltalls aus einer Art singulärem Anfangszustand. Am Anfang herrschen schier unendlich hohe Temperatur- und Energiedichten. Dieser unvorstellbar kompakte, heiße und dichte Zustand aus Raum, Zeit und Energie beginnt sich im Rahmen einer kosmischen Expansion beim Urknall (engl.: Big Bang) extrem schnell auszudehnen. Der kosmische Raum schließt dabei von Beginn an die Gesamtheit eines endlichen oder vielleicht sogar unendlich großen Universums mit ein. Innerhalb von weniger als einem Quintillionstel einer Sekunde bläht sich das Universum um mehr als das Quadrillionfache aus. Im Anschluss an diese sogenannte kosmische Inflation (aus dem Englischen für ›Aufblähung‹) durchläuft das heiße Universum mehrere Phasenübergänge, während es sich nun etwas gemächlicher ausdehnt und dabei stetig abkühlt und auskondensiert: Elementarteilchen entstehen und erhalten ihre Massen, unterdessen entkoppeln sich die fundamentalen Wechselwirkungen voneinander. Materie und Antimaterie stoßen aufeinander und annihilieren, doch aufgrund eines winzigen Überschusses von Materie entgeht ein entsprechender Bruchteil der Auslöschung. Knapp eine Sekunde nach dem Urknall beträgt die Temperatur des schnell expandierenden Weltalls etwa zehn Milliarden Kelvin und die Neutrinos entkoppeln sich als erste vom Plasma des Universums, um nahezu ungehindert durch den Raum zu schwirren. Die Welt ist zu diesem Zeitpunkt noch strahlungsdominiert und auf je eine Milliarde Photonen, Elektronen oder Neutrinos entfällt nur ein Proton oder ein Neutron. In der folgenden Minute kühlt das Universum weiter auf rund eine Milliarde Kelvin ab und es bilden sich durch Kernverschmelzung aus den Protonen und Neutronen die ersten stabilen Deuterium- und Helium-Atomkerne. Für viele Jahre bildet das Universum nun ein brodelndes Gemisch aus Strahlung und Materie. Die Dunkle Materie, die neben der gewöhnlichen Materie entstanden sein muss, dürfte die gravitative Strukturbildung des expandierenden Universums bereits wesentlich antreiben.

Nach etwa 380.000 Jahren hat sich das Universum während seiner stetigen Ausdehnung auf eine mittlere Temperatur von weniger als 3000 Kelvin abgekühlt. Es ist der Beginn der Dunklen Ära. Nun können sich die negativ geladenen Elektronen mit den positiv geladenen Protonen zu den allerersten elektrisch neutralen Atomen verbinden, genauer gesagt zu Wasserstoffatomen. Den Photonen stehen mit einem Mal die Elektronen nicht mehr im Weg und schlagartig wird für sie die Bahn frei; sie können sich nun fast ungehindert durch den Weltraum bewegen und das Universum wird nun auch für sie – wie schon zuvor für die Ur-Neutrinos – nahezu durchsichtig. Noch heute können wir die Photonen dieser Ära aus allen Himmelsrichtungen in gleichmäßiger Intensität als Mikrowellenhintergrundstrahlung sehen – als lang gedehnter Nachhall des Urknalls. Ansonsten herrscht in jener Frühphase des expandierenden Universums große Dunkelheit. Noch leuchten keine Sterne, noch gibt es keine Supernova-Explosionen, die im Weltraum am Ende eines Sternenlebens aufscheinen, noch existieren keine Pulsare, die ihr Röntgenlicht wie Leuchttürme aussenden. Das Universum, das immerhin schon knapp ein Tausendstel seiner heutigen Größe erreicht hat, ist zu Dreiviertel ausgefüllt mit Wasserstoff, zu etwas weniger als einem Viertel mit Helium und entsprechenden Isotopen sowie mit Spuren von Lithium und viel Dunkler Materie. Vermutlich spielt sie während der fortschreitenden kosmologischen Evolution unter dem Einfluss ihrer Gravitation eine maßgebliche Rolle bei der Herausbildung der grundlegenden makroskopischen Strukturen aus galaktischen Materiefäden, -knoten und kosmischen Leerräumen. Nach und nach verklumpen die gigantischen Wolken aus Wasserstoff und Helium und werden vermehrt dorthin gezogen, wo die Dunkle Materie am dichtesten ist.

Nach ungefähr 100 Millionen Jahren entstehen die ersten Protogalaxien – riesige scheibenförmige Wolkenfelder aus Wasserstoff. Auch hier dürfte die Dunkle Materie eine entscheidende Rolle bei der Verklumpung spielen. Einzelne Wasserstoffscheiben beginnen sich über Jahrmillionen unter dem Einfluss der Gravitation zusammenzuziehen, zu rotieren und sich unter steigendem Druck lokal aufzuheizen. Wechselseitige physikalische Prozesse zerren an den Protosternen und schließlich überwiegt die Gravitation. Infolgedessen kollabieren die rotierenden Wasserstoffwolken und zünden aufgrund des Drucks und der Temperatur in ihrem Innern die Kernfusion. Zum ersten Mal leuchten Sterne in unserem Universum auf. Die Dunkle Ära endet und die Welt erlebt die Kinderstube eines jetzt von Materie dominierten Universums. Die ersten Sterne unterscheiden sich allerdings noch sehr von den heutigen. Ihre Entstehung verläuft komplizierter und langwieriger, weshalb sie wahrscheinlich auch deutlich größer und massereicher als Sterne nachfolgender Generationen sind. Dementsprechend endet ihre Lebenszeit bereits nach wenigen Millionen Jahren – überwiegend in Supernova-Explosionen, die sich ebenfalls unterscheiden von denen späterer Sterngenerationen.

In den folgenden Hunderten von Millionen von Jahren durchzieht das Universum ein wildes Flackern junger Sterne, die wie bengalisches Feuer aufblitzen und schnell wieder verglühen. In diesen Sternen werden erstmals die chemischen Elemente jenseits von Lithium ›gebacken‹ und bei den Supernova-Explosionen in den Weltraum ausgespien. Dadurch wird das Universum nach und nach mit diesen schwereren Elementen angereichert. Die mittlere Temperatur im Universum beträgt jetzt nur noch zwölf Kelvin. Mit dem explosiven Ende der ersten Sterne entstehen auch die ersten stellaren Schwarzen Löcher. Derweil schreitet die Strukturierung der Galaxien voran. In einigen der galaktischen Zentren bilden sich nach etwa 1000 Millionen Jahren die ersten Quasare. Das sind aktive, hell leuchtende Massenkerne, die noch heute von der wilden, ungestümen Jugendphase der Galaxien zeugen.

Die größeren unter den Abermillionen von Galaxien sind massereich genug, um die schweren Elemente, die bei den Supernova-Explosionen in den Weltraum geblasen werden, mittels ihrer Gravitation im galaktischen System zu halten. So sammeln sich weitere Stoffe im Verlauf neuer Sternentstehung an den äußeren Rändern der Staub- und Gasscheiben an. Wann genau die ersten Planetensysteme im Universum auftauchen, wissen wir nicht. Wahrscheinlich ist allerdings, dass sie sich erst nach einigen Sternengenerationen herausbilden. Während aus der Kontraktion der Wasserstoffwolken die jungen Sterne entstehen, verklumpen an den Rändern der protoplanetaren Scheiben nun Silikate und schwerere Elemente wie Eisen und Nickel. Das Material kondensiert weiter zu Planetesimalen, aus denen sich in Jahrmillionen die Planeten formen. Auf diese Weise entsteht gut neun Milliarden Jahre nach dem Urknall auch unser Sonnensystem. Für lange Zeit herrscht in einem jungen Sonnensystem großes Chaos und alles fliegt wild durcheinander. Es dauert Hunderte von Millionen von Jahren, bis solche Systeme zur Ruhe kommen. In unserem Sonnensystem passiert dann nach weiteren knapp 1000 Millionen Jahren etwas Ungewöhnliches, was allerdings nicht die Ausnahme im Universum sein dürfte: Leben entsteht.

Rund 14 Milliarden Jahre nach dem Urknall schauen wir auf die vielschichtige Entwicklung eines Universums zurück, das am Ende auch uns hervorgebracht hat. Zu unserer großen Überraschung stellen wir fest, dass sich dieses Universum seit etwa der Hälfte seines Bestehens beschleunigt ausdehnt. Was der Grund für diese beschleunigte Expansion ist, wissen wir nicht, und auch nicht, wohin die Reise geht. Doch selbst bei nüchterner Betrachtung unseres wissenschaftlichen Weltbilds und trotz der vielen offenen Fragen wird deutlich, welchen unfassbaren Wundern wir gegenüberstehen. Das Universum erlebt – wie das Leben auf der Erde – eine sagenhafte Evolution. Es ist tief in Raum und Zeit strukturiert. Wir erkennen seine unfassbare Grenzenlosigkeit ebenso wie einen wahrscheinlich endlichen Verlauf. Gibt es einen Sinn dahinter? Wir wissen es nicht. Für Albert Einstein war »[d]as Unverständlichste am Universum, dass es verständlich ist.« So bleibt für uns die Verpflichtung, aus diesem grundsätzlichen Verständnis die richtigen Schlüsse zu ziehen, die Ärmel hochzukrempeln und den offenen Rätseln und Geheimnissen nachzusetzen.

TEIL 1

DIE RÄTSEL IN UNSEREM SONNENSYSTEM

Wo Ordnung und Frieden
zu herrschen scheinen

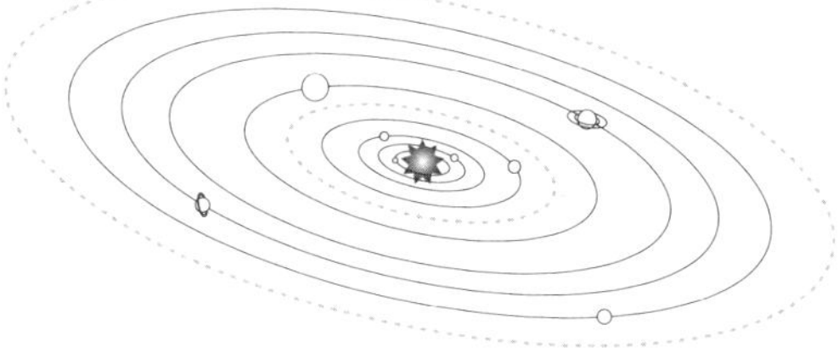

Das Sonnensystem ist das durch die Gravitation der Sonne zusammengehaltene System, das aus unserem Heimatstern und seinen Planeten, Asteroiden, Kometen, Meteoroiden sowie interplanetarer Materie besteht. Die Sonne steht im Zentrum des Systems. Sie ist eine Gaskugel mit einem Radius von fast 700.000 Kilometern und besitzt etwa 99,9 Prozent der Masse des gesamten Sonnensystems. Nahezu drei Viertel davon bestehen aus Wasserstoff, ein Viertel aus Helium und knapp ein Prozent setzt sich aus Anteilen schwererer Elemente jenseits von Helium zusammen.

Die Planeten bewegen sich auf elliptischen Bahnen um die Sonne, die alle annähernd auf einer Rotationsebene liegen. Auch der Drehsinn der Sonne und der Planeten sowie die Laufrichtung der Planeten um die Sonne und die ihrer Monde um die Planeten ist mit wenigen Ausnahmen bei allen gleich.

Beträgt die Gesamtmasse der die Sonne umlaufenden Objekte weniger als ein Hundertstel der Sonnenmasse, so haben sie mit 99,5 Prozent fast den gesamten Drehimpuls des Sonnensystems. Auf den inneren Bahnen um die Sonne laufen die vier Gesteinsplaneten Merkur, Venus, Erde und Mars. Sie zeichnen sich durch eine große Dichte aus, ferner enthalten sie große Anteile aus Metallen und Gestein. Sie rotieren langsam um ihre Achsen und haben wenige oder gar keine Monde. Auf den äußeren Bahnen folgen vier überwiegend gasförmige Riesenplaneten, nämlich die Gasriesen Jupiter und Saturn sowie die Eisriesen Uranus und Neptun. Die äußeren Planeten haben eine geringe Dichte und ihre Zusammensetzung ist ähnlich wie die der Sonne. Sie rotieren sehr schnell und haben viele Monde. Die Abstände der Planeten von der Sonne folgen annähernd einer geometrischen Reihe, ähnlich der Titius-Bode-Reihe, einer bestimmten Summenfolge. Entfernungseinheiten im Sonnensystem werden in Astronomischen Einheiten (AE) angegeben. Das entspricht der mittleren Entfernung der Erde zur Sonne von 150 Millionen Kilometern.

Um die unvorstellbaren Entfernungen der Himmelskörper im Sonnensystem zu veranschaulichen, stelle man sich eine Sonne im Maßstab $1:10^9$ mit einem Durchmesser von etwa 1,4 Metern vor. Die Erde hätte demnach mit einem Durchmesser von zwölf Millimetern einen Abstand von 150 Metern, der Zwergplanet Pluto mit gerade mal zwei Millimetern hätte sogar einen Sonnenabstand von sechs Kilometern.

Zwischen den Gesteinsplaneten der inneren Bahnen und den Riesenplaneten zieht sich ein loses Band aus Asteroiden, bestehend aus kleineren bis mittelgroßen Gesteinsbrocken: der Asteroidengürtel. Ein ähnliches Band aus etwas größeren planetaren Brocken findet sich jenseits des äußersten Eisplaneten Neptun im Kuipergürtel. Zu guter Letzt ist das Sonnensystem sphärisch eingehüllt von der Oortschen Wolke, eine kugelschalenförmige Sphäre aus gefrorenem Wasser und Staub – die Kinderstube der Kometen.

Eine Pionierin der Planetenforschung ist neben den bereits angesprochenen Astronomen Kepler, Galilei und Newton sowie Wilhelm und Caroline Herschel auch Maria Mitchell, die mit ihren optischen Teleskopen als eine der Ersten einige Kometen entdeckt hat. Mit der Entwicklung der Raumfahrt im 20. Jahrhundert eröffnen sich für die Erforschung des Planetensystems ganz neue Möglichkeiten. Pioniere der Raumfahrttechnik sind die Raketenkonstrukteure Konstantin Ziolkowski, Robert Goddard und Hermann Oberth, durch deren Forschungs- und Entwicklungsarbeit es im Laufe des 20. Jahrhunderts möglich wird, künstliche Satelliten in den Erdorbit zu bringen, Raumsonden mit spezifischen Messtechniken zu den Planeten zu entsenden und mit abgesetzten Rovern direkt zu erkunden. Durch die daran anknüpfenden Analysen von Meteoriten, Mondgestein und interplanetarem Staub wird das Alter des Sonnensystems heute auf etwa 4,5 Milliarden Jahre abgeschätzt. Die moderne Planetenforschung wird von den Fragen getrieben, wie das Planetensystem entstanden ist und wie die Objekte darin beschaffen sind, was der Ursprung des

Lebens auf der Erde ist und ob es auch Leben im Sonnensystem jenseits der Erde gibt.

FRAGE 1: WAS SIND DIE OFFENEN ENDEN BEI DER ENTSTEHUNG DES SONNENSYSTEMS?

Wie die Wandelsterne zu sich und ihren Bahnen fanden

Für den theoretischen Astrophysiker Ralf Klessen von der Universität Heidelberg beginnt die Antwort auf diese Frage mit der Feststellung, dass der interstellare Raum in unserer Milchstraße nicht leer ist. »Der Raum besteht aus Gas und Staub, der unglaublich stark verdünnt ist. Typische Dichten sind vielleicht zehn Teilchen pro Kubikzentimeter. Das ist im Vergleich zur Luft auf der Erdoberfläche mit den 10^{19} Teilchen im selben Volumen so gut wie nichts. Weil jedoch die Gaswolken unvorstellbar groß sind, kommt insgesamt sehr viel Masse zusammen.« Ein protoplanetarer Nebel, aus dem sich auch unsere Sonne und die Planeten bildeten, besteht hauptsächlich aus Wasserstoffgas und Helium und nur zu einem Prozent aus schwereren Elementen, darunter feste, kondensierte Staubteilchen und Silikate, die nur mikrometergroß sind.

Sterne entstehen durch die Kontraktion, also das Zusammenziehen dieser interstellaren Gaswolken mittels Schwerkraft. Diese Wolken müssen sehr groß und massereich sein und aus kühlen Gebieten interstellarer Materie entstammen, da ansonsten ihre kinetische Energie zu groß wäre, um einen Gravitationskollaps und schlussendlich die Sternentstehung zu ermöglichen. Heutzutage lässt sich durch direkte astronomische Beobachtung von protoplanetaren Nebeln die Entstehung von Planeten detailliert studieren. So zum Beispiel die protoplanetaren Ringe des von der Erde rund 450 Lichtjahre entfern-

Der protoplanetare Nebel um den Stern HL Tauri in einer Aufnahme des ALMA-Observatoriums.

ten Sterns HL Tauri, fotografiert vom ALMA-Observatorium im Jahr 2014, dem Atacama Large Millimeter/submillimeter Array.

Im Zuge des Gravitationskollapses einer Gaswolke überschreiten die Gravitationskräfte den Gasdruck der Teilchen innerhalb der Wolke. Das führt gemäß des Pirouetten-Effekts zunächst zur Rotation. Je mehr sich die Wolke zusammenzieht, desto schneller rotiert sie und plattet sich ab: Eine Akkretionsscheibe bildet sich. »Wenn nun das Wasserstoffgas in dieser Scheibe relativ dicht ist, es beispielsweise 100 anstelle von zehn Teilchen pro Kubikzentimeter beinhaltet, dann kommt es zu einem chemischen Phasenübergang, wodurch molekulares Gas mit Temperaturen von typischerweise zehn bis 20 Kelvin entsteht.« Die Wolke erlebt nun ein Wechselspiel unterschiedlicher Prozesse. Das ist einerseits die Eigengravitation und andererseits ein Gasdruck, wodurch sich Turbulenzen bilden. »Das Gas erwärmt sich bei der Kompression. Wir kennen das aus dem Alltag, wenn wir einen Fahrradreifen aufpumpen. Es wird Luft im Schlauch komprimiert und sie erwärmt sich«, erklärt Klessen. Thermische Energie wirkt jedoch der Kontraktion und der Sternentstehung entgegen. »Nun treten aber auch Kühlprozesse auf, die das kompensieren«, so Klessen. »Der Grund ist, dass die Gaswolke angereichert ist mit einem kleinen Anteil schwererer Atome wie Kohlenstoff, Sauerstoff, Stickstoff und so weiter, die im Verbund eine Kühlfunktion übernehmen.« Es bilden sich CO-Moleküle, die beispielsweise beim Zusammenstoß mit einem Wasserstoff-Atom kinetische Energie aufnehmen und zur Rotation und Vibration angeregt werden. »Die Moleküle nehmen somit Energie aus dem Wärmebad der Wolke heraus, das Gas kühlt sich ab und die Energie wird in die inneren Freiheitsgrade der Moleküle gesteckt.« Damit allein ist für die Sternentstehung allerdings noch nichts gewonnen, denn die Energie der Moleküle muss aus der Wolke hinausgetragen werden. »Das geschieht durch die Emission, sprich Aussendung von Photonen, die nicht gleich wieder absorbiert werden, sondern der Gaswolke entkommen können.« Auf diese Weise tragen Abermilliarden von Photonen die bei der Kontraktion der Wolke entstandene Wärmeenergie fort und kühlen so die Gaswolke effektiv ab. »Da die Stoßwahrscheinlichkeit quadratisch mit der Dichte des Gases anwächst, ist dieser Kühlprozess umso effektiver, je dichter das Gas ist.«

Entscheidend für die Sternentstehung ist also, dass es erst mal zum Kühlprozess kommt. »Wenn dieser Prozess aber einmal effektiv läuft, kann die Gaswolke ihrer Zusammenballung kaum mehr etwas entgegensetzen.« Wird ihr Drehimpuls durch Fragmentierung und über Magnetfelder an äußere Wolkenschichten abgegeben, dann beginnt eine Kontraktion, gefolgt von einem finalen gravitativen Kollaps. »Dabei verdichten sich Teilbereiche der Wolke immer weiter, bis schließlich Kernfusionsprozesse einsetzen, wie sie jetzt auch im Inneren der Sonne stattfinden.« Damit herrscht ein Gleichgewicht aus Strahlungs- und Gasdruck einerseits und Gravitation andererseits, sodass der Protostern nicht weiter kollabieren kann. Je nach Größe und Masse des Protosterns braucht es allerdings Millionen von Jahren vom Start des Kollapses bis zum Einsetzen der Kernfusionsprozesse. Bei der Sonne hat es dafür nach heutiger Abschätzung ungefähr 30 Millionen Jahre gebraucht. Nicht endgültig geklärt ist hingegen die Frage, wie die Entstehung der allerersten Sterne vonstattenging, wir kommen darauf zurück in Frage 12 (S. 106).

Mit Entstehung des Protosterns betreten wir den Pfad der Entstehung der Planeten im Sonnensystem. Der junge Stern dreht sich und mit ihm die Reste einer protoplanetaren Scheibe. Dabei folgt die chemische Zusammensetzung der Scheibe einer Kondensationssequenz: In Nähe des heißen Zentrums kondensieren Salze und Silikate (bei etwa 1000 Kelvin), in mittleren Entfernungen gasförmige Wassermoleküle zu Wassertröpfchen (bei 273 Kelvin), im äußeren Randbereich Methan (bei 100 Kelvin). »Die schweren Elemente sammeln sich in der mittleren Ebene der Akkretionsscheibe«, sagt Klessen. »Sie verschieben sich quasi zur Mitte hin, vergleichbar mit Sedimentierungsprozessen, wie wir sie aus unserem Alltag kennen, wenn in gemischten Flüssigkeiten schwere Materiekomponenten in mittlere und untere Ebenen sinken.« Staub und Silikate kondensieren weiter zu Planetesimalen. Durch die brownsche Bewegung kommt es zu zufälligen Zusammenstößen in der Gaswolke, die Teilchen pappen zusammen und werden größer und größer.

Millimetergroße Teile entkoppeln sich aus dem allgemeinen Gasfeld des protoplanetaren Nebels. Die Staubkörner ›koagulieren‹, wie es im Fachjargon heißt, sie vereinen sich zu immer größeren Steinchen, zu

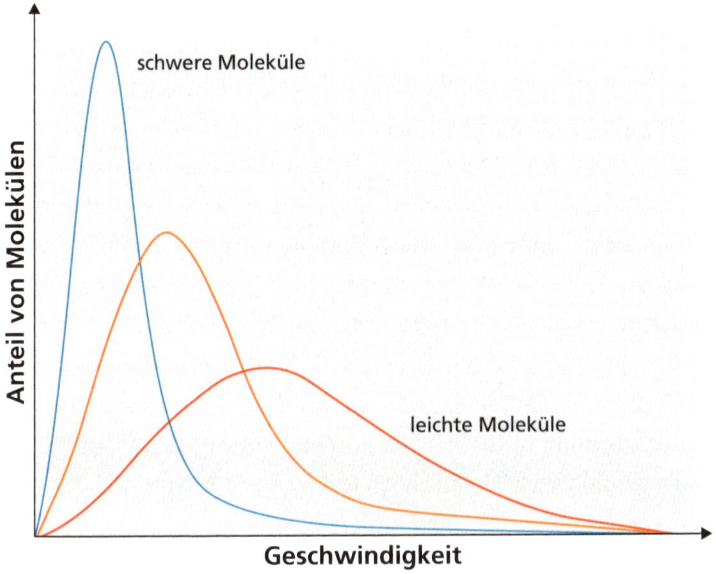

Maxwell-Boltzmann-Geschwindigkeitsverteilung für Moleküle unterschiedlicher Masse und Temperatur. Die leichten Stoffe haben größere Geschwindigkeiten und verflüchtigen sich dementsprechend leichter – zum Beispiel aus der Atmosphäre eines Planeten in den Weltraum.

sogenannten Pebbles (dt.: Kieselsteine). »Allerdings«, räumt Klessen ein, »gibt es bei den Zusammenstößen der Objekte eine eigenartige ›Ein-Meter-Barriere‹ (engl.: One meter-size barrier).« Kleinere Objekte verbleiben beim Zusammenstoß zusammenhängend, größere dagegen zerteilen sich wieder oder driften laut Modellrechnungen sogar in den Heimatstern. »Diese Barriere lässt sich bei der Planetenentstehung möglicherweise dadurch überwinden, dass in der Akkretionsscheibe eine Art von Zyklonen entsteht.« Das sind große Vortex-Strömungen, in denen schwere Teile entlang eines Wirbels driften und aneinander kleben bleiben. »Das ist ein bisschen wie im schneebedeckten Winter ein hangabwärts rollender Schneeball, der größer und größer wird.«

Auch der Planetengeologe Ulrich Köhler vom Institut für Planetenforschung des Deutschen Zentrums für Luft- und Raumfahrt (DLR) in Berlin-Adlershof macht im Modell der Planetenentstehung in der Anfangsphase einen ›Missing Link‹ aus. »Es ist noch nicht ganz verstanden, wie es in unserem Sonnensystem nach anfänglicher Bildung von Materie- und Massehaufen zur Ausbildung dieser größeren Planetesimale gekommen ist. Nach hinten raus ist die Entstehung des Planetensystems halbwegs nachvollziehbar. Aber am Anfang dürften zwischen den Stoffen und Materieklumpen relativ große Abstände geherrscht haben, hier funktioniert die Modellvorstellung eines rein gravitativen Zusammenballens von großen, weitverteilten Materiehaufen zur Bildung der Planetenkörper nicht wirklich.« Laut Köhler sind jedenfalls viele Details noch unklar, zum Beispiel welche Rolle ›Van-der-Waals‹-Kräfte oder andere chemische Bindungen bei der Kondensation von Materie und ihrer Formation zu größeren Planetesimalen dabei gespielt haben könnten. »Aber nachdem eine kritische Barriere einmal überwunden ist und sich genügend viele größere Planetesimale gebildet haben, kommt es durch Gravitation zu einem sogenannten Runaway-Effekt«, ist auch Ulrich Köhler überzeugt. »Es entstehen wirklich große Planetesimale und schließlich ausgewachsene planetare Körper.« Große Ringe formen sich aus, in denen sich das übrige Material aufsammelt. Durch Kollisionen verschmelzen große Bruchstücke aus Gestein und Metall, sodass sich zunehmend größere Brocken geschmolzenen Materials herausbilden. Die massiven Objekte sammeln mehr und mehr Material auf, die Schwerkraft formt sie zu Kugeln – die Planeten entstehen. Die Gesteinsplaneten entstehen nahe der Sonne, die sehr heiß ist. Die flüchtigen Elemente in Sonnennähe werden durch den Sonnenwind nach außen gedrückt. Die Gas- und Eisriesen formen sich weit von der Sonne entfernt, wo das Wasser zu Eis kondensiert. Übriges Material sammelt und formt sich zu Asteroiden. Für lange Zeit herrscht im Sonnensystem ein wildes Durcheinander. Die Planetenkörper und Asteroiden treffen immer wieder wie beim Stoß von Billardkugeln aufeinander, nur dass die planetaren Stöße selten elastisch verlaufen.

»In dieser ersten Phase des Planetensystems gibt es ein Heavy Bombardement – eine Periode mit vielen Einschlägen von Asteroiden und Kometen auf die sich herausbildenden Planetenkörper«, erklärt die Astrobiologin Pascale Ehrenfreund der Universität Leiden in den Niederlanden, die sich in ihrer Forschung auch mit der Entstehung von Leben im frühen Planetensystem beschäftigt. Laut Ehrenfreund besagen Theorien, dass diese Einschläge in den ersten 700 Millionen Jahren besonders häufig erfolgten. »Dabei treffen die Objekte, die sich bisher nicht in die Planetenkörper integriert haben, auf die sich formenden Planeten. Diese große Dynamik im frühen Sonnensystem, die mit einer großen Migration der Planeten verbunden war, hatte einen starken Einfluss auf die Ausgestaltung der Planeten. Für Ehrenfreund spielt Jupiter dabei möglicherweise eine Schlüsselrolle. »Denn er zwingt kraft seiner Gravitation viele der Asteroiden in den Asteroidengürtel und verhindert so, dass sich die Asteroiden zu einem Planeten vereinen können.« Für die Astrobiologin löste Jupiter damit gewissermaßen einen Reinigungsprozess im Sonnensystem aus. »Das Sonnensystem stabilisiert sich. Die wild und chaotisch herumfliegenden Körper sortieren sich und kommen in geordnete Bahnen oder werden auf lange Umlaufbahnen an den Rand des Sonnensystems geschleudert. Im Laufe der Zeit nehmen die kontinuierlichen Einschläge ab und es kehrt nach vielen Hunderten von Millionen von Jahren Ruhe im Sonnensystem ein.«

Laut Ulrich Köhler könnte Jupiter allerdings noch für ein letztes ›late-heavy bormbardement‹ verantwortlich sein. »Eine Forschergruppe um Alessandro Morbidelli vom Observatoire de la Côte d'Azur macht in ihren Simulationen ein schweres, apokalyptisches Ereignis vor 4,2 bis 3,8 Milliarden Jahren fest. Demnach drängte Jupiter mit Saturn im Schlepptau ins Innere des Sonnensystems und wirbelte nochmals einiges durcheinander.« Die beiden Gasriesen, die fast 90 Prozent der planetaren Masse des gesamten Sonnensystems ausmachen, sollen dabei den Asteroidengürtel derart aufgemischt haben, dass es im Sonnensystem nur so hagelte. Anschließend hat sich Jupiter wieder zurückgezogen und es kehrte wieder Frieden ins Sonnensystem ein. Oder doch nicht ganz? Das werden wir bei den folgenden Fragen untersuchen.

FRAGE 2: WELCHES MIRAKEL VERBINDET SICH MIT MERKUR?

Weshalb der Götterbote uns auch heute noch Nachrichten bringt

Merkur ist etwa halb so groß wie die Erde und mit einer durchschnittlichen Sonnenentfernung von etwa 58 Millionen Kilometern der sonnennächste und schnellste Planet im Sonnensystem. Von der Erde aus ist er nur am Morgen oder früh am Abend zu sehen, was dem kleinen Flitzer die Bezeichnung des Götterboten einbrachte. Aufgrund seines geringen Abstands von der Sonne schwanken die Temperaturen auf der Oberfläche von rund 700 Kelvin auf der Sonnenseite (das entspricht rund +426 Grad Celsius) bis etwa 100 Kelvin auf der Schattenseite (was rund –173 Grad Celsius entspricht) – eine Temperaturschwankung um 600 Kelvin. Im Gegensatz zu den anderen Planeten machen sich bei Merkur überdies auch höhere Ordnungen des Schwerefelds der Sonne bemerkbar, die sich nicht durch das newtonsche Gravitationsgesetz der klassischen Mechanik beschreiben lassen. »Als der Astronom Urbain Le Verrier im 19. Jahrhundert diese rätselhaften Störungen der klassischen Merkurbahn festmachte, dachte die Wissenschaftsgemeinde sogleich an die kurz zuvor gemachte Entdeckung von Neptun«, erklärt der Astronom Matthias Steinmetz vom Leibniz-Institut für Astrophysik in Potsdam (AIP). »Die Entdeckung von Neptun war möglich geworden, nachdem Le Verrier eine Störung der Uranusbahn ausgemacht hatte.« Es lag nahe, anzunehmen, dass es auch im Fall von Merkur einen Planeten in der Nähe geben müsse, der die Merkurbahn stört. »Und es fanden sich tatsächlich auch Forscher, die den unbekannten Planeten namens Vulkan in ihren Teleskopen gesehen haben wollten«, erzählt Steinmetz. »Aber im Fall des sonnennahen Merkurs war es letztlich die Allgemeine Relativitätstheorie, die dessen scheinbare Bahnstörungen erklären konnte.« Für Steinmetz ein interessantes Beispiel dafür, dass sich ein Konzept, das in dem einen Fall zum Erfolg führt, in einem anderen Fall als nicht tragfähig erweist. Trotz der Auflösung des Bahnrätsels birgt der kleine Planet noch heute manches Geheimnis.

»Merkur ist mit Kern, Mantel und Kruste ein erdähnlicher Planet mit fester Oberfläche«, erklärt Planetengeologe Ulrich Köhler. »Aber was man bei Merkur nicht versteht, ist, dass er einen überproportional großen Kern hat.« Der Kern des Merkur macht 80 Prozent der Gesamtmasse aus. Im Vergleich zur Venus, der Erde oder zum Mond sind das völlig andere Proportionen. »Es wird vermutet, dass Merkur mal ein größerer Planet gewesen ist, der aber durch heftiges Bombardement viel Material in der Entstehungsphase des Planetensystems verloren hat.« Die Dicke des Mantels von Merkur ist viel zu gering im Vergleich zu den anderen erdähnlichen Nachbarplaneten; im Unterschied zu seiner Kruste, deren Dicke keine besonderen Auffälligkeiten zeigt. Letzteres ist für Köhler allerdings nicht sehr überraschend. »Denn die Kruste kommt obendrauf – geologisch wie zeitlich erst nach der Bildung des Planeten, wenn sich das Grundmaterial abgekühlt hat.« Die große Frage ist also: Wo hat Merkur seinen Gesteinsmantel gelassen? Hierzu gibt es laut Köhler nur Theorien, bewiesen ist noch keine.

»Wir hoffen, dass es mit der Raumsonde BepiColombo, die im November 2026 den Planeten Merkur erreichen wird, zur Klärung dieser großen Frage kommen wird und dass dieses Rätsel endlich gelöst werden kann.« Zur Erinnerung: Merkur hat praktisch die gleiche Dichte wie die Erde, sprich 5,5 Gramm pro Kubikzentimeter. Dabei ist er deutlich kleiner als die Erde. Auch das passt nicht in das Schema unserer Planeten, betrachtet von innen nach außen. Ulrich Köhler hält es deshalb nicht für ausgeschlossen, dass Merkur genau dasselbe passiert ist wie der jungen Erde, der Planet also einen heftigen Impact durch einen fremden Himmelskörper erfahren und dadurch viel Gesteinsmaterial verloren hat. »Es ist jedoch ebenso vorstellbar, dass die Sonne in ihren Anfangsjahren teilweise derart starke Energieausbrüche hatte, dass sich das Gestein auf Merkur erhitzte, verdampfte und vom Sonnenwind regelrecht weggeblasen wurde.« Köhler hält es auch für denkbar, dass die Temperatur der frühen Sonne grundsätzlich sehr viel höher und ihre Strahlungsleistung entsprechend viel größer war, sodass sich bei Merkur erst gar keine Gesteine ausbilden konnten. Gesteinsmaterialien schmelzen bei Temperaturen um die 1000 Kelvin (rund 727 Grad Celsius) und verdampfen bei entsprechend höheren Temperaturen.

Mit der im Jahr 2018 gestarteten Raumsonde BepiColombo will man nun Merkur näher in den Blick nehmen und all diese Fragen klären. Vor welchen besonderen Herausforderungen steht diese Mission? »Der Flug von der Erde zum sonnennäheren Merkur berührt ein generelles Problem, das wir auch bei der Sternentstehung beobachten können«, erklärt Matthias Steinmetz. »Wer immer sich in ein gravitatives Zentrum bewegen will, muss seinen Drehimpuls loswerden.« Das gilt auch für planetare Raumsonden, die sich von einem äußeren Punkt des Sonnensystems zu einer inneren Bahn bewegen sollen. Zur Erinnerung: Die Erde bewegt sich mit 30 Kilometern pro Sekunde um die Sonne. Sie hat BepiColombo ihren Drehimpuls mitgegeben, der viel zu groß ist, um ohne Weiteres einen stabilen Orbit um Merkur einzunehmen. »Nur in schlechten Science-Fiction-Filmen spielt der Drehimpuls von Raumfahrzeugen keine Rolle«, sagt Steinmetz und lacht.

Das Drehimpuls-Problem ist den Forscherinnen und Forschern der BepiColombo-Mission natürlich bewusst. »Es waren einige Manöver nötig, um auf eine stabile, sonnennahe Bahn zu gelangen«, erklärt Köhler. Einerseits galt es, den Drehimpuls von der Erde loszuwerden, andererseits, die große Gravitation der Sonne auszutarieren. »Deshalb fliegt man mit einem solchen Raumfahrzeug zunächst die Orbits der benachbarten Planeten dicht an und nähert sich dem Merkur sozusagen nur schrittweise.« Am 19. Juni 2023, fast zeitgleich zu dem Gespräch für dieses Buch, fand der dritte erfolgreiche Vorbeiflug der Raumsonde an Merkur statt. »Es folgen noch zwei weitere, bevor das eigentliche Messprogramm der Raumsonde beginnen kann«, erklärt Köhler. »Dank dieser interplanetaren Bremsmanöver verbraucht die Sonde relativ wenig Treibstoff, um schließlich gemeinsam mit Merkur durch den Raum um die Sonne zu fliegen und in eine

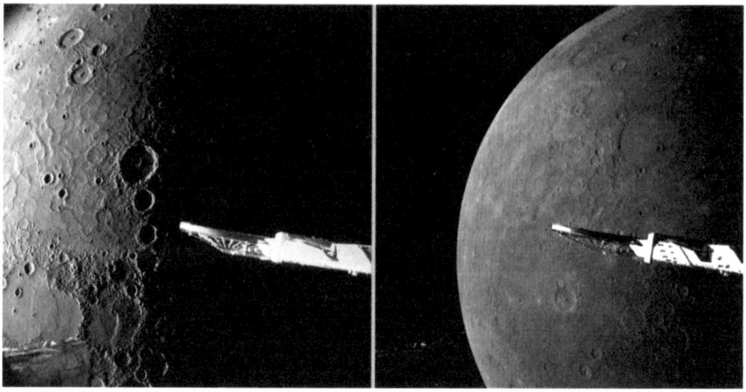

Am 8. Januar 2025 ist BepiColombo zum sechsten und letzten Mal vor seiner Ankunft 2026 nah an Merkur vorbeigeflogen.

polare Umlaufbahn einzuschwenken.« Das soll am 5. Dezember 2025 geschehen. Der Namensgeber der Sonde, Giuseppe ›Bepi‹ Colombo war übrigens ein italienischer Mathematiker und Raumfahrtingenieur, der sich in den 1970er-Jahren durch seine Berechnungen treibstoffsparender Fly-by-Manöver um die Planetenforschung verdient gemacht hat. Wir werden solchen sogenannten Gravity-Assist-Manövern in den folgenden Unterkapiteln noch des Öfteren begegnen.

FRAGE 3: WORIN BESTEHEN DIE GEHEIMNISSE DER VENUS?

Weshalb wir auch heute noch von ihr verzaubert sind

Der zweite Planet in der Planetenfolge von der Sonne aus ist die Venus. Sie ist der hellste Wandelstern an unserem Nachthimmel. Als unser Nachbarplanet wurde sie schon früh von der Astronomie in den Fokus genommen und in enger Beziehung zur Erde gesehen. Wenngleich benannt nach der Göttin der Liebe, sind die Bedingungen auf der Venus alles andere als anheimelnd. »Trotzdem ist sie in vielerlei Hinsicht ein spannendes Objekt«, findet der Planetengeologe Ulrich Köhler. »Auch deshalb, weil in der Erforschung der Venus zunächst einiges missverstanden wurde.« Köhler spielt damit auf die Atmosphäre der Venus an. »Früh hat man Wolken auf der Venus vermutet und unter den Wolken sogar Leben.« Tatsächlich liegen die Analogien zur Erde nahe. »Weil die Durchmesser von Erde und Venus nahezu gleich sind und eine dichte Atmosphäre auszumachen ist, es offenbar auch zu Niederschlag kommt und sogar Wasser existiert«, sagt Köhler. Mit den Entdeckungen und Untersuchungen im Raumfahrtzeitalter haben sich allerdings viele Mutmaßungen über die Venus nicht bestätigt. »Inzwischen weiß man: Es handelt sich auf der Venus um eine Kohlendioxidatmosphäre und Kohlendioxid ist ein sehr wirksames Treibhausgas.« Die Wolken bestehen überdies aus Schwefelsäure. Dadurch herrschen auf der Oberfläche Temperaturen von bis zu 740 Kelvin (was auf der Celsius-Skala rund 467 Grad entspricht). »Klar, unter diesen Umständen gibt es auf der Venus kein Leben. Das war für die noch junge astronautische Planetenforschung durchaus ernüchternd.« Waren die Erwartungen doch ganz andere gewesen: Noch bis Mitte des 20. Jahrhunderts hatte die Hoffnung bestanden, auf der Venus erdähnliche Zustände vorzufinden. »Und damit natürlich auch die Chance auf erdähnliches Leben; aber mit den Raumfahrtprogrammen der 1960er- und 1970er-Jahre hat sich unser Bild von der Venus ins Gegenteil verkehrt.« Die Venus erscheint seitdem als extrem lebensfeindlicher Ort.

Und doch kam es in den letzten Jahren gewissermaßen zu einer Renaissance der Venusforschung. Warum? »Nun«, sagt Köhler, »wir betrachten auch bei der Venus einen Zeitraum von 4,5 Milliarden Jahren. Möglicherweise waren die Zustände nicht immer so höllisch auf dem Planeten wie heute. Man hat begonnen, die Entwicklung der Venus zu modellieren und dabei festgestellt, dass es in der Frühzeit des Sonnensystems ein Zeitfenster gegeben haben könnte, in der der Treibhauseffekt auf dem Planeten noch nicht derart ausgeprägt gewesen ist.« Es könnten laut Köhler in der Vergangenheit erdähnliche Bedingungen geherrscht haben, mit einer Atmosphäre, die bedeutend kühler war als heute, nicht zu viel CO_2 enthielt und in der noch keine großen Mengen an Methan durch Vulkane ausgegast wurden. »Es ist durchaus ein Zeitfenster vorstellbar, in dem Wassermoleküle auf der Venusoberfläche stabil vorgelegen haben könnten.« Und dieses Zeitfenster kann möglicherweise eine halbe Milliarde Jahre offen gestanden haben, vielleicht sogar länger. Das ist das heiße Thema der aktuellen Venusforschung und der Grund, weshalb sich die Raumfahrtagenturen wieder auf den Weg machen, die Venus zu erforschen.

Landemanöver der DAVINCI-Sonde durch Einsatz eines Fallschirms in der Venus-Atmosphäre (künstlerische Darstellung).

Für die Astrobiologin Pascale Ehrenfreund ein klarer Fall. »Wir sehen die Venus als einen Schwesterplaneten der Erde an. Wir interessieren uns dafür, wie sich die Venus entwickelt hat, weil wir uns Rückschlüsse darauf erhoffen, wie sich wiederum die Erde entwickeln könnte.« Das englischsprachige Stichwort ist ›Comparative Planetology‹, die vergleichende Planetenforschung. »Die Venus hat einen ›Runaway Greenhouse Effect‹ [dt.: galoppierender Treibhauseffekt] erlebt. Inzwischen ist sie der heißeste Planet im Sonnensystem, eingebettet in einer dichten Wolkenschicht, weshalb man noch heute verhältnismäßig wenig von ihr weiß.« Die Bedingungen sind äußerst widrig, um die Venus zu vermessen oder zu untersuchen. Sie ist regelrecht verhüllt unter den Wolken, und entsprechend wenig ist beispielsweise von der Oberflächenbeschaffenheit bekannt. Lander oder Rover, also Fähren von Weltraumsonden, die auf den Planeten herabgelassen werden, sind auf der Venus nicht lange funktionstüchtig, auch wenn es in der Vergangenheit einige Missionen mit Landungen auf der Oberfläche gegeben hat.

Dennoch gibt es laut Pascale Ehrenfreund dank anspruchsvoller Klimamodellierungen inzwischen ein zunehmend besseres Verständnis von der möglichen Entwicklungsgeschichte des Planeten. »Nach einer aktuellen Studie vom Goddard Space Flight Center der NASA wurde die Oberfläche der Venus vor etwa 700 Millionen Jahren komplett neugestaltet. Es trat demnach klimatologisch eine massive Veränderung ein.« Das ist für Ehrenfreund ein äußerst spannendes Untersuchungsfeld. »Weil man sich natürlich fragt, was da genau passiert ist. Welche Mechanismen haben das Klima der Venus zum Kippen gebracht? Wahrscheinlich herrschte vor diesem Wandel für längere Zeit ein stabiles und moderates Klima. Höchstwahrscheinlich hat es auch flüssiges Wasser an der Oberfläche gegeben.« Um den Gründen dafür genauer nachzugehen, sind nun drei wichtige Venus-Missionen geplant: zwei von der NASA mit den Bezeichnungen

DAVINCI und VERITAS, wenngleich es bei letzterer laut Ehrenfreund zurzeit leider ein paar projekttechnische Verzögerungen gibt. Überdies ist eine europäische Mission der ESA namens EnVision geplant, die den gesamten Planeten holistisch untersuchen soll. »Aller Voraussicht nach werden diese Missionen Ende dieses Jahrzehnts beziehungsweise Anfang des nächsten die Venus genauer studieren können. Dabei sollen die verschiedenen Schichten der Venusatmosphäre untersucht werden und ebenso die Oberflächenbeschaffenheit des Planeten.« Außerdem ist auch eine erste private Mission zur Venus seitens der Firma Rocket Lab geplant, bei der nach Indikatoren oder gar Beweisen für organische Verbindungen in der Wolkenschicht der Venus gesucht werden soll.

Doch wie lassen sich künftige Raumfahrtmissionen derart ausgestalten, dass sie mit den Tücken der Venusatmosphäre besser zurechtkommen als die vorangegangenen? Zur Erinnerung: Der Lander der sowjetischen Venera-7-Mission war nach der Landung auf der Venus knapp 23 Minuten in Betrieb, bevor die ätzende Schwefelsäure der Atmosphäre der Maschine den Garaus machte. Pascale Ehrenfreund sieht für zukünftige Missionen jedoch eine interessante Technologieentwicklung. »Unter anderem wird die Erarbeitung einer hitzebeständigen Elektronik vorangetrieben [engl.: High Temperature Electronics], die keine aktive Kühlung benötigt.« Darunter fallen Apparaturen, die auch bei sehr hohen Temperaturen und atmosphärischen Drücken funktionieren. Für Ehrenfreund stellt diese technische Entwicklung ein Schlüsselelement bei der erfolgreichen Ausgestaltung künftiger Venus-Missionen dar. »Zurzeit hätten konventionelle Sonden auf der Oberfläche der Venus eine Lebenszeit von wenigen Stunden. Das reicht beileibe nicht, um differenzierte Untersuchungen zu gewährleisten. Das Entwicklungskonzept heißt deshalb ›Long-lived Landers‹, um die Verweildauer zukünftiger Venus-Sonden auf der Oberfläche des Planeten signifikant zu erhöhen.« Langlebige Apparaturen könnten meteorologische, aber auch seismische Daten aufnehmen und liefern. Sie könnten außerdem die Vorstufe von Rovern darstellen, die sich dann mehr oder weniger mobil auf der Venusoberfläche bewegen. »Das ist zwar alles noch Zukunftsmusik«, räumt Ehrenfreund ein und lacht, »die entsprechend resistenten Technologien müssen erst entwickelt und vervollkommnet werden, aber es gibt dazu bereits Fortschritte.«

Schließlich sollen sich die geplanten Venus-Missionen auch der Frage nach Leben auf dem Planeten annehmen. »Allerdings werden sich auch zukünftig archäologische Spuren von Leben kaum nachweisen lassen«, sagt Ulrich Köhler, »selbst wenn vor 3,5 oder vier Milliarden Jahren in der Wasser-Ära der Venus das Leben dort einmal existiert haben sollte.« Das hängt laut Köhler insbesondere damit zusammen, dass sich die Oberfläche des Planeten stetig restrukturiert und erneuert. Denn Plattentektonik gibt es auf der Venus nicht, was einen extremen Vulkanismus begünstigt. »Bei der Venus wird alle 500 Millionen Jahre der Druck im Mantel unter der Kruste so groß, dass es zu einer gewaltigen vulkanischen Periode kommt.« Ähnlich wie bei einem mit einem Deckel verschlossenen Herdkessel, dessen Wasser zu kochen beginnt, womit der Druck im Kessel steigt, bis der Deckel sich vom Kessel hebt und der Wasserdampf entweicht. Bei der Venus übernehmen Vulkane die Funktion, um Dampf abzulassen. Während einer solchen vulkanischen Periode wird die Oberfläche der Venus komplett neu ausgestaltet. Laut Köhler gibt es auf der Venus nur wenige kontinentartige Strukturen [lat.: Tesserae], die hinsichtlich ihrer Beschaffenheit, geologischen Gestalt, Topografie und Topologie an die Kontinente der Erde erinnern. »Zuweilen wird spekuliert, ob diese Tesserae vielleicht nicht Überbleibsel einer Phase sind, in der es einmal eine Plattentektonik auf der Venus gegeben hat.«

Doch für Ulrich Köhler gibt es noch einen weiteren Aspekt bei der Frage nach Leben auf der Venus. »Es klingt vielleicht etwas exotisch –

manche Kollegen rollen mit den Augen –, doch nicht wenige halten das Folgende für zumindest untersuchungswürdig«, führt Köhler den Punkt ein. »In der Venusatmosphäre herrschen nämlich in einer Höhe von 40 bis 50 Kilometern Temperaturen um die 20 bis 30 Grad Celsius, die durchaus lebensfreundlich sind, wie wir wissen. Es gibt Wissenschaftler, unter ihnen der Astrobiologe Dirk Schulze-Makuch von der Technischen Universität Berlin, die es für möglich halten, dass auf diesem fliegenden atmosphärischen Teppich Mikroorganismen existieren könnten, die den Hauch von Wasserdampf, der dort vorzufinden ist, zum Leben nutzen.« Künftige Venus-Missionen werden mittels spezieller Messinstrumente für molekulare Untersuchungen deshalb auch dieser Fragestellung nachgehen. Unlängst hatte die vermeintliche Entdeckung von Phosphin bei spektroskopischen Untersuchungen des Lichts der Venusatmosphäre für großes Aufsehen gesorgt. Phosphin ist ein chemisches Abfallprodukt, das Mikroorganismen bei ihrem Stoffwechsel hinterlassen. »Derzeit gibt es dazu keine gesicherten Hinweise, aber künftige Raumfahrtmissionen können hier hoffentlich Klarheit schaffen«, sagt Köhler. »Das Feld der Astrobiologie ist ja noch sehr jung, dementsprechend gibt es sehr viele Theorien und noch nicht so viel gesichertes Wissen. Aber es ist eine berechtigte Fragestellung: die Frage nach dem Leben auf der Venus.«

Auch Pascale Ehrenfreund hält Überlegungen zu derzeitigem Leben auf der Venus für eher spekulativ; darunter auch Ideen, wie Bakterienformen eventuell in den schwefelgeladenen Venuswolken leben könnten. »Mithilfe spezieller Ballone und daran gekoppelter Instrumente lassen sich tatsächlich die verschiedenen atmosphärischen Wolkenschichten der Venus untersuchen, in denen teils sehr starke Winde herrschen.« Für ausgeschlossen hält Pascale Ehrenfreund die Möglichkeit für solche ballonbasierten Expeditionen nicht – Ballone, die mittels Raumsonden von der Erde in die Atmosphäre der Venus gebracht werden.

Halten wir fest: Die Venus ist unser innerer Schwesterplanet und näher an der Sonne als die Erde. In der Vergangenheit verfügte die Venus wahrscheinlich einmal über ein stabiles, lebensfreundliches Klima. Möglicherweise befand sich in dieser Zeit sogar Wasser auf ihrer Oberfläche. Heute herrschen auf der Venus dagegen extreme Bedingungen. Aufgrund der hohen Temperaturen und atmosphärischen Dichten und Drücke ist die Erforschung der Venus äußerst schwierig. Dennoch wird sie wieder verstärkt in den Fokus genommen. Konkret sind drei Missionen von NASA und ESA am Ende dieser Dekade geplant sowie bald schon eine private Mission. Für deren erfolgreiche Umsetzungen müssen neue Instrumente entwickelt werden. Für weitergehende Missionen sind noch innovativere Technologien gefragt: von weltraumgestützter Ballontechnologie bis hin zur Entwicklung einer hochtemperaturbeständigen Sondenelektronik. »Denn wir wollen unseren Schwesterplaneten besser verstehen«, sagt Ehrenfreund, »und wie es auf einem Planeten ähnlich der Erde zu klimatologischen Veränderungen kommen kann.«

FRAGE 4: DAS MYSTERIUM DES LEBENS AUF DER ERDE: WELCHE ROLLE SPIELEN MOND, KOMETEN UND ASTEROIDEN?

Warum das Leben ein Wunder ist

Die Erde ist einer der vier Gesteinsplaneten unseres Sonnensystems und der dritte in unserer Planetenfolge von der Sonne aus. Ein erstaunliches Zusammenspiel unterschiedlicher Faktoren hat diesen Planeten zu einer einzigartigen Heimstätte eines vielfältigen Lebens werden lassen. Dabei hatte es alles andere als heimelig angefangen. »Die Erde wird sich in der Frühphase des Sonnensystems unter extrem heißen Umgebungsbedingungen als Feuerball geformt haben«, erklärt die Astrobiologin Pascale Ehrenfreund. »Viele komplexe Moleküle, sofern sie in dieser Phase überhaupt vorlagen, dürften dabei verglüht sein.« Die Oberfläche der Erde war zu Beginn also ein höllischer Ozean heißglühenden Gesteins. »Nach dem Erkalten des Erdballs fing der Prozess vermutlich wieder von vorne an, um die komplexeren Stoffe aufzubauen«, sagt Ehrenfreund. Dabei half der Erde wahrscheinlich auch das restliche Planetensystem. »In den ersten 700 Millionen Jahren der Erdgeschichte hat es auf der Erde unglaublich viele Einschläge gegeben: Kometen, Asteroiden, auch kleinere Partikel wie Meteoriten sowie interplanetarer Staub. Das alles prasselte unablässig auf die frühe Erde.« Kometen enthalten viel Eis und Staub und sind deshalb ursprünglicher. Die Zusammensetzung von Asteroiden, meist felsig, hängt von ihrer Entstehungsregion und Evolution ab. »In unserer Frühgeschichte waren die Einschläge der Asteroiden und Kometen von fundamentaler Bedeutung, weil sie wichtige flüchtige Stoffe und komplexeres kohlenstoffhaltiges Material auf die Erde gebracht haben dürften.«

Daher wird vermutet, dass unser Wasser auf der Erde unter anderem auch von diesen Objekten stammt. So besteht beispielsweise der Asteroid Ceres im Asteroidengürtel nachweislich zu etwa einem Viertel aus Wassereis. »Solche Erkenntnisse verändern natürlich unsere Vorstellung, wie das Wasser auf die Erde gekommen sein könnte«, sagt der Planetengeologe Ulrich Köhler. »Dennoch wird die Frage nach dem Ursprung des Wassers sehr kontrovers diskutiert. Viele Geophysiker sind der Ansicht, dass sich die Bildung der Erde vielleicht schneller vollzogen hat als angenommen, nämlich in weniger als zehn Millionen Jahren, sodass möglicherweise auch sehr viele flüchtige Elemente in dieser Feuerkugel enthalten blieben«, – Elemente, die anschließend durch Vulkanismus und Bewegung der Plattentektonik wieder ausgeblasen wurden.

An den Ursprung des Wassers schließt eine weitere interessante Frage an: Finden sich auf den Asteroiden auch Grundbausteine des Lebens, wie Moleküle aus Kohlenstoff und Kohlenwasserstoffen? Für Pascale Ehrenfreund ist die Antwort klar: »Asteroiden und Kometen enthalten organisches Material. Durch den Extraterrestrial-Delivery-Prozess in der Frühphase des Sonnensystems kam es bestimmt auch zur Einbringung bestimmter Stoffe, die sich aus ganz natürlichen Gründen während der Entwicklung des Sonnensystems oder davor herausgebildet hatten.« Ehrenfreund schließt deshalb nicht aus, dass diese Objekte Rohmaterialien für das Leben lieferten. »Jedenfalls dürfte das geholfen haben, dass Leben auf der Erde entstehen konnte.«

Ulrich Köhler sieht das ähnlich. »Es bedeutet nicht unbedingt, dass der Ursprung des Lebens von Kometen oder Asteroiden abstammt. Aber möglicherweise haben diese Objekte wichtige Bestandteile dafür zur Erde gebracht.« Er hält es allerdings auch für vorstellbar, dass die Erde diese Bestandteile selbst in sich trug und einen solchen Impact von außen gar nicht brauchte, um geochemische Reaktionen zur Bildung von Leben auszulösen.

Für Köhler wie Ehrenfreund ist diese Fragestellung jedenfalls einer der Gründe, weshalb wir unbedingt Kometen und Asteroiden untersuchen und verstehen müssen. »Wie beispielsweise bei der Rosetta-Mission«, sagt Pascale Ehrenfreund, »in deren Rahmen wir über die Zusammensetzung der Molekülstrukturen und organischen Moleküle des bei der Mission besuchten Kometen namens Tschurjumow-Gerassimenko viel lernen konnten.« Bei der nachfolgenden japanischen Hayabusa-2-Mission wurden sogar Proben von einem Asteroiden zurückgebracht, in denen organische, präbiotische Moleküle identifiziert werden konnten. Im Herbst 2023 ist OSIRIS-REx (Origins Spectral Interpretation Resource Identification Security – Regolith Explorer) von einer solchen Asteroid-Sample-Return-Mission zurückgekehrt und auch hier bestätigen die ersten Daten die

Präsenz von komplexen organischen Molekülen. »Darüber hinaus wollen wir bei diesen Missionen auch die Strukturen der Kleinkörper unseres Sonnensystems verstehen, ihren Aufbau, ihre Porosität. Oder eben, wenn sie sehr massiv sind, ob sie sich ablenken lassen, um ihren Einschlag auf der Erde zu verhindern.«

Kollisionen können katastrophal verlaufen. Wir wissen von etwa einer Million Objekte im Hauptgürtel zwischen Mars und Jupiter mit Durchmessern größer als 100 Metern. In der Regel bleiben diese Asteroiden brav auf ihren Bahnen um die Sonne. »Allerdings kommt es zuweilen zwischen ihnen zu Kollisionen und dann können sie unter anderem auch erdbahnkreuzende Richtungen einschlagen«, erklärt Ulrich Köhler. Zurzeit kennen wir etwa 30.000 Asteroiden, die uns in diesem Sinne gefährlich werden könnten. Bei der DART-Mission stand deshalb die Frage im Raum, ob man einen 100 Meter großen Asteroiden mit einer Raumsonde durch einen kinetischen Stoß von der Erde ablenken kann. »Das ist im Prinzip gelungen. Aber noch hat man nicht alles im Griff«, erklärt Köhler, »auch deshalb nicht, weil sich zeigt, dass die Asteroiden keine kompakten Objekte sind, die wie Billardkugeln angestoßen werden können.« Typischerweise enthalten Asteroiden poröse Hohlräume mit Dichten von etwa 0,5 Gramm pro Kubikzentimeter. Die DART-Mission hat immerhin gezeigt, dass sich Asteroiden tatsächlich umlenken lassen. Bis spätestens Mitte des Jahrhunderts sollen nachfolgende Missionen in der Lage sein, solche heranrauschenden Körper von der Erde abzulenken und fernzuhalten.

Damit haben wir eine Vorstellung von dem Potential interplanetarer Objekte für die Entwicklung des Lebens auf der Erde gewonnen und sehen verschiedene Szenarien, wie Wasser und die Ingredienzien des Lebens auf unseren Planeten gekommen sein können. Gibt es zusätzliche Faktoren, die für die Entstehung von Leben entscheidend gewesen sind? »Nun, als einziger Planet im Sonnensystem verfügt die

Erde über eine wunderbare Plattentektonik«, sagt Köhler – große, verkrustete, zusammenhängende Schalen an der Oberfläche der Erde, die auf dem heißen Magma schwimmen. Wie ein Deckel auf einem Kochtopf, um das Beispiel aus Frage 3 (S. 50) zu gebrauchen. Wird es unten zu heiß, hebt sich der Deckel an, was etwas Energie kostet. »Das führt dazu, dass wir hier auf der Erdoberfläche wie von einem Thermostat gesteuerte moderate Verhältnisse vorfinden.« Die Plattentektonik nimmt damit Energie aus dem Erdinneren auf und verhindert einen extremen Vulkanismus wie auf der Venus. Dennoch gab es auf der Erde auch weniger moderate klimatische Verhältnisse, insbesondere durch Eiszeiten. »Im Erdzeitalter des Archaikums an der Grenze zum Proterozoikum muss es sogar globale Vereisungen über Zeiträume von bis zu 300 Millionen Jahren gegeben haben«, sagt Köhler. »Das hat das Leben, von dem wir wissen, dass es seit etwa 3,5 Milliarden Jahren existiert, noch mal ernsthaft in Bedrängnis gebracht.« Immer wieder kam es laut Köhler zu Faunenschnitten, dem Massenaussterben des Großteils aller lebenden Arten; in der Frühzeit möglicherweise durch die besagten Vereisungen und an der Perm-Trias-Grenze wahrscheinlich durch Vulkanausbrüche, bei denen große Schwefeldioxidmengen in die Atmosphäre eingebracht wurden. »Der letzte große Faunenschnitt vor 65 Millionen Jahren schließlich ist aller Wahrscheinlichkeit nach einem astrophysikalischen Impact geschuldet.« Der Chicxulub-Krater vor der mexikanischen Yucatán-Halbinsel zeugt noch heute von dem gewaltigen Einschlag, der das Zeitalter der Dinosaurier mit einem Mal beendet hat.

Ulrich Köhler sieht neben der Plattentektonik noch weitere entscheidende Faktoren, die zur Entstehung von Leben auf der Erde geführt haben. »Die Erde hat ein verhältnismäßig starkes Magnetfeld. Es wirkt wie ein Schutzschirm, der einen großen Teil der hochenergetischen kosmischen Strahlung sowie der Sonnenstrahlung zu den Polen hin ableitet.« In Verbindung mit der Atmosphäre, die mit der

Ozonschicht ebenfalls schützend wirkt, ist dieser Strahlenschutz eine Grundvoraussetzung für Leben. Aber wie entsteht dieses Magnetfeld? »Magmawalzen im Erdinneren steigen zur Kruste auf, kühlen dort ab und sinken dann wieder hinunter zum äußeren flüssigen Erdkern«, erklärt Köhler. »Im Kern spielt sich etwas Ähnliches ab. Die Eisen-Nickel-Massen des äußeren Erdkerns bewegen sich nach unten, am inneren Erdkern wärmen sie sich wieder auf und steigen erneut empor.« Dadurch ist ein leitendes Medium in Bewegung, welches das Magnetfeld erzeugt. Alle paar 100.000 Jahre kommt es zur Umpolung, bei der sich die Polarität des Magnetfelds umkehrt. Die letzte erfolgte wahrscheinlich vor etwa 780.000 Jahren. »Dass eine solche Umpolung für das Leben tödlich ist, erscheint eher unwahrscheinlich, denn dafür passieren diese Umpolungen geologisch betrachtet zu häufig, ohne dass periodisch auftretende Faunenschnitte zu beobachten wären.«

Neben Plattentektonik und dem Magnetfeld der Erde kommt auch unserem Mond bei der Entstehung von Leben auf der Erde eine ganz besondere Rolle zu. »Der Mond der Erde ist wie ein Ausleger eines Katamarans«, erklärt Ulrich Köhler. »Er stabilisiert die Erdachse, sodass sie nur schwach oszilliert«, – im Gegensatz zum Mars beispielsweise, der stärker um seine Achse oszilliert, mit der Folge, dass dort mittel- und kurzfristig extreme Klimaveränderungen auftreten, siehe Frage 5 (S. 64). »Wahrscheinlich hat sich der Mond aus der Kollision der Ur-Erde mit dem hypothetischen Himmelskörper Theia herausgebildet«, meint Ulrich Köhler. Wie Gesteinsanalysen zeigen, ist der Mond mehr oder weniger ein Konglomerat aus Bruchstücken der Erde sowie anderer planetarer Himmelskörper.

Im Anschluss an die erfolgreichen Apollo-Missionen der USA war der Mond für lange Zeit aus dem Fokus der Forschung geraten. Das soll sich nun bald wieder ändern. »Eine offene Frage, zu deren Beantwortung er uns vielleicht helfen kann, ist die nach dem Bombar-

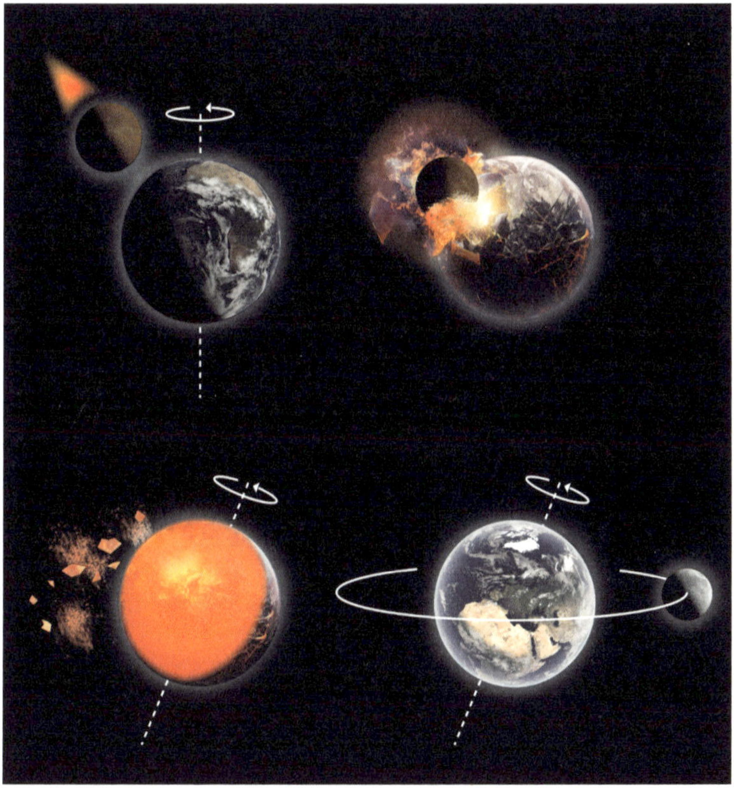

Der gängigsten Theorie zufolge entstand unser Mond durch einen gewaltigen Zusammenstoß zwischen der jungen Erde und einem kleineren Protoplaneten (künstlerische Darstellung).

dement im frühen Planetensystem«, sagt Ulrich Köhler. »Denn mit dem Mond haben wir ein konserviertes Objekt aus der Frühzeit des Sonnensystems.« Die Mondoberfläche ist mit wenigen Ausnahmen zwischen drei und vier Milliarden Jahre alt. »Das ist der Zeitraum, in dem auch das Leben auf der Erde entstanden ist«, erklärt Köhler. »Nun steht die Frage im Raum, wie stark damals das Bombardement der Erde durch Asteroiden im inneren Sonnensystem verlaufen ist.« Aus dem Muster der Krater und deren Größen auf der Mondoberfläche lässt sich der kontinuierliche Verlauf von Einschlägen wie die Spuren von übereinanderliegenden Fußabdrücken ablesen. »Vielleicht zeigt sich auf dem Mond, dass es ein Late Heavy Bombardement gegeben hat, währenddessen sich kein Leben auf der Erde ausbilden konnte, obwohl die Bedingungen wie die Existenz von Wasser oder moderate Oberflächentemperaturen erfüllt waren.« Das Spannende an dieser Überlegung: Wir wissen nicht, ob wir tatsächlich der erste Wurf der Natur sind, oder vielleicht schon der zweite oder gar dritte. »Möglicherweise hat das Leben mehrere Anläufe unternommen, wurde wieder ausgelöscht und alles ging von Neuem los.«

FRAGE 5: GIBT ES WASSER UND LEBEN AUF DEM MARS?

Wie wir dem unruhigen Kerl auf die Schliche kommen

Mehr noch als die Venus hat ein anderer planetarer Nachbar unsere Fantasie über die Existenz außerirdischen Lebens befeuert: der Mars. Ende des 19. Jahrhunderts meinte der italienische Forscher Giovanni Schiaparelli bei seinen Beobachtungen, zahlreiche Kanäle auf dem Planeten auszumachen, die er als Hinweis auf die Existenz einer entwickelten außerirdischen Zivilisation deutete. Inzwischen wissen wir viel mehr über unseren planetaren Nachbarn. Intelligentes Leben können wir dort ausschließen. Aber gilt das auch für einfache Lebensformen? Gibt es dafür die notwendigen Voraussetzungen?

»Die Bedingungen an der Marsoberfläche sind hart«, hält der Planetengeologe Ulrich Köhler fest. Die Oberfläche ist intensiver kosmischer Strahlung ausgesetzt; außerdem ist es dort sehr kalt. Es wird zwar tagsüber bis zu 25 Grad Celsius warm, beispielsweise an einem schönen Sommertag am Äquator, aber schon in der darauffolgenden Nacht kühlt es auf bis zu –70 Grad Celsius ab. »Immerhin findet sich Wasser in Form von Eis an den beiden Polen des Mars«, räumt Ulrich Köhler ein. »Ebenso in den sehr ausgedehnten Regionen auf der nördlichen Hemisphäre sowie an bestimmten anderen Stellen der Oberfläche.« Der Wasseranteil in der Atmosphäre beträgt weniger als ein Prozent. »Doch interessanterweise finden sich auf der Oberfläche des Mars überall Spuren von Wasserläufen und es gibt ausgespülte Täler und Sedimentablagerungen, die fließende Gewässer hinterlassen haben müssen«, – auch in den Gräben und Deltas, die einst Schiaparelli bei seinen verschwommenen Fernrohrbeobachtungen zu den Fehlinterpretationen verleiteten und in denen gegenwärtig der Mars-Rover Perseverance unterwegs ist. »Offensichtlich gab es flüssiges Wasser auf dem Mars und damit offenbar auch eine entsprechende Atmosphäre.« Sie dürfte wahrscheinlich sehr viel dichter als heute und voller Kohlendioxid gewesen sein. »Womöglich enthielt sie auch Methan und damit Treibhausgase, sodass es auf dem Mars viel wärmer werden konnte.« Aber vor etwas mehr als 3,5 Milliarden Jahren muss es einen heftigen Klimawandel gegeben haben. Mars, der kleiner ist als unsere Erde, konnte die Gase nicht halten und die Atmosphäre evaporierte teilweise in den Weltraum. In der Folge verdunstete auch das Wasser auf der Oberfläche. »Alles, was wir sehen, deutet darauf hin, dass seitdem kein Wasserkreislauf mehr existiert.« Dadurch ist das Milieu auf dem Mars chemisch sehr sauer geworden. »Die wenigen Wasserspuren heute stammen überwiegend aus dem Inneren von Gesteinen oder von subkutanen, sprich unterirdischen Seen«, erklärt Köhler. »Sie haben Schwefelminerale ausgelöst, was zu Ablagerungen wie Gips (Calciumsulfat) oder zu Epsomit (Magnesiumsulfat) geführt hat.« Das wiederum deutet für Köhler darauf hin, dass es zumindest einmal sehr heiße Quellen gegeben haben muss. »Die sind an sich zwar auch nicht sehr lebensfreundlich, doch kennen wir solche Verhältnisse auch von der Erde«, – beispielsweise in vulkanisch geprägten Gewässern wie in Yellowstone in den USA, in denen trotz der widrigen Umstände sogenannte extremophile Organismen leben.

Für die Astrobiologin Pascale Ehrenfreund erinnert die Forschung nach Leben auf dem Mars ein bisschen an die Suche nach der Nadel im Heuhaufen. »Ähnlich wie die Venus war auch der Mars in der Frühphase seiner Entwicklung vermutlich bewohnbar für Leben. Mars besaß eine Atmosphäre, die definitiv dichter war als seine Atmosphäre heute, weshalb es sehr wahrscheinlich auch Wasser auf der Oberfläche gab«, schließt Ehrenfreund. Daran knüpft auch die Raumsonde MAVEN (Mars Atmosphere and Volatile Evolution) an, die nach den Ursachen für das Verschwinden der Marsatmosphäre forscht (was möglicherweise auch im Verschwinden des vor der kosmischen

Der Rover Perseverance erkundet den Mars und hat Bodenproben für einen späteren Rücktransport zur Erde genommen.

Strahlung schützenden Magnetfelds des Planeten begründet liegt). »Heute ist der Mars extrem trocken und auf seiner Oberfläche nicht mehr bewohnbar, jedenfalls nicht für Lebensformen, die so aufgebaut sind wie wir.« Wie Köhler geht auch Ehrenfreund davon aus, dass Leben auf dem Mars heute – wenn es überhaupt existiert – bestenfalls in bestimmten Regionen unter der Oberfläche zu finden sein dürfte. Trotzdem rät sie, für Überraschungen offen zu bleiben. »Denn auch auf der Erde gibt es gewisse Nischen, in denen sich spezifisch angepasste Lebensformen – Extremophile – eingerichtet haben; Regionen, die man schwerlich mit Leben in Verbindung bringen würde.« Und das ist auch für den Mars vorstellbar. »Bei unseren Missionen suchen wir allerdings überwiegend nach Lebensformen, die bereits vergangen sind«, – gewissermaßen eine archäologische Forschung. Entsprechend halten Perseverance wie auch der Curiosity-Rover der NASA überwiegend Ausschau nach ausgestorbenen Lebensformen. Der Perseverance-Rover ist dafür in ein Gebiet zum Jezero-Krater aufgebrochen, der vor 3,5 Milliarden Jahren wahrscheinlich einen wasserreichen See enthalten hat. In diesem Krater haben sich viele Tonmaterialien gebildet, in denen sich auch heute noch organische Moleküle finden lassen müssten. »Natürlich wäre es einfacher, die Proben nach Hause zu bringen und im Labor zu untersuchen«, erklärt Ehrenfreund; beispielsweise mit hochauflösenden Analyse-Instrumenten. Für ausgefeilte, differenzierte Untersuchungen von hypothetischen Lebensformen lassen sich die gegenwärtigen Sonden nicht ausstatten. »Die Instrumente der aktuellen Sonden haben eher einen systemischen Blick auf die Bedingungen und die Bewohnbarkeit auf dem Mars. Sie vermessen unter anderem die Oberflächenbeschaffenheit, detektieren Mineralstoffe und suchen nach organischen Molekülen. Sie prüfen, welche Materialstoffe sich im Untergrund finden, welche chemischen Reaktionen zu beobachten sind und letztlich auch, ob es geologische Aktivitäten gibt.« Damit lässt sich für Ehrenfreund

Leben per se nicht identifizieren. »Doch Perseverance bereitet auch nachgeordnete Analysen vor«, sagt Ehrenfreund. Mittels eines Sample-Handling-Systems füllt der Rover Materialproben in kleine Kanister. Diese Kanister sollen später, vielleicht ab dem Jahr 2030, durch die Mars-Sample-Return-Mission zurück auf die Erde gebracht werden. Der Perseverance-Rover hat bereits viele dieser Kanister befüllt. »Darin sind Bodenproben, die insbesondere aus besagtem Krater stammen, weil anzunehmen ist, dass dieser Krater einmal sehr lebensfreundliche Bedingungen geboten hat.« Auch auf der Erde gibt es marsähnliche Regionen, wie beispielsweise in der Atacama-Wüste in Chile, wo extreme Trockenheit herrscht. Dort werden im Rahmen von Analogmissionen die Messbedingungen und Nachweismöglichkeiten der Mars-Sonden getestet. »Insbesondere mit Blick auf die Sample-Return-Missionen ist man sehr hoffnungsvoll, Spuren von Leben auf dem Mars in den Laboren auf der Erde nachweisen zu können, denn Untersuchungen von Marsproben mit dem Instrumentarium eines Labors auf der Erde führen natürlich zu viel differenzierteren Analysen. Immerhin wissen wir mittlerweile dank der vielen Mars-Missionen, dass die wichtigen Ingredienzien für Leben auf dem Mars vorzufinden sind. Darunter auch potenzielle organische Moleküle, die sowohl der Curiosity- als auch der Perseverance-Rover entdeckt haben, obwohl wir nicht genau wissen, woher sie letztlich stammen. Diese potenziellen organischen Moleküle sind in Mineralien eingeschlossen, die über wässrige Prozesse verbunden sind. »Die Minerale spielen wahrscheinlich eine Schlüsselrolle bei der organischen Synthese und Konservierung«, sagt Pascale Ehrenfreund. Es könnte sich auch um Material handeln, das erst durch Meteoriten auf den Mars gelangt ist. Mit der europäischen ExoMars-Mission will man in Zukunft bereits vor Ort differenzierte Analysen vornehmen. »Diese Mission wird hoffentlich 2028 starten.« Die Sonde der Mission soll an geeigneter Stelle auf dem Mars eine zwei Meter tiefe Bohrung in den Untergrund der Marsoberfläche vornehmen. »In einer solchen Tiefe ist die Wahrscheinlichkeit deutlich größer, Spuren von Leben vorzufinden.«

Die Bedingungen für die Entstehung von Leben waren also auch auf dem Mars nicht schlecht. Die große Frage ist deshalb: Hat sich dort jemals Leben entwickeln können? Oder war der Mars insgesamt doch zu lebensfeindlich, um dem Leben eine Chance zu geben?

FRAGE 6: WIE ENTLOCKEN WIR DEN GASRIESEN UND EISPLANETEN IHRE GEHEIMNISSE?

Von Eiswelten und gigantischen Ozeanen

Bei den Planeten jenseits des Asteroidengürtels handelt es sich um die beiden Gasriesen Jupiter und Saturn sowie die beiden Eisriesen Uranus und Neptun. Die Gasriesen bestehen überwiegend aus Wasserstoff und Helium. Sie bergen eine Vielzahl mehr oder weniger rätselhafter Phänomene, darunter Jupiters langlebigen Großen Roten Fleck oder Saturns ausdifferenziertes Ringsystem. Die Entstehungsgeschichte der Gasriesen ist nach wie vor nicht vollständig geklärt und wird unter Astronomen mitunter kontrovers diskutiert. Jenseits des Saturn stoßen wir auf die Eisriesen Uranus und Neptun. Sie enthalten neben Wasserstoff und Helium auch Anteile von Methan und sind sich hinsichtlich der Größe und chemischen Zusammensetzung sehr ähnlich. Der Großteil der Mantelmasse der beiden Eisriesen besteht vermutlich aus Wassereis, Methan und Ammoniak. »Nach wie vor rätselhaft ist, weshalb die beiden Eisriesen trotz ihrer fast identischen Zusammensetzung thermodynamisch derart unterschiedlich auftreten«, sagt der theoretische Physiker Ronald Redmer von der Universität Rostock. Zusammen mit dem Experimentalphysiker Dominik Kraus vom Helmholtz-Zentrum Dresden-Rossendorf (HZDR) erforscht Redmer die physikalischen Zustände von Gas- und Eisriesen im Labor des European XFEL bei Hamburg. Dazu werden in winzigen Materialproben durch Einschuss eines hochintensiven Laserstrahls für Billionstel einer Sekunde extreme Bedingungen erzeugt, wie sie beispielsweise auch in den beiden Eisriesen vorherrschen. »Der Planet Uranus sticht in seinem Verhalten besonders hervor«, sagt Redmer. »Er steht im thermischen Gleichgewicht mit der Sonne, als sei sein innerer Energievorrat schon abgestrahlt, was eigentlich gar nicht sein kann, wenn man seinen Nachbarn Neptun betrachtet.«

Alle vier Planeten verfügen über eine Vielzahl sehr unterschiedlicher Monde, die für die Forschung nach extraterrestrischem Leben hochattraktiv sind. »Im Englischen werden einige dieser Monde treffend als Ocean Worlds bezeichnet«, erklärt die Astrobiologin Pascale Ehrenfreund. »Die vier Planeten selbst stellen keine Orte für die Entstehung und Existenz von Leben dar. Aber sie haben äußerst unterschiedliche und interessante Monde, allein Jupiter fast 100«, sagt Ehrenfreund. Der Planetengeologe Ulrich Köhler sieht das genauso: »Auf den Oberflächen der Monde herrschen zwar aufgrund der großen Entfernung von der Sonne eisige Temperaturen in der Größenordnung von etwa –200 Grad Celsius, aber unter ihren Eiskrusten sind mit hoher Wahrscheinlichkeit große Ozeane verborgen.« Ein Mond, auf den sich die Forschung schon seit Längerem konzentriert, ist Jupiters Trabant Europa. Bei ihm handelt es sich neben Io, Ganymed und Kallisto um einen der vier Galileischen Monde des Gasriesen. Europa ist größer als unser Erdmond und wird durch die Gezeitenwirkung Jupiters sowie durch gravitative Resonanzeffekte der Jupitermonde untereinander beständig durchgewalkt. Es gibt Hinweise darauf, dass unter der gefrorenen Oberfläche ein 100 Kilometer tiefer salzhaltiger Ozean schlummert, der wahrscheinlich eine homogene

Schale um das Innere des Trabanten bildet. Europa enthielte damit mehr Wasser, als auf unserer Erde zu finden ist. »Der Gesteinsmantel darunter dürfte zudem eine innere Radioaktivität aufweisen, ganz ähnlich wie bei uns auf der Erde«, erklärt Ulrich Köhler. Ferner gibt es wahrscheinlich im Kern auch Vulkanismus. Kurz: Es entsteht verhältnismäßig viel Wärme. »Und wenn da so vieles in Bewegung ist, dann werden auch Mineralien gelöst, was diesen subkrustalen Ozean zu einer reichhaltigen Mineralsuppe macht.« Auch Pascale Ehrenfreund hält es nicht für ausgeschlossen, dass unter Europas Eisschicht sehr gute Bedingungen für primitives Leben vorliegen. Bilder von Europas Oberfläche zeigen die Eisdecke zerfurcht und zerkratzt wie eine Schlittschuhbahn. »Aus den Spalten dringt offenbar Wasser und friert an der Oberfläche aus«, sagt Ehrenfreund. »Europa speit regelmäßig Materie in Form von sogenannten Jets aus, was auf die starke Thermodynamik im Innern des Planeten hindeutet.«

Aktuell ist die Juice-Mission dorthin unterwegs und soll im Jahr 2031 in den Orbit von Jupiter eintreten. Dann werden laut Ulrich Köhler zunächst Europa und im Anschluss Ganymed untersucht. »Damit kommt dann auch unser am DLR entwickeltes Laser-Interferometer zum Einsatz«, sagt Köhler nicht ohne Stolz. »30 Laserpulse pro Sekunde werden auf die Oberfläche der Trabanten geschossen, um daraufhin das reflektierte Signal und dessen Laufzeit zu vermessen. Kürzere Laufzeit bedeutet ein topografisches Hoch, längere Laufzeit entsprechend ein topografisches Tief.« Aus Millionen von Messungen lässt sich auf diese Weise die Gestalt des Körpers ausmessen und eine topografische Karte der Oberfläche erstellen. Voraussetzung dafür ist allerdings eine möglichst genaue Positionsbestimmung der Raumsonde. Für Köhler ein absolutes Faszinosum: »Jupiter ist 700 Millionen Kilometer von der Sonne entfernt und wir können die Position des Raumschiffs auf Grundlage von Dopplermessungen der Funkwellen auf zehn bis 100 Meter genau ermitteln.« Ganymed ist der größte Mond im Sonnensystem. Juice wird seine Eiskruste vermessen und prüfen, ob sich die Kruste beim Lauf um den Jupiter periodisch hebt und senkt. »Wenn während des Umlaufs um den Jupiter eine Hebung und Senkung der Kruste des Trabanten um acht bis zehn Meter erfolgt, dann wissen wir: Darunter muss ein Ozean liegen.«

An die Juice-Mission wird unmittelbar die Europa-Clipper-Mission anknüpfen. Dabei handelt es sich um einen Orbiter der NASA, der am 14. Oktober 2024 auf den Weg gebracht wurde. »Diese Mission ist darauf spezialisiert, zu erkunden, wie die Oberfläche des Trabanten beschaffen ist, wie der Ozean darunter aussehen könnte und wie zukünftige Missionen ausgestaltet sein müssten, um auf Europa zu landen. Kurz gesagt, Europa Clipper untersucht, ob die Bedingungen auf dem Mond Europa Leben unterstützen können«, erklärt Pascale Ehrenfreund. »Wir dürfen nicht vergessen: Eine Reise inklusive einer Landung auf einem Objekt im äußeren Sonnensystem ist sehr aufwendig und risikoreich. Nicht zuletzt ist die zeitliche

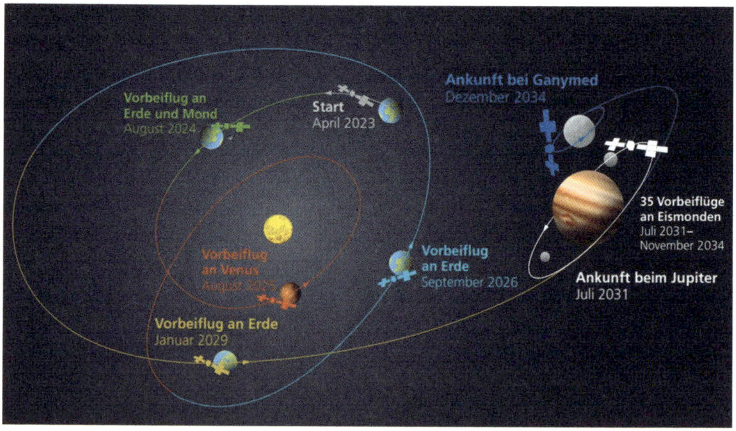

Raumflugmanöver der JUICE-Sonde auf dem Weg zu den Eismonden des Jupiters.

Dimension solcher Missionen viel größer«, – von der Projektierung, über den Start und die Reisezeit bis zum Erreichen des Zielorts. »Und in der aktiven experimentellen Phase sind Missionen zu den äußeren Planeten extrem schwierig zu gestalten. Beispielsweise sind die Instrumente einer Sonde in der Umgebung des Jupiters einer intensiven Teilchenstrahlung des Strahlungsgürtels ausgesetzt.« Kurz: Solche Missionen sind ein schwieriges Unterfangen, weil die Reise lange dauert und die Umgebung physikalisch für die Sonden äußerst herausfordernd ist. Das findet auch Köhler. »Nichts in der Raumfahrt ist wirklich Routine, das muss man sich immer vor Augen führen. Hebt die Rakete ab? Geht alles reibungslos in Betrieb, zum Beispiel die erste Aufnahme der Kamera? Da hat man als Wissenschaftler oder Techniker, ob Mann oder Frau, ziemlich die Hosen voll.«

Auch der Ringplanet Saturn verfügt über Kandidaten, die als attraktive Orte für extraterrestrisches Leben gehandelt werden: Titan und Enceladus. »Titan wurde bereits einmal in der ersten Dekade dieses Jahrhunderts während der Raumsonden-Mission Cassini-Huygens untersucht«, sagt Pascale Ehrenfreund. »Die Mission war sehr eindrucksvoll und hat viele neue Einblicke geliefert.« Titan hat eine dichte Atmosphäre und erscheint, ähnlich wie die Venus, von außen betrachtet verschleiert. Unter Einsatz von Radartechnologie und vieler Instrumente konnte dank Cassini-Huygens eine Vielzahl interessanter Details von der Oberfläche des Titans aufgelöst werden. »Kontinente, Seen, Dünen, Berge, Flüsse – regelrechte Landschaften«, schwärmt Ehrenfreund. Die Atmosphäre von Titan besteht aus Stickstoff und Methan. »Eine solche Atmosphäre wird auch als präbiotische Atmosphäre bezeichnet.« Doch ist es auf der Oberfläche des Mondes mit –180 Grad Celsius extrem kalt. »Bei dieser Temperatur gibt es natürlich kein flüssiges Wasser.« Die Seen bestehen aus Ethan und Methan. »Eine Welt – äußerlich in gewisser Weise vergleichbar mit der unsrigen – und dann doch so anders.« Natürlich steht auch bei Titan die Überlegung im Raum, unter welchen Bedingungen dort Leben vorliegen könnte. Ende der 2020er-Jahre soll zur Erforschung des Mondes die Mission Dragonfly starten. Die Sonde wird einen Dual-Quadcopter-Lander mitführen, um den Trabanten an verschiedenen Stellen studieren zu können.

Zu guter Letzt gibt es noch den Saturnmond Enceladus. Mit einem Durchmesser von nur 500 Kilometern ist er relativ klein. »Aber äußerst interessant«, findet Pascale Ehrenfreund. Auch Enceladus hat einen Ozean und hydrothermale Quellen. »Bei früheren Raumfahrtmissionen hat man gesehen, dass auch Enceladus sogenannte Jets produziert.« Gemeint ist hier ein Kryovulkanismus, bei dem nicht Lava ausgespuckt wird, sondern Wasserdampf sowie Eispartikel. »Enceladus stößt diese Jets in eine Höhe von bis zu 100 Kilometern oder höher aus, die teilweise sogar auf den äußersten der regulären Saturnringe gelangen.« Tatsächlich sieht es so aus, als würden kleine Eispartikel des Mondes in die Saturnringe einfließen können. »Beim Durchfliegen dieser Jets haben vorangegangene Missionen gezeigt, dass in den Partikelausbrüchen komplexe organische Moleküle enthalten sind.« Wie bei Titan liegen auch auf Enceladus extreme Bedingungen vor. Sonnenlicht erreicht ihn kaum und damit wenig äußere Wärme. »Trotzdem könnten eventuell primitive Lebensformen dort Lebensbedingungen vorfinden, weil es eben Anzeichen für organische Chemie gibt.«

Zu den drei Monden Europa, Titan und Enceladus werden nun aktuelle und geplante Missionen führen. Auf den Monden wurden organische Moleküle gefunden beziehungsweise indirekt nachgewiesen, weshalb die Möglichkeit auf die Entdeckung von Leben dort durchaus gegeben ist. Deshalb stellen die drei aus heutiger Sicht die vielversprechendsten Objekte auf diesem Forschungsgebiet dar. Es bleibt spannend.

FRAGE 7: WAS SCHWIRRT JENSEITS DER TRANS-NEPTUNISCHEN BAHN: WO STECKT PLANET X?

Weshalb in den Tiefen des Sonnensystems noch manche Überraschung auf uns wartet

Nachdem es sich als erfolgreich erwiesen hatte, aus den Bahnstörungen des Uranus auf einen weiteren, bisher verborgenen Planeten zu schließen, ging auch nach der Entdeckung des Neptuns die Suche nach einem dahinterliegenden Planeten weiter. Tatsächlich entdeckte der Astronom C. W. Tombaugh im Jahr 1930 aus dieser Logik heraus den Zwergplaneten Pluto. Doch Pluto und sein erst fast 50 Jahre später aufgespürter Mond Charon sind viel zu klein, um etwaige Störungen der Neptunbahn zu erklären. Rund 75 Jahre nach seiner Entdeckung verlor Pluto überdies auf einer denkwürdigen Konferenz der Internationalen Astronomischen Union (IAU) seinen Planetenstatus. »Inzwischen waren im Kuipergürtel jenseits des Neptuns Dutzende von Zwergplaneten sowie Tausende kleinerer Objekte nachgewiesen worden«, erklärt der Planetengeologe Ulrich Köhler. »An der kurz zuvor entdeckten Eris, einem Zwergplaneten von der Größe des Pluto, hatte sich die Diskussion zur Entthronung Plutos entzündet.« Hier war der Name Programm, denn Eris ist in der griechischen Mythologie die Göttin der Zwietracht. Der Kuipergürtel ist ein ringförmiger Bereich im äußeren Sonnensystem, der sich wie ein Donut jenseits des Neptuns in etwa 30 bis 50 Astronomischen Einheiten von der Sonne entfernt um die Sonne stülpt. Ähnlich wie der Asteroidengürtel, jedoch größer und massereicher, besteht er hauptsächlich aus kleinen Planetoiden und Überresten aus der Zeit der Entstehung des Sonnensystems. Während jedoch viele Asteroiden hauptsächlich aus Gestein und Metall zusammengesetzt sind, bestehen die meisten Objekte im Kuipergürtel überwiegend aus flüchtigen gefrorenen Stoffen wie Methan, Ammoniak und Wasser.

Die Diskussion, ob es jenseits der neptunischen Bahn noch einen echten Planeten Nummer neun (Planet X) gibt, ist dennoch nicht ganz vom Tisch – ein weiterer Eisriese wie Neptun vielleicht? Eine Hypothese, die unter anderem vom Astronomen Sol Alan Stern vertreten wird, um Anomalien in der Neptunbahn zu erklären. »Stern war der Projektleiter der New-Horizons-Mission, die spektakuläre Bilder des Zwergplaneten Pluto geliefert hat. Er gilt als eine der Koryphäen, die sich mit den Zwergplaneten jenseits Neptuns beschäftigen«, sagt Ulrich Köhler. »Aber selbst, wenn es sich dabei um ein Objekt so groß wie Neptun handeln sollte, das in 40 oder 50 Astronomischen Einheiten von der Sonne entfernt seine Bahnen zieht, ist so etwas natürlich nicht einfach zu entdecken. Zudem könnte Planet X ja auch schräg zur Ekliptik laufen, man weiß also gar nicht, wohin genau man das Teleskop richten muss, um einen solchen fernen Giganten zu entdecken.« Ulrich Köhler hält es jedenfalls für sehr wahrscheinlich, dass es jenseits der Neptunbahn noch viele unentdeckte Körper gibt. »Wenn wir noch weiter hinausgehen aus dem Sonnensystem, bis zu einer Entfernung von zwei Lichtjahren, dann stoßen wir vermutlich auf die kugelförmige Oortsche Wolke.« In dieser Trümmerwolke werden Hunderte von Millionen von Körpern vermutet. »Anhand der Bahnen der langperiodischen Kometen sehen wir, dass es diese sphärische Wolke sehr wahrscheinlich geben muss, denn mal kommen die Kometen senkrecht von oben, mal senkrecht von unten. Im Grunde stoßen sie aus allen möglichen Winkeln wie aus dem Nichts in den sonnennahen Bereich vor.« Deswegen hatte schon der Astronom Jan Hendrik Oort in den 1950er-Jahren postuliert, dass es eine solche kugelförmige Schale aus Trümmerteilen des protoplanetaren Nebels weit draußen im Weltraum geben muss, wo viele der eisigen Körper

Fotografie der Rosetta-Sonde von dem Kometen Tschurjumow-Gerassimenko. Der Komet stammt ursprünglich höchstwahrscheinlich aus dem Kuipergürtel.

beheimatet sind, die bei der Entstehung des Sonnensystems eine wichtige Rolle gespielt haben. Das zeigte sich nicht zuletzt auch bei der Rosetta-Mission im Jahr 2014, in deren Rahmen es zu einer spektakulären Annäherung an den kurzperiodischen Kometen Tschurjumow-Gerassimenko aus der Jupiter-Familie kommen konnte. »Jupiter hatte sich diesen Kometen während der Planetenentstehung mittels seiner Schwerkraft gekrallt, sodass der Komet eine relativ kurze Umlaufzeit um die Sonne von 4,5 Jahren hat.« Bei der Mission wurde unter anderem untersucht, ob das Wasser des Kometen Ähnlichkeiten mit dem in unseren irdischen Ozeanen aufweist. Immerhin war bekannt, dass Kometen sehr komplexe Kohlenwasserstoffmoleküle bis hin zu zuckerbasierten Verbindungen enthalten. Fände man nun auch auf dem Kometen Tschurjumow-Gerassimenko solche Moleküle, könnten sie Vorläufermoleküle zur Bildung von Leben auf der Erde darstellen, so der Ansatz. »Doch dem war nicht so«, sagt Köhler. »Das Isotopenverhältnis im Wasser dieses Kometen unterscheidet sich doch gravierend von dem auf der Erde.« Das muss aber nicht bedeuten, dass nicht Wasser durch andere Kometen auf die Erde getragen worden sein könnte. »Beispielsweise hat man mit dem Herschel-Weltraumteleskop einen Kometen spektroskopisch untersuchen können, dessen Wasser ein zum Erdwasser identisches Isotopenverhältnis enthält.« Doch wiesen die sonstigen Eigenschaften deutliche Abweichungen auf, »– was die Vermutung bekräftigt, dass der Großteil des Wassers eben doch nicht durch Kometen auf die Erde eingebracht wurde.«

Für die Astrobiologin Pascale Ehrenfreund sind diese teils widersprüchlichen oder unerwarteten Funde nicht überraschend. »Man muss einfach festhalten, dass unser äußeres Sonnensystem unglaublich interessant ist und noch viele Überraschungen für uns bereithält. Bei jedem Vorbeiflug an einem dieser Objekte gab es bisher spektakuläre Entdeckungen. Selbst Monde wie Rhea oder der Kleinplanet Pluto, der mit der Raumfahrtmission New Horizons studiert wurde, sind extrem spannend und weisen bei detaillierter Untersuchung Überraschendes auf. Unser Planetensystem ist wirklich exciting, wie man im Englischen sagt.«

TEIL 2

DIE GEHEIMNIS-VOLLEN EXOPLANETEN

Wo ferne Welten auf uns warten

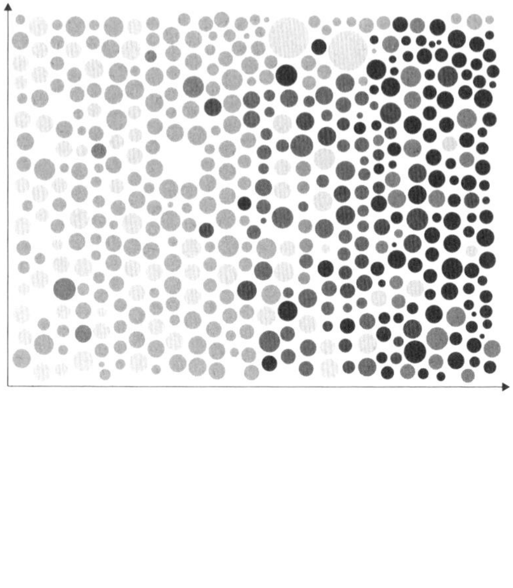

Planeten, die außerhalb unseres Sonnensystems einen Stern umkreisen, werden Exoplaneten oder auch extrasolare Planeten genannt. Die Existenz von Exoplaneten war lange Zeit nur eine Hypothese, wenngleich eine sehr plausible. Im Jahr 1995 gelang es schließlich den Astronomen Michel Mayor und Didier Queloz, erstmals einen Exoplaneten in der Nachbarschaft unseres Sonnensystems nachzuweisen, genauer im System 51 Pegasi. Grundlage der Entdeckung war die Messung mittels eines hochauflösenden Spektrografen am Observatoire de Haute-Provence in Frankreich, einem bodengestützten Spiegelteleskop mit einem Durchmesser von rund zwei Metern.

Seitdem hat die systematische Suche nach Exoplaneten einen großen Aufschwung erhalten, insbesondere durch Weltraumteleskope, die seit den letzten 25 Jahren im Einsatz sind. Inzwischen wurden mehr als 5000 Exoplaneten aufgespürt. Durch das Studium extrasolarer Planeten sowie von protoplanetaren Nebeln junger Sterne erhoffen sich Astronomen mehr über die Entstehungsmechanismen von Sonnensystemen zu lernen. Daneben beschäftigt sie zunehmend auch die Suche nach extraterrestrischen Lebensformen.

Auch wenn wir Menschen bisher nur die Voraussetzungen für das Leben auf der Erde kennen, dürfte auch außerirdisches Leben halbwegs moderate und stabile Umweltbedingungen benötigen. Das erlaubt uns die Definition der sogenannten habitablen Zone. Das ist derjenige Bereich innerhalb eines Sonnensystems, in dem es auf einem Planeten flüssiges Wasser geben kann. Wasser, so die plausibel erscheinende Annahme, dürfte für die Entstehung von Leben von maßgeblicher Bedeutung sein. Dies liegt daran, dass flüssiges Wasser das ideale Medium für chemische Verbindungen darstellt. Flüssiges Wasser ist allerdings an moderate Temperaturen geknüpft. Ein habitabler Planet darf deshalb seinen Heimatstern nicht zu dicht umkreisen, damit es auf der Oberfläche nicht zu heiß ist, und aus umgekehrten Gründen vom Heimatstern nicht zu weit entfernt sein. Gehen wir ferner davon

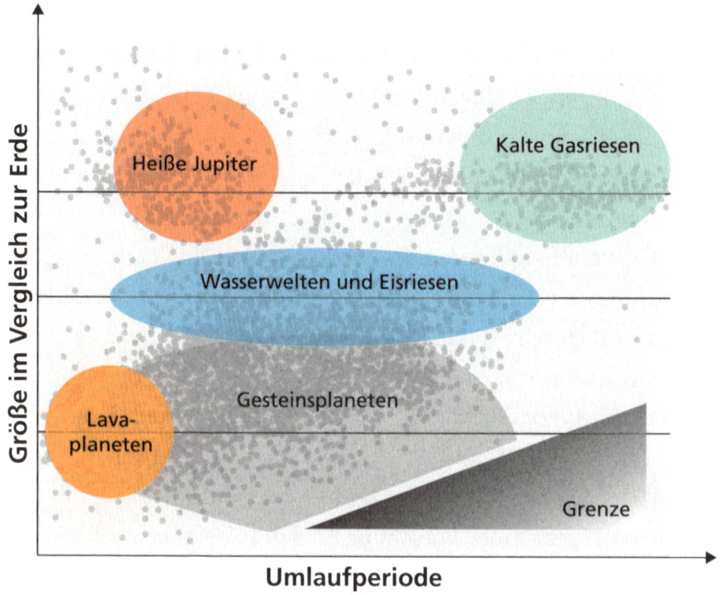

Schema einer möglichen Kategorisierung der Exoplaneten nach Größe und Umlaufperiode.

aus, dass die Entstehung von Leben auf einem Planeten viel Zeit kostet – auf der Erde dauerte es immerhin etwa 500 Millionen Jahre –, scheiden wechselhafte und veränderliche Sterne als Heimatsterne für bewohnbare Exoplaneten aus. Bei der Suche nach habitablen Exoplaneten kommen deshalb nur diejenigen in Betracht, die stabile Sterne umkreisen.

Neben den Tausenden von identifizierten Exoplaneten gibt es mindestens noch Milliarden weitere in unserem beobachtbaren Universum, die noch unentdeckt sind. Die Bahnen vieler dieser Planeten und Planetensysteme unterscheiden sich erheblich von denen der Planeten in unserem Sonnensystem. Zu den entdeckten Exoplaneten gehören heiße Jupiter, warme Jupiter, Supererden und Systeme aus dicht gepackten inneren Planeten. Die bisher entdeckten Exoplaneten lassen sich grob in vier Kategorien unterteilen: die Lavaplaneten, die Gesteinsplaneten, die Eisriesen sowie die Gasriesen. Lavaplaneten umlaufen ihren jeweiligen Mutterstern in extremer Nähe mit sehr kurzen Perioden und sind entsprechend heiß. Gesteinsplaneten sind meist von doppelter Größe der Erde oder größer und besitzen Umlaufperioden von wenigen bis Hunderten von Tagen. Unter den identifizierten Exoplaneten waren zudem viele Eisriesen, vergleichbar mit unseren Planeten Uranus und Neptun, sowie sowohl sehr heiße wie auch sehr kalte Gasriesen, teils doppelt so groß wie unser Jupiter. Die heißen Gasriesen sind nahe am Mutterstern und haben kurze Umlaufperioden von nur wenigen Tagen. Die kalten Gasriesen umkreisen ihren Heimatstern entsprechend weit entfernt, vergleichbar mit den Umlaufbahnen des Jupiters oder Saturns.

Die noch sehr junge Forschung zu den Exoplaneten ist von drei großen Fragen getrieben: Welche Arten von Planeten gibt es und existiert ein Standardmechanismus bei der Planetenentstehung, der ganz bestimmte Planetenkonstellationen erzwingt? Welche Planeten liegen in habitablen Zonen ihres Muttersterns und gibt es darunter erdähnliche Planeten in einem unserer Sonne ähnlichen System? Und schließlich: Können wir auf einem der Exoplaneten die Existenz von Leben nachweisen?

FRAGE 8: WIE KOMMEN WIR DEN EXOPLANETEN AUF DIE SPUR?

Weshalb wir zunehmend mehr über sie erfahren

»Es gibt verschiedene Methoden, extrasolare Planeten zu finden«, erklärt die Physikerin Heike Rauer vom Institut für Planetenforschung in Berlin-Adlershof des Deutschen Zentrums für Luft- und Raumfahrt (DLR). »Zu den erfolgreichsten gehören zum einen die Transitmethode und zum anderen die Radialgeschwindigkeitsmethode, mit der auch 1995 der erste Exoplanet gefunden wurde.« Beide Methoden weisen einen Exoplaneten indirekt nach. »Denn ein Exoplanet ist nicht mehr als ein Glühwürmchen neben einem Leuchtturm aus sehr großer Entfernung betrachtet«, sagt Rauer. Der Exoplanet reflektiert zwar bloß das Licht seines Heimatsterns, aber immerhin macht er sich gravitativ bemerkbar. »Wenn ein Planet einen Stern umkreist, bewegen sich beide – Stern und Planet – um den gemeinsamen Masseschwerpunkt.« Je massereicher der Planet, desto größer die Radialgeschwindigkeit des Sterns. Es kommt zum Dopplereffekt – die Wellenlängen des Sternenlichts werden periodisch verschoben. »Wenn wir ein solches System von der Seite sehen, haben wir eine Blauverschiebung des Lichts, sofern sich der Stern auf uns zubewegt, und eine Rotverschiebung, wenn er sich von uns entfernt«, erklärt Rauer. Diese Veränderungen der Wellenlängen lassen sich tatsächlich spektroskopisch mit Teleskopen vermessen. Die Verschiebungen der Spektrallinien sind proportional zum Dopplereffekt und damit zur Geschwindigkeit des Sterns. Die Periodizität der Verschiebungen entspricht der Umlaufperiode des Planeten. »Das gleicht einem Wackeln des Sterns, aus dem Englischen umgangssprachlich als Wobbling bezeichnet.« Bei Kenntnis der Periode und der Masse des Sterns lässt sich mithilfe des dritten keplerschen Gesetzes der Abstand des Planeten vom Stern bestimmen. »Allerdings messen wir nicht notwendigerweise die wahre Bewegung des Sterns, sondern nur die Geschwindigkeitskomponente zu uns hin und von uns weg«, räumt Heike Rauer ein. »Die tatsächliche Orientierung der Umlaufbahn zur Blickrichtung der Erde ist in der Regel unbekannt. Nur in dem Fall, dass wir exakt von der Seite auf die Bahnebene eines Sterns mit einem Exoplaneten schauen, entspricht die gemessene Bewegung des Sterns tatsächlich seiner wahren radialen Bewegung.« So oder so lässt sich auf diese Weise eine untere Grenze der Masse des Planeten bestimmen. »Diese Methode erfolgt mittels spektraler Untersuchungen, wofür sehr genaue Spektrometer benötigt werden, was praktisch nur mittels bodengestützter Observatorien möglich ist.« Die Instrumente, die dafür notwendig sind, füllen ein ganzes Laboratorium – zu umfangreich für ein Weltraumteleskop.

»Die zweite und aktuell erfolgreichste Methode ist die sogenannte Transitmethode«, führt Heike Rauer weiter aus. »Bei dieser Methode kann man Planeten entdecken, die sich zufällig durch unser Blickfeld bewegen und bei denen wir die Situation vorfinden, ein extrasolares Planetensystem von der Seite sehen zu können.« In der Astronomie spricht man in diesem Fall von einem Transit – der Planet durchläuft die Sichtlinie von Beobachter zu Stern. »Bei einer fotometrischen Vermessung des Sterns reduziert sich die Sternhelligkeit, wenn sich der Planet zwischen Stern und Beobachter bewegt. Diese Absenkung der Helligkeit ist proportional zur Größe des Planeten.« Aus der Periode der Absenkung des Sonnenlichts lässt sich wiederum die Umlaufbahn des Planeten bestimmen und über das keplersche Gesetz der Abstand des Planeten vom Heimatstern ermitteln. »Über die Reduktion des Signals erhalten wir überdies die Information über den Radius des Planeten, die sich nur durch die Transitmethode erlangen lässt.« Ferner gibt die Messung eines Transits Aufschluss über die Bahnorientierung des extrasolaren Planetensystems zum Betrachter, im Fachjargon Inklination genannt. »Wenn ich nun einen Exoplaneten identifiziere, auf den sich beide Methoden anwenden lassen, erhalte ich mit der Radialgeschwindigkeitsmethode aufgrund der Bahnorientierung senkrecht zu unserer Sichtachse den wahren Massenwert des Planeten und eben nicht nur eine untere Massenschätzung. Außerdem gewinne ich zusammen mit der Radiusmessung aus der Transitmethode die mittlere Dichte des Planeten.« Die Astronomen erhalten damit einen ersten Anhaltspunkt,

Künstlerische Darstellung eines Exoplaneten, der sich durch unser Blickfeld vor seinem Heimatstern bewegt.

um was für einen Planeten es sich handeln muss. »Von der Erde aus lassen sich mit der Transitmethode jupiter- oder auch neptungroße Exoplaneten messen, es sei denn, der Zentralstern ist besonders klein, dann funktioniert das auch für kleinere Planeten.« Da es sich um eine Helligkeitsmessung handelt, setzt das allerdings entsprechend genaue und konstante Messbedingungen voraus. »Für die Vermessungen kleinerer Exoplaneten um Sterne wie unsere Sonne reichen die Bedingungen unter bodengestützten Messungen nicht aus. Um kleinere Exoplaneten aufzuspüren, muss man ins Weltall gehen.«

Weltraumteleskope wie CoRoT und Kepler haben hier viel geleistet. Auch das geplante Weltraumteleskop PLATO wird Exoplaneten mit Transits in den Blick nehmen. »Bei der aktuell laufenden Gaia-Mission, die eine sehr genaue, hochpräzise Positionsbestimmung der Sterne im Milchstraßensystem zum Ziel hat, wird sich überdies das Wobbling von Sternen mit Exoplaneten vermessen lassen«, sagt Rauer voraus. Diese Art der Astrometrie wird ihr zufolge in der

Zukunft eine zunehmend wichtige Rolle bei der systematischen Suche nach Exoplaneten spielen – wir kommen darauf zu sprechen in Frage 23 (S. 170).

»Eine weitere Methode bei der Suche nach Exoplaneten ist das sogenannte Microlensing. Hier kommt tatsächlich der Gravitationslinseneffekt zum Tragen.« Dabei handelt es sich um einen Effekt, den die Allgemeine Relativitätstheorie beschreibt: Die Raumzeit wird durch massereiche Objekte gekrümmt, was auch den Weg des Lichts an solchen Objekten vorbei beeinflusst. »Mit dem Gravitationslinseneffekt kann man möglicherweise auch sehr kleine Planeten entdecken. Diese Methode ist insbesondere geeignet, um statistische Informationen zu gewinnen, sie erlaubt jedoch keine Charakterisierung individueller Planeten.« Sie kann allerdings auch zum Einsatz kommen, um ungebundene Planeten und Objekte nachzuweisen, also Planeten, die aus der Bahn um ihren Heimatsstern herauskatapultiert wurden.

Das große Ziel der Zukunft ist laut Heike Rauer die direkte Abbildung. »Das Ziel rückt in ausgewählten Fällen bereits heute in greifbare Nähe, und zwar dann, wenn der Exoplanet im Infraroten sehr hell strahlt.« Solche Planeten lassen sich schon heute, bei günstigen Konfigurationen, direkt abbilden. Dazu muss der Heimatstern des Exoplaneten entsprechend abgedunkelt werden. Das wird möglich, indem beispielsweise bei der Belichtung eine Maske über den Stern gelegt wird – die sogenannte Koronografie. Doch Rauer zufolge bleiben auch die anderen Methoden wissenschaftlich betrachtet wichtig und bedeutsam. »Denn um aus einer direkten Abbildung den Radius zu bestimmen, bin ich auf Modelle angewiesen, da eine räumliche Auflösung bei direkten Aufnahmen nicht möglich ist.« Die direkte Radiusbestimmung über die Transitmethode bleibt die einzige Möglichkeit, das zu bewerkstelligen. Womit wir zur nächsten Frage gelangen.

FRAGE 9: GIBT ES DA DRAUSSEN IRGENDWO EINE ZWEITE ERDE?

Warum diese Suche besonders schwierig ist

Die Erkundung der Exoplaneten hat eine große Vielfalt an Planeten ans Licht gebracht – vielfältiger, als es unser eigenes Sonnensystem erwarten ließ. »In unserem Sonnensystem sind alle terrestrischen Planeten sehr viel kleiner als die Gasriesen und Eisplaneten«, sagt die Planetenforscherin Heike Rauer. »Deshalb hatten wir zunächst angenommen, dass man allein aus Kenntnis des Radius des Exoplaneten auf dessen Art und Struktur schließen können müsse. Mit CoRoT haben wir dann auch den ersten terrestrischen Planeten gefunden, den man sicher als solchen identifizieren konnte.« Diese Mission hat jedoch sehr schnell gezeigt, dass es Planeten gibt, die so groß sind, dass sie bereits im Bereich der Braunen Zwerge angesiedelt werden können. Letztere haben aufgrund ihrer zu geringen Masse keine innere Kernfusion ausgebildet, sind thermisch jedoch sehr aktiv. »Der Übergang von großen Planeten und Braunen Zwergen verläuft fließend. Es gibt Braune Zwerge, die so klein sein können wie Jupiter. Bisweilen kann man aus der Größe allein kaum unterscheiden, ob es sich um einen Gasriesen oder bereits um einen kleinen Stern handelt.« Auch der Größenbereich zwischen den erdähnlichen Planeten und den Eisplaneten verläuft fließend. »In anderen Sonnensystemen stoßen wir durchaus auf Varianten.« Der Fantasie, was mögliche Planetenvariationen anbetrifft, scheinen Heike Rauer zufolge im Prinzip kaum Grenzen gesetzt: Supererden, sprich Planeten, die viel größer sind als die Erde, Mini-Neptune, also Planeten, die kleiner sind als Neptun, und so weiter. »Mit den CoRoT- und Kepler-Missionen wurden Objekte entdeckt, deren Dichte der unserer Erde entspricht, weshalb es sich um Gesteinsplaneten handeln muss.

Aber die große Überraschung war, dass die Umlaufperioden dieser Exoplaneten teilweise im Bereich von wenigen Dutzend Stunden liegen.« Es handelt sich dabei also um Exoplaneten, die enorm dicht um ihren Heimatstern kreisen, mit Oberflächentemperaturen von über 1000 Grad Celsius.

»Später hat Kepler einen Planeten gefunden – wir nennen ihn Kepler-22b – der nur ein klein wenig größer ist als die Erde und der um einen sonnenähnlichen Stern in einem Abstand von etwa einer Astronomischen Einheit kreist.« Insofern weist Kepler-22b sehr viel Ähnlichkeit mit Bedingungen unseres Heimatplaneten auf. »Aber der entsprechende Heimatstern ist extrem lichtschwach, was leider auch auf einige weitere interessante erdähnliche Objekte zutrifft, die inzwischen gefunden wurden, sodass wir die Radialgeschwindigkeitsmethode leider nicht anwenden können.« Denn eine solche Analyse erfordert helle Heimatsterne der Exoplaneten. »Von den mehr als 5000 Exoplaneten, die heute bestätigt sind, kennen wir nur von einem Zehntel die Massen, Radien und Dichten. Darunter ist leider bis heute noch kein einziger in einer habitablen Zone eines sonnenähnlichen Sterns.«

Immerhin wurden erdähnliche Gesteinsplaneten in habitablen Zonen um sogenannte M-Sterne gefunden. Dabei handelt es sich um kühlere Zwergsterne, deren habitable Zonen viel dichter am Stern verortet sind. »Die infrage kommenden Planeten haben Umlaufperioden in der Größenordnung von Wochen.« Trappist-1 ist ein Beispiel für ein solches Planetensystem. Doch dessen Heimatstern ist unserem nicht sonderlich ähnlich. »Die M-Sterne sind viel aktiver als unsere Sonne. Und aktive Sterne stellen eine Gefahr für die Existenz von Leben auf Planeten dar. Zudem wissen wir nicht, ob die in Betracht kommenden erdähnlichen Planeten überhaupt über eine Atmosphäre verfügen. Wir wissen nicht einmal sicher, ob Planeten mit M-Sternen als Heimatstern prinzipiell bewohnbar sein könnten.«

Kurz: Die bisher aufgespürten Planetensysteme sind keine, die unserem wirklich ähneln.

Auch die Satelliten-Mission TESS der NASA scannt das Weltall nach Planetensystemen systematisch ab, darunter auch solche, die Supererden beherbergen. »Allerdings können dabei nur Exoplaneten mit verhältnismäßig kleinen Umlaufbahnen aufgestöbert werden«, sagt Rauer. »Die Europäer wiederum haben nun die Mission CHEOPS aufgebaut und ins All gebracht.« CHEOPS charakterisiert bereits aufgespürte Exoplaneten, indem es bekannte Transits mit deutlich höherer Präzision vermisst. Jedoch werden bei dieser Mission überwiegend Planeten mit kurzen Umlaufperioden untersucht. »Damit ist die Frage nach wie vor offen, ob es einen erdähnlichen Gesteinsplaneten um einen sonnenähnlichen Stern mit einer Umlaufperiode von etwa einem Jahr gibt oder nicht.«

Für die Astrobiologin Pascale Ehrenfreund der Universität Leiden ist die Existenz eines erdähnlichen Exoplaneten statistisch betrachtet keinesfalls auszuschließen. »Unsere Schwierigkeit besteht doch darin, dass wir extrasolare Planetensysteme zurzeit nur sehr eingeschränkt einsehen können.« Derzeit lassen sich diejenigen Exoplaneten am einfachsten finden, die ihren Heimatstern verhältnismäßig nah umlaufen. »Das schränkt die Statistik gravierend ein und limitiert unseren Blick auf die Exoplaneten.« Mit anderen Worten: Die Exoplaneten, die wir heute bevorzugt entdecken können, sind in der Regel viel näher an ihrem Heimatstern als die Erde an unserer Sonne. »Das ist momentan der Bias bei der Erforschung der Exoplaneten«, – die Messschwelle, unterhalb der wir nur schwer etwas detektieren können. »Außerdem haben wir es in der Regel mit Sternen zu tun, die nicht so sind wie unsere Sonne, sondern weitaus kühler«, – also Sterne, die weniger Masse haben als unsere Sonne und schwächer leuchten.

Auch der Astrophysiker Sami Solanki vom Max-Planck-Institut für Sonnensystemforschung in Göttingen hält es gegenwärtig noch für schwierig, sonnenferne, erdähnliche Exoplaneten aufzustöbern. »Ich glaube trotzdem, dass es da irgendwo im Universum eine zweite Erde geben wird. Wir lernen doch: Je mehr und genauer wir hinschauen, desto mehr Exoplaneten entdecken wir. Die gibt es offenbar wie Sand am Meer.« Dass wir noch keine zweite Erde gefunden haben, hat auch für Solanki in erster Linie mit den technischen Umständen zu tun, unter denen wir bisher nach Exoplaneten schauen können. »Bisher konnten wir einfach noch nicht lange und sensitiv genug nach erdähnlichen Planeten Ausschau halten. Das wird sich aber spätestens mit der PLATO-Mission ändern.« Das erklärte Ziel dieser Mission ist die Suche nach einem Erdzwilling. »Das Weltraumteleskop PLATO wird sehr lange auf aussichtsreiche Objekte schauen, um erdähnliche Exoplaneten, die sich in das Gesichtsfeld zwischen ihren Stern und uns schieben, zu erwischen.« Im Gegensatz zu Kepler wird PLATO vorwiegend hellere Sterne ins Visier nehmen: »– eine zweite Erde, vielleicht auch eine dritte und

Die PLATO-Mission wird nach erdähnlichen Exoplaneten suchen (künstlerische Darstellung)

vierte, aber eventuell auch keine weitere. Es bleibt spannend«, sagt Sami Solanki, denn noch wissen wir nicht, wie häufig sich erdähnliche Planeten wie die unseres Sonnensystems im Universum statistisch betrachtet auffinden lassen sollten.

FRAGE 10: LÄSST SICH LEBEN AUF FERNEN EXOPLANETEN ENTDECKEN?

Wieso das gar nicht unwahrscheinlich ist

Für die Planetenforscherin Heike Rauer stehen bei der Suche nach Leben zuvorderst Fragen im Raum wie: Hat der Exoplanet die Umweltbedingungen, die es braucht, um Leben zu ermöglichen? Verfügt er über eine vielversprechende Atmosphäre, die beispielsweise Treibhausgase enthält, sodass die Atmosphärentemperaturen moderat sind? Besitzt der Exoplanet ausreichend Wasser, was vermutlich eine Grundbedingung für Leben darstellt? Rauer zufolge ist die Charakterisierung der habitablen Zone eine verhältnismäßig klare Sache – sofern die Parameter des Planeten wie Dichte, Abstand zum Heimatstern, Treibhausgase in der Atmosphäre, sowie Anzeichen von Wasser bekannt sind. »Wenn hierfür Indikationen vorliegen, lässt sich die Lebensfreundlichkeit eines solchen Exoplaneten relativ gut prognostizieren.« Schwieriger ist es bei der Frage, ob es auf dem Exoplaneten möglicherweise auch Leben gibt. »Denn was sind genaue Anzeichen von Leben?« Zum Vergleich: Ein Außenblick auf die Erde zeigt einen Planeten, der wasserreich ist, eine moderate Oberflächentemperatur aufweist und eine Stickstoff-Sauerstoff-Atmosphäre aufweist. »Sauerstoff ist ein sehr reaktives Gas, es bindet sich an Moleküle; Eisen verrostet, Dinge verwittern. All das passiert dank des Sauerstoffs, aber der Sauerstoffgehalt der Atmosphäre würde ohne

Blick von der Oberfläche des Exoplaneten Kepler-1649c auf dessen Heimatstern, einem roten Zwergstern (künstlerische Darstellung).

Leben sehr schnell absinken.« Deshalb stellt ein solch hoher Anteil an Sauerstoff, wie wir ihn in unserer Atmosphäre vorfinden, mit hoher Wahrscheinlichkeit ein Anzeichen für Leben dar. Es gibt noch weitere molekulare Anzeichen, die auf Leben schließen lassen, zum Beispiel Methan oder Distickstoffmonoxid (N_2O). »Trotzdem müssen wir uns bei der Vermessung und Detektion solcher Moleküle fragen, ob wir damit wirklich Anzeichen für Leben sehen.« Oder können sich diese Moleküle unter Umständen auch auf andere Weise bilden? »Schauen wir zum Beispiel auf den Mars oder die Venus, die beide zurzeit nicht sehr habitabel sind. Beide enthalten als Spurenstoffe sowohl Sauerstoff- als auch Wassermoleküle in ihren Atmosphären.« Für jede dieser Bio-Signaturen gilt es zu prüfen, ob sich die entsprechenden Moleküle unter Umständen nicht auch ohne Leben haben bilden können.

Das sieht die Astrobiologin Pascale Ehrenfreund ähnlich. »Der Sauerstoffanteil in der Erdatmosphäre hat sich sehr langsam entwickelt. Noch vor zwei Milliarden Jahren war er sehr viel geringer. Doch existierte da bereits seit ungefähr 1,5 Milliarden Jahren Leben auf der Erde«, – zwar äußerst primitives, anaerobes Leben, wie Ehrenfreund einräumt, aber ein Leben, das den Ausgangspunkt für die weitere Entwicklung auf der Erde bilden sollte. »Vor 3,5 Milliarden Jahren hätte man bei der Betrachtung der Erde anhand ihres geringen Sauerstoffanteils also wahrscheinlich kein Leben erwartet.« Entscheidend für die Existenz von Leben ist deshalb für Ehrenfreund der Heimatstern, sein Aufbau und seine Strahlung. »Hat er eine starke Gravitationswirkung auf den Planeten, zeigt er Aktivitäten, die dem Planeten gefährlich werden könnten?«

Hat sich ein geeigneter Exoplanet gefunden, erfolgt auch die Suche nach Leben ähnlich wie dessen sonstige Charakterisierung – nämlich weitgehend indirekt. Zunächst wird das Sternenlicht beim Transit des Exoplaneten vor dessen Heimatstern spektroskopisch vermessen. Beim Transit strahlt ein kleiner Teil des Lichts durch die Atmosphäre des Exoplaneten hindurch. Im Anschluss wird eine zweite spektroskopische Vermessung des Lichts des Heimatsterns vorgenommen, diesmal ohne Einfluss des Exoplaneten. Subtrahiert man von diesem Ergebnis die Spektralanalyse während des Transits, lassen sich die spezifischen Signallinien des Exoplaneten ermitteln – darunter auch solche, die auf die Existenz von Lebensformen hinweisen könnten. »Diese Methode funktioniert am besten im optischen Wellenlängenbereich«, erklärt Heike Rauer. »Damit lässt sich zum Beispiel die Atmosphärenzusammensetzung von Gasriesen, die nah an ihrem Heimatstern vorbeifliegen, sehr gut bestimmen.« Auf diese Weise wurden schon in einigen Fällen Atome wie Natrium oder Kalium identifiziert, oder auch Moleküle wie Wasser, Kohlendioxid, Methan oder Ozon – Moleküle, die uns Aufschluss geben über die Zusammensetzung und Entwicklung der Atmosphäre. »Bei manchen der Exoplaneten erkennen wir einen von dem Heimatstern abgewandten Schweif der Atmosphäre, den sie wie Kometen hinter sich herziehen. Dies lässt sich natürlich nicht räumlich und direkt beobachten«, sagt Rauer, »aber in den Signalen lässt sich das ablesen.« Um diese Methoden für Exoplaneten wie Supererden oder gesteinsartige Planeten weiter aufzulösen und auszudifferenzieren sind jedoch größere Instrumente notwendig. »Wir stehen hier wirklich noch am Anfang«, räumt Heike Rauer ein. »Doch selbst im Fall der direkten Abbildung, bei der das störende Licht des Heimatsterns durch Koronografie oder Interferometrie quasi ausgeschaltet wird, bestehen Möglichkeiten für die Suche nach Leben auf dem Exoplaneten.« Bei der direkten Abbildung bewegt sich die Analyse im optisch-infraroten Bereich, in der auch der Exoplanet aufgrund seiner Temperatur strahlt. »Damit erhalten wir die spektrale Signatur der Atmosphäre des Planeten.« Die direkte Methode ist aber Rauer zufolge sehr anspruchsvoll und äußerst schwierig: »Auch hier arbeiten wir an einer nächsten Generation präziserer, größerer, leistungsfähigerer Instrumente.« Heike Rauer hofft auf die Ariel-Mission, die insbesondere Atmosphären von Gasplaneten und Mini-Neptunen untersuchen soll. Und auch die Konzeptionierung der darauffolgenden Generation zur Untersuchung terrestrischer Exoplaneten hat bereits begonnen: »– zum einen mit dem Habitable Worlds Observatory, ein US-amerikanisches Projekt. Und in Europa gibt es immerhin schon ein paar Ideen, wie sich daran anknüpfen ließe.« Eine davon ist das LIFE-Projekt, das aus einem sehr leistungsstarken Interferometer bestehen könnte. »Mit diesen beiden Missionen wollen wir dann den nächsten Schritt gehen bei der Suche nach Leben: die Vermessung der Atmosphären von Gesteinsplaneten in habitablen Zonen, um dort entsprechende Bio-Signaturen nachzuweisen. Die eigentliche Suche nach Leben ist dann das nächste große Ziel.« Die Suche nach Leben bedarf eben eines langen Atems und einer ruhigen Hand. Erst kürzlich wurde, wie schon unter Frage 3 (S. 50) angesprochen, die vermeintliche Entdeckung von Phosphin in der Venusatmosphäre verkündet. Ein Spurenstoff, der auf Leben hindeutet. Nachfolgemessungen konnten den spektakulären Fund jedoch nicht bestätigen. »Ein Beispiel für eine wohl verfrühte Entdeckungsmeldung, wie sie zukünftig vermieden werden sollte«, sagt Rauer.

Für Pascale Ehrenfreund besteht die große Herausforderung darin, die existierenden Technologien dahingehend weiterzuentwickeln, dass sie auch für Untersuchungen von Exoplaneten geeignet sind, die ihren Heimatstern nicht sehr nah umkreisen. »Ferner müssen wir die Atmosphären der Exoplaneten deutlich besser untersuchen können.« Für die Astrobiologin sind die Ergebnisse überdies im engen Zusammenhang mit der Struktur und Funktionsweise des Heimatsterns zu sehen. »Denn der Heimatstern beeinflusst das Leben kraft seiner Temperatur und Strahlungsleistung – wie unsere eigene Sonne, die uns auch bisweilen sehr gefährlich werden kann«, sagt Ehrenfreund. »Die Bedingungen, Funktionsweisen und Parameter des Planetensystems müssen also bekannt sein, um Leben auf einem Exoplaneten vorherzusagen – oder eben auszuschließen.« Wie schon für die Planetenforscherin Rauer stellt auch für die Astrobiologin Ehrenfreund die Suche nach Leben auf Exoplaneten ein unwahrscheinlich spannendes Forschungsfeld dar. »Angesichts der inzwischen existierenden Daten muss man einfach konstatieren, dass sich dieses Forschungsgebiet rasant entwickelt.« Ihrer Ansicht nach ist schwer zu antizipieren, was in den nächsten Jahren passieren wird. »Auch das James Webb Space Telescope (JWST) kann hier beispielsweise ganz Spektakuläres zum Vorschein bringen. Fest steht: Wir werden in den nächsten Jahren sehr viel über Exoplaneten lernen. Die Entwicklung ist atemberaubend. Auch die Möglichkeiten durch Künstliche Intelligenz werden bei der Verarbeitung der Messsignale von Exoplaneten eine große Rolle spielen. Schon jetzt lässt sich damit sehr viel mehr Wissen generieren als in der Vergangenheit und wir dürfen erwarten, dass wir sehr spannenden Jahren entgegensehen auf diesem Forschungsfeld.«

FRAGE 11: SIND WIR ALLEIN IM UNIVERSUM?

Warum eine Antwort so oder so ein Beben erzeugt

Diese Frage zielt auf die Existenz von intelligentem Leben im Universum ab – nach außerirdischen Lebensformen, mit denen wir vielleicht sogar in Kontakt treten könnten. »Die Existenz von primitivem Leben im Universum halten die meisten Wissenschaftler für wahrscheinlich«, erklärt die Astrobiologin Pascale Ehrenfreund. »Wenn man sich allein die Anzahl der existierenden Planetensysteme anschaut und bedenkt, wie hartnäckig und zielstrebig sich das Leben auf der Erde durchsetzt, ist es schwer vorstellbar, dass es nicht auch andernorts Leben im Universum geben kann.« Allerdings sind wir ihrer Meinung nach bei der Suche nach Leben sehr fokussiert auf kohlenstoffbasierte Lebensformen. »Diskutiert werden in der Forschung deshalb auch extraterrestrische Lebensformen, die auf einem anderen Grundstoff basieren.« Doch Ehrenfreund hält das wiederum für eher unwahrscheinlich. »Denn mit Kohlenstoff kann man dreidimensionale Strukturen schaffen, Kohlenstoff wechselwirkt einzigartig mit Atomen und Molekülen, die Verbindungen sind sehr stabil und nicht zuletzt sehr häufig anzutreffen im Universum.« Das sind für Ehrenfreund wichtige Eigenschaften bei der Entstehung und Existenz von Leben, die alle für Kohlenstoff als Grundlage sprechen.

Etwas zurückhaltender bewertet die Astrobiologin hingegen die Möglichkeit der Existenz von intelligentem Leben. Hier verweist sie auf Arbeiten des Astronomen Donald E. Brownlee und des Paläontologen Peter Ward, die in ihren gemeinsamen Publikationen zu dieser Frage auf die möglicherweise einzigartigen Besonderheiten unseres Sonnensystems aufmerksam machen. »Führen wir uns allein die Lebensuhr unseres Planeten vor Augen«, sagt Pascale Ehrenfreund. Vor 4,5 Milliarden Jahren ist die Erde entstanden. »Es wird gut und gerne 700 bis 800 Millionen Jahre gedauert haben, bis sich primitive, anaerobe Zellen auf der Erde entwickeln konnten.« Ehrenfreund vermutet als Grund für diese Dauer störende kosmische Einschläge und geologische Aktivitäten der Erde in dieser Zeit. »Möglich ist, dass es das Leben stets aufs Neue versucht haben muss zu entstehen und dabei behindert und ausgelöscht wurde. Erst vor rund 500 Millionen Jahren haben sich Krebstiere entwickelt, also rund drei Milliarden Jahre nach der Entstehung des Lebens auf der Erde. Vor etwa 200 Millionen Jahren traten endlich die Säugetiere in Erscheinung. Und die prähistorischen Menschen betraten erst vor etwa zwei Millionen Jahren die Bühne des Lebens. Die Menschen, wie wir sie heute kennen und als *Homo sapiens* bezeichnen, tauchten sogar erst vor knapp 300.000 Jahren auf. Im Maßstab zur Entwicklung des Planeten Erde ist das nur ein Augenblick, den wir Menschen auf der Welt sind«, erklärt Ehrenfreund (siehe auch Frage 42, S. 274). »Wenn wir aber nur einen Moment in der Weltgeschichte existieren, werden wir dann überhaupt die Zeit haben, intelligentes Leben identifizieren zu können?«, fragt Pascale Ehrenfreund. Erst seit knapp 100 Jahren produzieren die Menschen beispielsweise Radiowellen auf der Erde, die von Außerirdischen unter Umständen detektiert werden könnten. Auch umgekehrt horchen wir in das Weltall hinein. Im Rahmen des SETI-Projekts (Search for Extraterrestrial Intelligence) wird der Weltraum seit den 1960er-Jahren von der Erde aus nach auffälligen Radiowellen durchsucht. Vor ein paar Jahren wurde dabei ein Teil der südlichen Himmelskugel im Bereich niederfrequenter Radiowellen mit dem Radioteleskop des Murchison Widefield Array (MWA) akribisch abgesucht, doch fanden sich auch dort keine elektromagnetischen Signale, die auf außerirdische Intelligenz schließen lassen. Im Universum scheint eine große Stille zu herrschen – zumindest, was Radiosignale außerirdischer Intelligenzen anbetrifft. Aber ist das wirklich überraschend? Die Leistung außerirdischer Radiosender müsste die unserer irdischen bei Weitem übertreffen, damit uns überhaupt nachweisbare Signale über die unvorstellbar großen interstellaren Entfernungen erreichen können. Der Energieaufwand für den Betrieb solcher Sender wäre enorm. Außerdem müssten die Außerirdischen ihre Anlagen über Hunderte von Jahren betreiben, um die Wahrscheinlichkeit zu erhöhen, dass der potenzielle Empfänger zeitlich in der Lage ist, das Signal aufzunehmen und gegebenenfalls darauf zu reagieren. »Sollten wir nur wenige Tausend Jahre als hochtechnisierte Zivilisation existieren, wird es schwierig mit der Suche nach intelligentem Leben im All«, sagt Pascale Ehrenfreund. »Die 100 Jahre Radio-Arbeit der Menschheit sind bloß ein Wimpernschlag auf der kosmologischen Skala.«

Auch die Planetenforscherin Heike Rauer reagiert auf die Frage nach intelligentem außerirdischem Leben zurückhaltend. »Wenn ich persönlich von Leben rede, dann meine ich Leben, egal in welcher Form. Auf der Erde gibt es Leben erstaunlicherweise fast von Anbeginn an.« Dabei handelte es sich allerdings lange Zeit nicht um hochentwickeltes Leben. »Intelligentes Leben, sofern man davon sprechen möchte – also Leben mit einer Techno-Signatur – existiert dagegen erst seit Kurzem.« Doch nach welcher Signatur wollen wir bei der Suche nach intelligenten außerirdischen Lebensformen Ausschau halten? Heike Rauer erscheint die Periode der menschlichen Radio- oder Fernsehsignale mit gerade einmal 100 Jahren zeitlich verschwindend im Vergleich zu den mehr als drei Milliarden Jahren, seit denen Leben auf der Erde existiert. »Wenn wir uns also bei der Suche nach außerirdischem Leben auf die wenigen technischen Kriterien beschränken, würden wir im Fall einer Erde 99 Prozent der Lebensformen vernachlässigen, die bereits lange vor der Existenz der Menschheit auf dem Planeten leben oder lebten.« Das ist für Rauer der Grund, bei der Suche nach Leben zunächst einmal nur Ausschau nach chemischen Ungleichgewichten, also nach auffälligen Signaturen in den

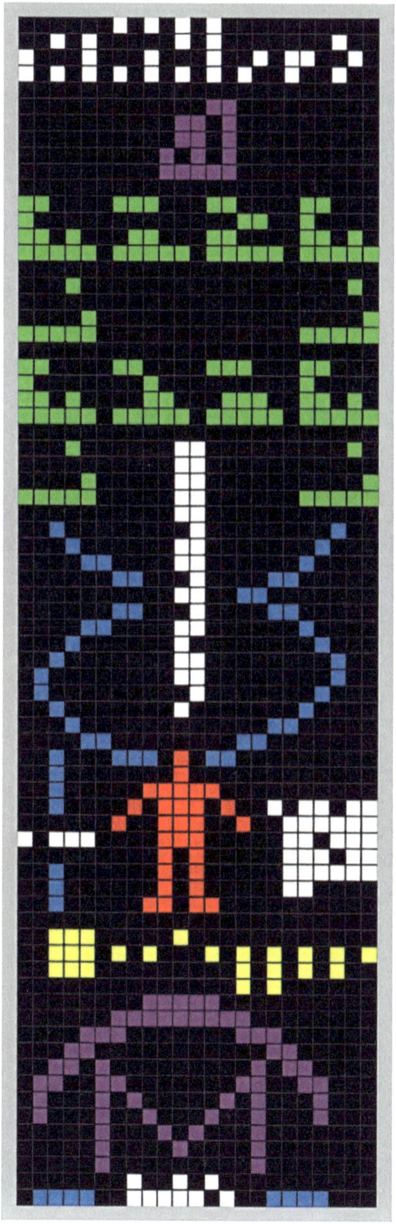

Grafische Darstellung der Botschaft des SETI-Programms, die 1974 mittels Radiowellen vom Arecibo-Radioteleskop in den Weltraum gesendet wurde. Sie enthält grobe Angaben zur Erde und den Menschen als Absender.

Atmosphären der Exoplaneten zu halten. »Es lässt sich eben nicht daran festmachen, ob wir ein Funksignal empfangen oder nicht.«

Pascale Ehrenfreund sieht das genauso: »Dennoch sollten wir gegenüber der Vorstellung von außerirdischem intelligentem Leben offenbleiben.« Angesichts der Einzigartigkeit der Erde ist es beeindruckend zu sehen, wie kompliziert und komplex die Entwicklung, die Evolution von Leben verlaufen kann. »Ich hoffe, dass wir lange genug da sind, um dieses Wunder zu verstehen.« Vielleicht ist es das Schicksal jeder hochentwickelten Zivilisation, entweder binnen kosmologisch betrachtet kürzester Zeit die planetaren Ressourcen zu verbrauchen und die eigene Lebensgrundlage zu zerstören oder sich gar in inneren gesellschaftlichen Konflikten selbst zu vernichten. Wir Menschen haben die Existenz unserer eigenen Zivilisation durch Raubbau an der Natur, Überbevölkerung und Kriege nach kaum 10.000 Jahren bereits stark gefährdet. Das ist weniger als ein Millionstel des Alters des Universums. Krempeln wir endlich die Ärmel hoch und bewirtschaften unseren Planeten nachhaltig, denn wir lernen: Wir haben nur diesen einen!

Schließen wir unsere Überlegungen mit einem Bonmot des Science-Fiction-Autors Arthur C. Clarke. Für ihn gibt es im Grunde nur zwei Möglichkeiten, der Frage nach der Existenz außerirdischen Lebens zu begegnen: »Entweder sind wir allein im Universum. Oder wir sind es nicht. Beides ist gleichermaßen erschreckend.«

TEIL 3

DIE MIRAKEL DER STERNE

Wie die Lagerfeuer des Universums brennen

Sterne sind kompakte, selbstleuchtende Gaskugeln. Wie unsere Sonne bestehen sie überwiegend aus Wasserstoff und geringeren Anteilen von Helium. Alle sichtbaren natürlichen Himmelskörper unseres Nachthimmels – außer dem Mond, den Planeten und Kometen – sind Sterne. Sie werden mit Ausnahme unserer Sonne etwas veraltet auch Fixsterne genannt, weil sie den Menschen unveränderlich am Himmelsgewölbe fixiert erscheinen. Mit bloßem Auge lassen sich unter guten Bedingungen bis zu 5500 Sterne erkennen.

Die Wasserstoffatome in den Sternen haben ihre Hüllenelektronen durch die hohen Temperaturen verloren und sind größtenteils ionisiert, sodass die Gaskugeln der Sterne aus heißem Plasma bestehen. In einem stabilen Stern herrscht ein hydrostatisches Gleichgewicht aus Gravitation, die anziehend nach innen wirkt, und Strahlungs- und Gasdruck, der abstoßend nach außen wirkt. Die Gravitation wird durch die Masse, der Strahlungs- und Gasdruck wiederum durch die Temperatur charakterisiert. Das Innere eines Sterns besteht aus einem Kern, einer Strahlungszone und einer Konvektionszone. Im Kern eines Sterns steckt typischerweise mehr als die Hälfte seiner Masse. In der umgebenden Strahlungszone erfolgt der Wärmetransport durch thermische Abstrahlung, in der äußeren Konvektionszone durch Umwälzung der Plasmaschichten. Die Atmosphäre eines Sterns besteht aus der Photosphäre, der Chromosphäre und der Korona. Im Innern eines Sterns findet die Fusion von Wasserstoffatomen zu Helium statt, die sogenannte Proton-Proton-Reaktion (auch pp-Kette genannt). Dieser Prozess läuft mittels der schwachen Wechselwirkung ab, die im Vergleich zu anderen teilchenphysikalischen Reaktionen selten geschieht. Entsprechend lange dauert das heiße Fusionieren beziehungsweise Sternenbrennen. Bei der Kernfusion entstehen auch Neutrinos, die aufgrund ihres geringen Wirkungsquerschnitts das Sternenplasma ungehindert verlassen können. Die im Sterneninneren produzierten Photonen dagegen benötigen bis zu 100.000 Jahre, um an die Oberfläche zu gelangen. Die Temperatur in einem Stern, der sich in einem hydrostatischen Gleichgewicht befindet, nimmt grob gesagt von außen nach innen zu. Veranschaulichen lässt sich das anhand eines einfachen Kugelschalenmodells: Heißes Gas hat das Bestreben, sich auszudehnen. Die Gravitation wirkt diesem Bestreben entgegen. Entsprechend muss die Schale unter der äußersten Schale heißer sein als die darüberliegende, um deren Gravitationsdruck durch ihren Gasdruck zu kompensieren. Doch auch diese Schale hat ein Eigengewicht, was durch die darunterliegende Kugelschale kraft eines noch größeren Gasdrucks bei entsprechend höherer Temperatur aufgefangen werden muss. Setzt man diese Modellrechnung fort, gelangt man im Fall der Sonne von einer Oberflächentemperatur von knapp 6000 Kelvin auf eine Temperatur im Sonnenkern von etwa 15 Millionen Kelvin.

Ein Klassifizierungsschema zur Einordnung der unterschiedlichen Sterne im Universum nach ihren Eigenschaften bietet das Hertzsprung-Russell-Diagramm, kurz H-R-Diagramm. Es beschreibt den Zusammenhang zwischen absoluter Helligkeit (oder Leuchtkraft) und spektralem Typ (oder Farbe) eines Sterns, also dessen effektiver Oberflächentemperatur. In der Astrophysik ist das H-R-Diagramm zur Charakterisierung der Sterne von fundamentaler Bedeutung, weil sich damit die Sterne und ihr Entwicklungszustand in Hauptreihensterne, Weiße Zwerge, Unterriesen, Rote Riesen und Überriesen unterteilen lassen.

Aufgrund der angesprochenen sehr langsam verlaufenden Kernfusionsprozesse im Innern können sich Sterne über Millionen von Jahren in einem hydrostatischen Gleichgewicht befinden. Sterne mit der Masse der Sonne brennen sogar über viele Milliarden Jahre. Wenn ihr Brennstoff aus Wasserstoff und Helium verbraucht ist, geraten sie allerdings aus dem hydrostatischen Gleichgewicht, blähen sich zu Roten Riesen auf und beginnen, schwerere Elemente zu verbrennen. Dieser Prozess kommt relativ schnell wieder zum Erliegen und der

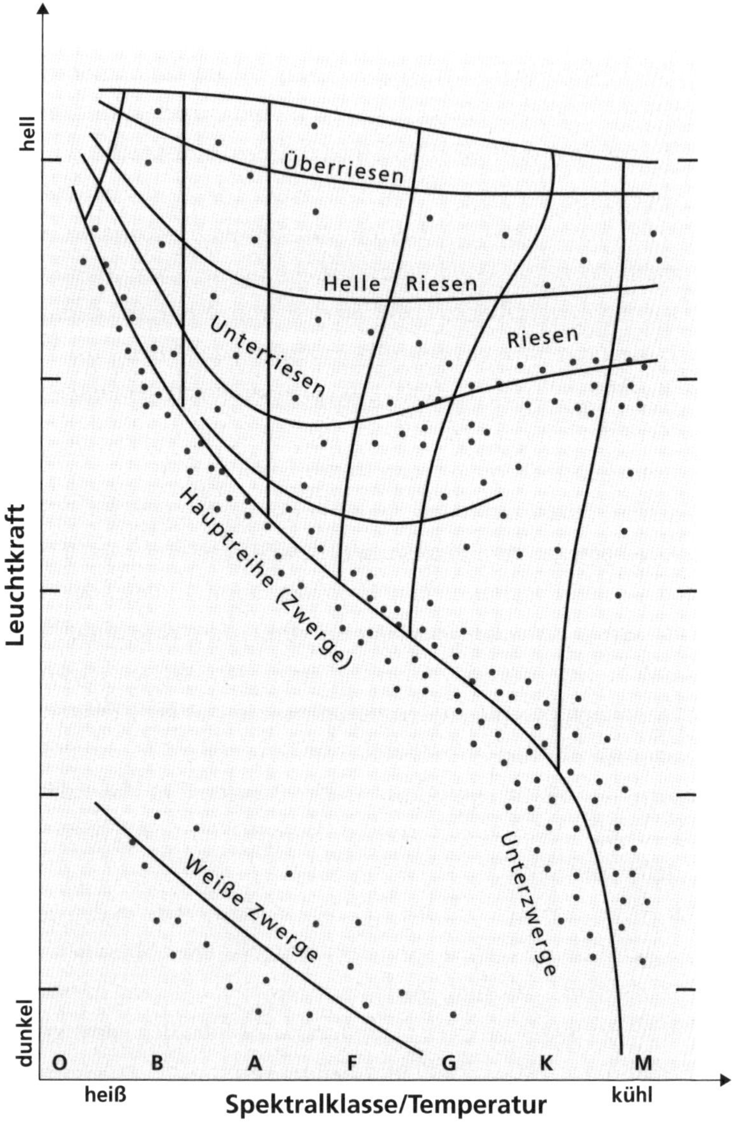

Skizze des Hertzsprung-Russell-Diagramms, das der Astronomie eine maßgebliche Kategorisierung der Sterne erlaubt.

Stern kollabiert schließlich unter seiner Schwerkraft. Je nach Ausgangsmasse des Sterns gibt es dann drei Endszenarien für den kollabierten Sternenrest: Das Dasein als Weißer Zwerg, Neutronenstern oder Schwarzes Loch – wir kommen in diesem sowie Teil 4 (S. 141) des Buches näher darauf zu sprechen.

Messtechniken der Sternbeobachtung sind, wie wir lernen werden, neben der klassischen Astronomie und der Spektroskopie die Seismologie und Radioastronomie. Über die Auswertung des Teilchenflusses an Neutrinos von der Sonne wie auch mittels der sonnenbezogenen Helioseismologie lässt sich zudem das Innere unseres Heimatsterns studieren. Pioniere der Sternenphysik sind neben den erwähnten Ejnar Hertzsprung und Henry Norris Russell auch die Astrophysiker James Jeans und Arthur S. Eddington mit ihren frühen Modellen zur Beschreibung der Physik der Sonne. Die Physikerin Cecilia Payne-Gaposchkin war zudem die Erste, die vorschlug, dass Sterne hauptsächlich aus Wasserstoff und Helium bestehen müssten – eine zu Beginn des 20. Jahrhunderts gewagt anmutende These. Letztgenanntes Element ist übrigens zuerst in der Sonne nachgewiesen worden, bevor es auch auf der Erde entdeckt wurde. Bei der Erforschung der Sternatmosphären trat später auch der Astrophysiker Albrecht Unsöld hervor. In den 1930er-Jahren etabliert sich die Kernphysik mit einem beeindruckenden Grundverständnis von den physikalischen Abläufen in der Sonne und den Sternen. Beispielhaft zu nennen sind Otto Hahn und Lise Meitner, die als Erste Experimente zur Kernspaltung vollzogen; zudem Hans Bethe und Carl Friedrich von Weizsäcker mit ihrer Formel zur Berechnung der Bindungsenergien der aus Protonen und Neutronen zusammengesetzten Atomkerne, oder Fred Hoyle und dessen Forschung zur Nukleosynthese von Supernovae. Oder auch Robert Oppenheimer und Melba Phillips mit Arbeiten zu Kernreaktionen von schwerem Wasserstoff, sprich Proton-Neutronen-Verbindungen.

Das Verständnis der kernphysikalischen Prozesse in der Sonne ist eine Blaupause für die Sternenphysik im Universum. Denn im Gegensatz zu den unvorstellbar fernen Sternen ist die Sonne für uns messtechnisch verhältnismäßig gut zugänglich. Trotz der beeindruckenden Vorarbeit der Pioniere ist die Physik der Sonne und der Sterne beileibe nicht restlos verstanden und es gibt nach wie vor Rätselhaftes. So deckt sich zum Beispiel das Standardmodell der Sonne nicht vollständig mit der gemessenen Häufigkeitsverteilung der chemischen Elemente in ihr. Mit vielen offenen Fragen sind wir auch bei der Entwicklung der Sterne konfrontiert. Darunter ein Problem, das sich vielleicht nicht sofort als solches erschließt: Wie konnten überhaupt die allerersten Sterne entstehen?

FRAGE 12: WIE HABEN SICH DIE ERSTEN STERNE GEBILDET?

Warum das eine knifflige Frage ist

In der frühen Phase des Universums nach dem Urknall bestand der Großteil der gewöhnlichen Materie aus Wasserstoff und Helium und es gab praktisch noch keine schwereren Elemente. »Vielleicht fanden sich im Universum noch winzige Spuren von Lithium, möglicherweise auch Beryllium, Bor oder noch verschiedene Isotope wie Helium-3 oder Deuterium«, sagt die Astrophysikerin Eva Grebel von der Universität Heidelberg. »Aber der überwiegende und fast ausschließliche Anteil der gewöhnlichen Materie des frühen Universums bestand bloß aus Wasserstoff und Helium.« Dass sich aus diesen Stoffen Sterne herausbilden, ist alles andere als selbstverständlich, »weil sich zum Beispiel die Gaswolken aus Wasserstoff und Helium irgendwie abkühlen müssen, bevor sie sich verdichten und sich daraus brennende Sterne bilden können.« Gaswolken heizen sich nämlich bei der Zusammenballung auf. »Und solange das Gas zu heiß ist, kann es nicht weiter kollabieren.« Es bilden sich Turbulenzen, die Atome bewegen sich in der Wolke wild durcheinander und es ergeben sich keine höheren Dichten, die zum Gravitationskollaps und zur Sternbildung führen. »Bei den allerersten Sternen müssen deshalb besondere Kühlungsprozesse zum Tragen gekommen sein, die den Gravitationskollaps der Gaswolken ermöglicht haben«, erklärt Grebel. »Die dafür verantwortlichen physikalischen Prozesse zu identifizieren, stellt durchaus eine Herausforderung für die theoretischen Physiker dar, denn Beobachtungen und entsprechende empirische Daten finden sich dazu kaum.«

Hingegen sind die Kühlprozesse bei der heutigen Sternentstehung angesichts des Vorhandenseins von schwereren Elementen astrophysikalisch etwas leichter zu verstehen. »Denn durch die vielen Supernova-Explosionen vorangegangener Sternenpopulationen ist unser Universum inzwischen auch mit schweren Elementen angereichert«, sagt Eva Grebel. Daraus können sich verschiedenartige Moleküle herausbilden, die für die Kühlprozesse bei der heutigen Sternbildung maßgeblich sind. Moleküle wie zum Beispiel Kohlenmonoxid, das aus einem Kohlenstoffatom und einem Sauerstoffatom besteht, also eine Verbindung aus einem schwereren und einem leichteren Atomkern darstellt. Ein solches Molekül ist asymmetrisch. »Asymmetrische Moleküle zeigen bestimmte atomphysikalische Übergänge – sie vibrieren oder rotieren –, was es ihnen ermöglicht, Wärmeenergie im Infraroten oder bei Mikrowellenlängen abzustrahlen.« Dadurch kühlt sich das Gesamtsystem ab, erreicht einen niederenergetischen Zustand und kollabiert dann weiter, bis es zur Kernfusion des Protosterns kommt.

Ganz anders im frühen Universum, in einer Welt fast nur aus Wasserstoff und Helium: »Letzteres ist ein Edelgas. Das bildet ohnehin keine nachhaltigen Moleküle.« Wasserstoff-Atome können Grebel zufolge zwar Moleküle bilden, nämlich den sogenannten molekularen Wasserstoff H_2, der zwei Protonen in einem Molekül vereint. Aber beide Wasserstoffkerne haben die gleiche Masse – sie gehen eine symmetrische Verbindung ein, die im Prinzip Energie im Ultravioletten abstrahlen könnte. Das lässt sich jedoch mit bodengebundenen Teleskopen nicht beobachten. »Hier treffen wir also auf fundamentale Probleme bei der Untersuchung der Frage, wie es zur Bildung der allerersten Sterne gekommen sein kann«, hält Eva Grebel fest. »Allerdings gibt es Überlegungen, dass sich in den Gaswolken der allerersten Protosterne immerhin asymmetrische Wasserstoffmoleküle aus jeweils einem Proton und einem Deuteron gebildet haben könnten.« Ein Deuteron ist ein schwerer Wasserstoffkern, bestehend aus einem Proton und einem Neutron. Als neutrales Atom (sprich Deuteron plus Elektron) bezeichnet man es als Deuterium. In Verbindung mit einem Proton könnte das Deuteron zur Kühlung eines Protosterns beitragen.

Der theoretische Astrophysiker Ralf Klessen von der Universität Heidelberg führt weitere asymmetrische Molekülverbindungen an, die in den Gaswolken des frühen Universums für Kühlung vor dem Kollaps gesorgt haben könnten. »Es ist nicht ausgeschlossen, dass für Bruchteile von Sekunden in den rotierenden Wasserstoffwolken durch Van-der-Waals-Kräfte auch Verbindungen aus drei Wasserstoff-Atomen entstanden sind. Oder unter Umständen sogar Wasserstoff-Helium-Verbindungen.« Gleichwohl vermutet Klessen, dass die Kühlprozesse für die Sternbildung in den primordialen Gaswolken des frühen Universums vielleicht nicht ganz so bedeutsam waren, wie sie es in heutigen Gaswolken sind. »Bis vor Kurzem herrschte in der Astrophysik sogar die fast einhellige Meinung, dass die Thermodynamik der allerersten Protosterne angesichts ihrer verhältnismäßig homogenen chemischen Zusammensetzung aus Wasserstoff und Helium weniger kompliziert gewesen sein muss als bei der Sternentstehung heute.«

Zur Erinnerung: Im einfachen Modell hängt der Gravitationskollaps einer Gaswolke im Wesentlichen von deren kritischer Masse ab. Diese wird bestimmt von der Gasdichte und der Temperatur des Gases. »Der Ansatz geht auf Sir James Jeans zurück, der sich bereits Anfang des 20. Jahrhunderts mit der Hydrodynamik von Sternen auseinandergesetzt hat.« Bei der Sternbildung konkurrieren demnach im Wesentlichen zwei Prozesse: die Eigengravitation gegen den Gasdruck. Ein Maß für die Eigengravitation ist die Gasdichte, eines für den Gasdruck ist die Temperatur. Je heißer das Gas, desto stärker der Druck, desto mehr Gas bedarf es für den Gravitationskollaps. Und umgekehrt: Je dichter das Gas, desto größer die Eigengravitation. Diesem Ansatz zufolge entstanden die allerersten Sterne als einzelne, isolierte, äußerst massereiche Objekte. »Abschätzungen unter diesen einfachen Bedingungen sagen eine kritische Masse für den Kollaps vorher, die um ein Vielfaches größer ist als bei der Sternbildung heute.«

Doch Ralf Klessen hält diesen Ansatz zur Erklärung der allerersten Sternbildung für unzureichend. »Neben dem angesprochenen Problem der Kühlung eines solchen Systems gibt es viele weitere offene Fragen.« So entsteht beim Kollaps einer Wasserstoffwolke zwangsläufig eine scheibenförmige Struktur. »Damit kommt Drehimpuls ins Spiel: Während mehr und mehr Material ins Zentrum des Protosterns stürzt, beginnt das System schneller und schneller zu rotieren.« Irgendwann entsteht ein radialer Bereich, in dem sich gravitative Anziehung und Zentrifugalkraft der Drehbewegung die Waage halten. »Das führt zur Bildung einer Akkretionsscheibe, aus der heraus sich später Doppelsterne und auch Planetensysteme bilden. Und selbstverständlich fanden diese Prozesse auch bei den allerersten Sternen statt.« Laut Klessen zeigen aktuelle Simulationsrechnungen, dass die Akkretionsscheiben der ersten Protosterne sehr leicht fragmentierten, sich also wieder zerteilten. »Bei der ersten Sternbildung sind deshalb in der Regel wohl nicht einzelne Sterne entstanden, sondern eher Doppelsterne, vielfach sogar Dreifach- und Vierfach-Systeme und so weiter.« Ralf Klessen hält diese Art der Fragmentation der sehr massereichen Akkretionsscheiben der allerersten Protosterne sogar für maßgeblich. »In unseren Computersimulationen können wir mithilfe unserer Modelle Dutzende von diesen ersten Protosternen aus einem primordialen Gasnebel erzeugen.« Zwei Drittel von ihnen verschmelzen laut Klessen wieder und stürzen in das sich herausbildende Zentralobjekt. »Das andere Drittel übersteht den Prozess, wird entweder herausgeschleudert oder bleibt am Ende irgendwie in einem kleinen Sternhaufen gebunden.« Ein wichtiger, für Klessen noch nicht ausreichend berücksichtigter Bestandteil der Modellrechnungen ist das sogenannte Feedback der massereichen Sterne – die Rückgabe der Sternenergie in Form beispielsweise von elektromagnetischer Strahlung oder durch Sonnenwind. »Wenn sich

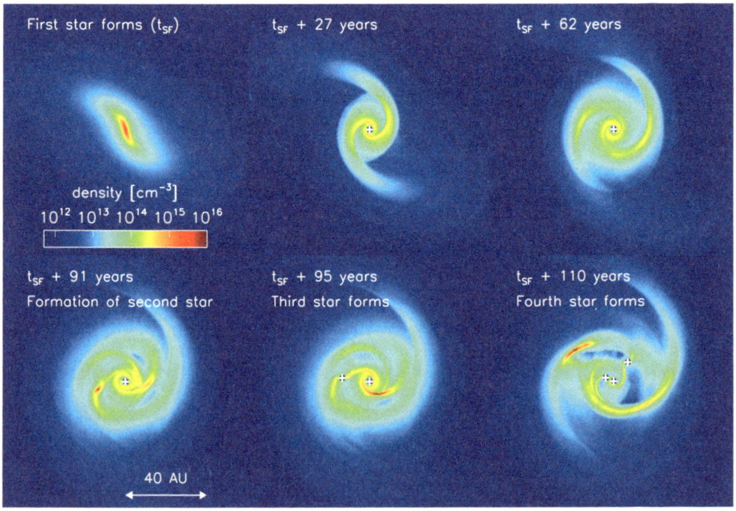

Simulation von der Formierung und Fragmentierung eines protostellaren Nebels zu Protosternen.

ein Stern bildet, dann fängt er aus besagten Gründen an, Energie abzustrahlen. Das hat selbstverständlich Einfluss auf die Akkretionsscheibe.« Klessen hält in diesem Zusammenhang auch die Wirkung von Magnetfeldern der allerersten Protosterne auf die Dynamik der Sternentstehung für noch nicht ganz verstanden. »Auch hier war der ursprüngliche Forschungsansatz, dass die Magnetfelder der allerersten Sterne schwach gewesen sein müssen, weswegen sie bei der Sternbildung keine herausgehobene Rolle spielten.« Doch Klessen führt an, dass selbst ein schwaches Magnetfeld in einer stark rotierenden Akkretionsscheibe einen Widerstand aufbringen und die Dynamik eines Gesamtprozesses bremsen kann.

Zumindest herrscht inzwischen mehr Klarheit hinsichtlich der wahrscheinlichen Massen der allerersten Sterne. »Wir gehen immerhin von einem lower limit und einem upper limit aus.« Die Massen lassen sich aus entsprechenden Modellrechnungen ableiten und erlauben auch Vorhersagen für noch existierende Sterne der ersten Generationen, die sich im Rahmen von systematischen Beobachtungen der Milchstraße nachweisen lassen müssten. »Solche Stellar Archaeological Surveys [dt.: stellar-archäologische Durchmusterungen] erfolgen beispielsweise im Rahmen der Gaia-Mission.« Allerdings wurden dabei noch keine Hinweise auf massearme alte Sterne aus der Frühphase des Universums gefunden, weshalb laut Klessen die Annahme unter Astronomen vorherrscht, dass es massearme erste Sterne gar nicht erst gegeben hat. »Wahrscheinlich waren die meisten der allerersten Sterne sogenannte Population-III-Sterne mit Massen in der Größenordnung von einigen wenigen bis 50 Sonnenmassen.« Darunter gab es vielleicht auch exotische Objekte wie Quasi-Sterne, auf die wir später noch zu sprechen kommen, siehe Frage 22 (S. 162). Klessen zufolge hat die Astrophysik-Community langsam begonnen zu akzeptieren, dass die Beschreibung der Entstehung der allerersten Sterne auf allen Ebenen nicht ganz so einfach ist, wie ursprünglich gedacht. »Es hat sich die Einsicht durchgesetzt, dass die primordiale Sternentstehung andersartig verlief und hinsichtlich ihrer Beschreibung praktisch genauso komplex ist wie die heutiger junger Sterne in der Milchstraße oder anderswo im Universum.«

FRAGE 13: WANN TANZEN STERNE AUS DER REIHE?

Von Gelben, Roten und Weißen Zwergen und von Roten Riesen

Ein Stern durchläuft im Laufe seines Daseins eine komplexe Entwicklung, die maßgeblich von seiner Masse abhängt. Das gilt bereits für seine Entstehung, für die eine kritische Masse im protostellaren Gasnebel vorhanden sein muss. Ist diese erreicht, überwiegen die anziehenden Kräfte in Richtung Masseschwerpunkt des Gasnebels die thermischen Gegenkräfte, was eine weitere Zusammenballung und dann den gravitativen Kollaps bewirkt. Im kollabierenden Kern wird der Wasserstoff bei steigender Temperatur weiter komprimiert, bis schließlich der Fusionsprozess im Inneren einsetzt – der Stern ist geboren. In ihm herrscht sodann ein hydrostatisches Gleichgewicht aus Gravitation einerseits und Strahlungs- und Gasdruck andererseits.

»Auch wie sich die weitere Sternentwicklung gestaltet, hängt entscheidend von der Masse des Sterns ab«, erklärt die Astrophysikerin Saskia Hekker von der Universität Heidelberg. »Dabei spielen auch die Bestandteile des Sterns eine Rolle, beispielsweise die sogenannte Metallizität.« Dabei handelt es sich um die chemische Zusammensetzung des Sterns und der Anteil schwerer Elemente darin – womit Elemente jenseits von Wasserstoff und Helium gemeint sind. Die physikalische Entwicklung der Sterne beginnt nach Einsetzen der Kernfusion entlang der Hauptreihe des Hertzsprung-Russell-Diagramms. Sterne auf der Hauptreihe verbrennen in ihrem Kern Was-

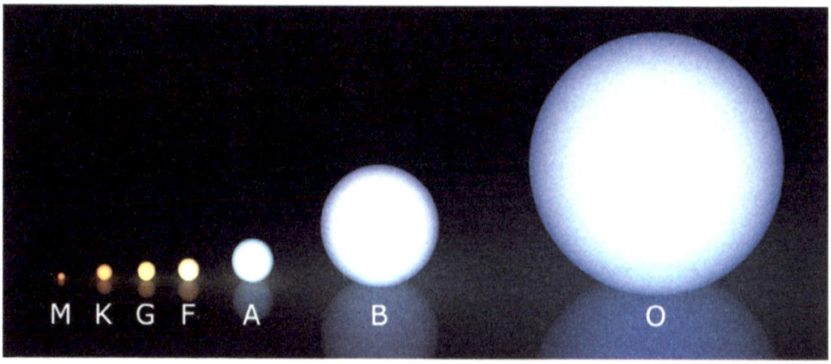

Hauptreihensterne der Spektralklassen M bis O im Vergleich, siehe auch das Diagramm auf S. 104, wo sie in umgekehrter Reihenfolge aufgeführt sind.

serstoff zu Helium. Die eine Achse des H-R-Diagramms beschreibt die Temperatur an der Oberfläche des Sterns, die andere seine Helligkeit. Im Laufe der Existenz eines Sterns ändern sich dessen Strukturen, Temperaturen und Helligkeiten, er wandert mit der Zeit quasi quer über das Diagramm.

Auch unsere Sonne ist ein Stern der Hauptreihe, der in die Kategorie der sogenannten Gelben Zwerge fällt. Gelbe Zwerge haben Massen zwischen zwei Dritteln bis etwa dem 1,5-Fachen der Sonnenmasse. Bei knapp einem Zehntel der Hauptreihensterne unserer Galaxis handelt es sich um Sterne dieser Kategorie. »Unsere Sonne hat derzeit einen kleinen Fusionskern und die Temperaturen in ihrem Inneren sind bedeutend höher als in den äußeren Bereichen«, erklärt Hekker. »Vom Kern aus wird die durch die Fusion freigesetzte Energie zunächst durch Strahlung transportiert. In der konvektiven Hülle der Sonne, die den Strahlungskern umgibt, findet der Energietransport dagegen durch turbulente Gasbewegungen statt.« Im Allgemeinen ist die Temperatur im Kern eines Sterns höher als an der Oberfläche. Bei der Sonne beträgt die Oberflächentemperatur knapp 6000 Kelvin, während sie bei massereichen Sternen Zehntausende von Kelvin betragen kann.

Der Großteil der Hauptreihensterne unserer Galaxis sind Rote Zwerge mit Massen kleiner als zwei Drittel der Sonnenmasse. Ihre Oberflächentemperaturen sind in der Regel geringer als die der Gelben Zwerge und können sogar nur knapp 2000 Kelvin betragen. Dementsprechend geringer ist ihre Leuchtkraft, weshalb sie als einzelne astrophysikalische Objekte für die Astronomie nur schwer beobachtbar sind. Aufgrund ihrer geringeren Masse verlaufen die Kernfusionsprozesse viel gemächlicher als bei den Gelben Zwergen. Ihre Lebenszeit übersteigt das bisherige Alter des Universums bei Weitem, weshalb noch keiner von ihnen das Dasein als verglühter Sternenrest fristet und es auch so schnell nicht tun wird. Anders bei Gelben Zwergen und den größeren massereicheren Sternen: Unsere Sonne zum Beispiel ist mit ihren 4,5 Milliarden Jahren hinsichtlich ihrer kernphysikalischen Stabilität und ihres Brennstoffreservoirs sozusagen im besten Sternenalter. Doch im Laufe der nächsten fünf Milliarden Jahre wird sich ihr Wasserstoffvorrat im Kern langsam dem Ende zuneigen. »Die freigesetzte Fusionsenergie wird abnehmen, somit zunächst auch die Temperatur im Kern. Das verringert den fusionsbedingten Gasdruck, was die Kompression des Kerns wieder erhöht«, sagt Hekker.

Ein Stern beginnt, die Hauptreihe zu verlassen, wenn der Wasserstoff in seinem Kern verbraucht ist. Die Leuchtkraft und der Radius eines Sterns, der beispielsweise die Entwicklung hin zu einem Unterriesen beziehungsweise Roten Riesen antritt, beginnen dann stark zu variieren. In dieser Phase verbrennt ein solcher Stern weiterhin Wasserstoff in einer dünnen Schale um den bereits entstandenen Heliumkern – das sogenannte Schalenbrennen. Erst am Ende dieses Entwicklungsschritts wird der Kern heiß und dicht genug sein, damit auch im Kern die Heliumfusion zünden kann. Der Stern durchläuft weiterhin wechselhafte Prozesse, bei denen sein Radius und seine Leuchtkraft um ein Vielfaches anwachsen – der Stern mutiert zum

Roten Riesen. Damit stellt sich für gewisse Zeit ein neues Gleichgewicht ein. Auch unsere Sonne wird einen solchen zweiten Brennzyklus durchlaufen.

In massereicheren Sternen als die Sonne führt die stellare Nukleosynthese, sprich das Fusionieren von Atomen zu schwereren Elementen, in immer kürzeren zeitlichen Intervallen bis zur Produktion von Eisen. »Noch bei der Verschmelzung von Atomen zu Eisen wird netto mehr Energie freigesetzt, als der Verschmelzungsprozess energetisch kostet. Dann ist aber auch für massereiche Sterne Schluss«, erklärt Hekker. Massereiche Sterne entwickeln sich viel schneller als unsere Sonne. Die massereichsten unter ihnen brennen sogar nur für wenige Millionen Jahre – ein Tausendstel der Entwicklungszeit unserer Sonne. Wie es für sie weiterläuft, lesen wir bei Frage 16 (S. 130) oder auch im Teil 4 (S. 141).

»Im Fall eines Gelben Sterns wie der Sonne geht die Nukleosynthese allerdings nicht weit über das Helium hinaus«, sagt Hekker. In ihrem Inneren fusionieren durch kernphysikalische Reaktionen im Rahmen des Bethe-Weizsäcker-Zyklus (auch CNO-Zyklus genannt) und gegebenenfalls anschließend durch die sogenannten Drei-Alpha-Prozesse die Helium-Kerne zu Kohlenstoff und in Folgereaktionen zu Sauerstoff. Im Verlauf der stürmischen Endphase wird die Sonne mehr als die Hälfte ihrer Masse durch Sonnenwind und in Form eines planetarischen Nebels in den Weltraum ausstoßen. Im ausgebrannten Sternenrest findet schließlich keine Fusion mehr statt, Kohlenstoff und Sauerstoff bilden dann die Asche des ausgebrannten Sternenrests, und übrig bleibt ein Weißer Zwerg. Die Nova, aus dem Lateinischen ›Stella Nova‹ für Neuer Stern, ist die astronomische Bezeichnung für die weithin sichtbare eruptive Veränderung eines Doppelsternsystems mit einem Weißen Zwerg am Ende seiner Entwicklung. Eine Nova kann viele Monate oder einige Jahre dauern, bis das Stadium der Postnova erreicht wird.

»Weiße Zwerge sind sehr klein, sehr dicht beziehungsweise kompakt und sehr heiß. Sie haben nur noch etwa die Größe unserer Erde, aber das 100.000-Fache der Erdmasse und sind fast zehnmal heißer als unsere gegenwärtige Sonne. Während im Kern Kohlenstoff oder Sauerstoff kristallisieren, glimmen sie mit der Zeit langsam aus.« Das dauert allerdings verhältnismäßig lang, denn die Physik in Weißen Zwergen ist recht speziell. Die Sternenreste sind derart kompakt und dicht, dass der weiteren Verdichtung ein Entartungsdruck der Elektronen entgegentritt. Das ist ein quantenmechanischer Effekt, der dem Pauli-Prinzip folgt, wonach die Elektronen in den Kohlenstoff- beziehungsweise Sauerstoff-Atomen nicht einen identischen Quantenzustand einnehmen können. Die Schwerkraft des Weißen Zwergs reicht nicht aus, um diesen Entartungsdruck zu überwinden und den Sternenrest weiter zu kom-

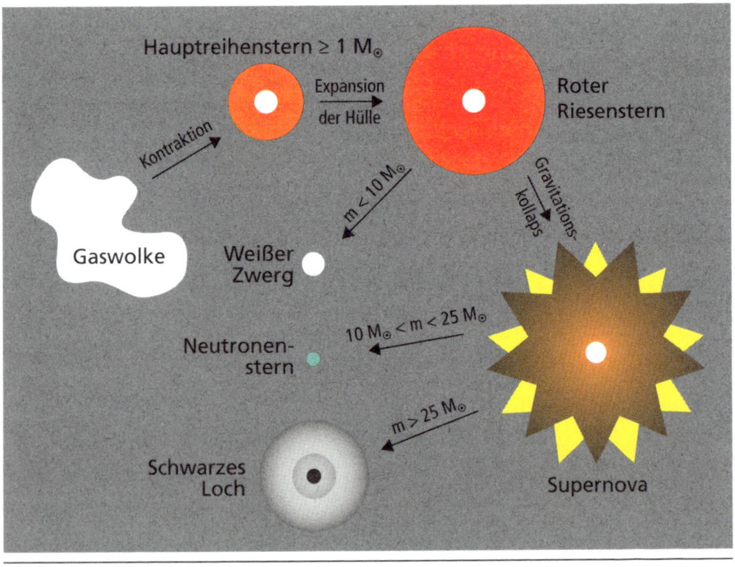

Schema der Entwicklungslinien von Hauptreihensternen mit Ausgangsmassen der Sonnenmasse oder größer.

primieren. Doch ist damit kein Platz mehr für die Photonen, weshalb der Wärmetransport in einem Weißen Zwerg nicht mehr durch Strahlung und Konvektion, sondern lediglich durch die Elektronen erfolgen kann. Das passiert sehr langsam. Die üblichen Mechanismen des Wärmetransports wie in Hauptreihensternen bleiben allein den dünnen Außenschichten der Weißen Zwerge vorbehalten. Auf diese Weise existieren sie als glühende poststellare Thermosflaschen sprichwörtlich endlos. »Auf jeden Fall sehr viel länger als das Universum bisher existiert.« Ähnlich wie die Roten Zwerge sind auch die Weißen Zwerge aufgrund ihrer geringen Leuchtkraft für die astronomische Beobachtung schwer auszumachen. Da aber Gelbe Sterne sowie massereichere Sterne mit Ausgangsmassen von bis zum etwa Zehnfachen der Sonnenmasse nach mehreren Jahrmilliarden als Weiße Zwergsterne enden, dürfte es inzwischen einige von ihnen im Universum geben – allein in der Milchstraße viele Millionen. Tausende wurden innerhalb von ein paar Hundert Lichtjahren von der Sonne entfernt im Rahmen einer Messkampagne der Gaia-Mission entdeckt und vermessen. Zu ihnen gibt es viele offene Fragen, unter anderem, welche Rolle sie in Doppelsternsystemen spielen, insbesondere bei Supernova-Explosionen vom Typ Ia, die für die Astronomie eine wichtige Standardkerze bilden, siehe auch Frage 38 (S. 252).

»Im Fokus meiner Forschung stehen allerdings überwiegend Sterne, die nicht sonderlich heiß sind«, erklärt Saskia Hekker. Sterne also, denen das Ende ihrer Entwicklung noch bevorsteht. Die Oberflächentemperaturen betragen weniger als 6700 Kelvin. Bei diesen Temperaturen bilden die Sternatmosphären eine konvektive Schicht, in der ausreichend viel Energie steckt, was zu Sternoszillationen führt – zu seismische Schwingungen, von denen der ganze Stern erfüllt ist. »Ähnlich wie Seismologen auf der Erde, die anhand eines Erdbebens Informationen über das Erdinnere erhalten, können wir dank der Sternoszillationen über das Innere der Sterne lernen.« Saskia Hekker benutzt für die als Asteroseismologie benannte Forschung sowohl bodengestützte Messsysteme wie auch Weltraumteleskope, beispielsweise im Rahmen der Kepler-Mission. »Wissenschaftlich interessant ist für mich zum Beispiel, wenn sich die Fusion in Roten Riesen gewissermaßen vom Rand des Kerns nach außen verschiebt. Diese Phase wird als Bump bezeichnet.« Sie tritt ein, wenn die nach außen brennende Sternenhülle auf die tiefste Schicht trifft, die bis dahin Teil der konvektiven Hülle gewesen ist. »Entlang des Rote-Riesen-Zweigs auf dem Hertzsprung-Russell-Diagramm, sprich in der Phase vor Beginn des Heliumbrennens im Kern, wächst der träge Heliumkern des Sterns an und die wasserstoffbrennende Hülle bewegt sich nach außen. Das ist ein relativ kurzer Zeitraum im Leben eines Sterns.« Dann ändern sich die Strukturen des Sterns verhältnismäßig schnell. Ebenso spannend findet Hekker auch die spezifischen Eigenheiten von Roten Riesen. »Der Kern eines Roten Riesen rotiert zum Beispiel mindestens zehnmal schneller als die Oberfläche, allerdings langsamer als theoretisch vorhergesagt. Das können wir uns mit den bisherigen Sternmodellen nicht vollständig erklären. Irgendwie muss sich der Drehimpuls dieser schnell rotierenden Kerne nach außen übertragen, doch wie genau, verstehen wir noch nicht ganz«, sagt Saskia Hekker.

»Dem noch verhältnismäßig jungen Forschungszweig der Asteroseismologie ging die in den 1960er-Jahren entwickelte Helioseismologie vorweg«, erklärt der Astrophysiker Sami Solanki vom Max-Planck-Institut für Sonnensystemforschung in Göttingen. »Denn auch im turbulenten Inneren unseres Heimatsterns werden durch Sonnenkonvektion zu jedem Zeitpunkt Millionen von Schwingungen erzeugt, die sich seismologisch vermessen lassen.« Die Oszillationen laufen als Wellen durch die Sonne, von denen einzelne bis in den Bereich des Sonnenkerns eindringen. Interessant dabei ist, dass über den Kern der Sonne noch immer weniger bekannt ist als über die Kerne von Roten Riesen, was unter anderem mit der allgemein höheren Beobachtungsstatistik zusammenhängt, handelt es sich doch bei einem Großteil der Sterne des Nachthimmels um Rote Riesen. Die Analyse der Oszillationen der Sonne erlaubt immerhin Rückschlüsse auf die Sonnentemperaturen vom Kernbereich bis zur Oberfläche sowie auf die Rotationsgeschwindigkeiten als Funktion von Tiefe und Breite. Auf diese Weise lässt sich in Erfahrung bringen, in welcher Region die Sonnengaskugel stabil ist und die Energie durch Strahlung transportiert wird, oder wo sich der Übergang vom stabilen zum turbulenten Teil der Sonne befindet, in dem die konvektiven Wärmeüberträge vonstattengehen. »Ebenso können wir so die differentielle Rotation der Sonne bestimmen.« Denn auch die Sonne rotiert nicht wie eine sich drehende homogene Kugel, sondern am Äquator schneller als an den Polen und in den äußeren Schichten anders als im Kern. »Die Helioseismologie basiert wie die Asteroseismologie auf der zeitaufgelösten Vermessung des Lichtspektrums des untersuchten Sterns.« Die Wellenlängen der Spektrallinien zu verschiedenen Zeitpunkten schwingen durch die Oszillationen minimal um einen Durchschnittswert. Die Summe der Oszillationen solcher Spektren über einen längeren Zeitraum hinweg entsprechen Bewegungen in der Sonne von etwa 100 Metern pro Sekunde. »Einzelne Oszillationen entsprechen sogar bloß Bewegungen in der Größenordnung von Metern oder gar Zentimetern pro Sekunde.« Das ist etwa so schnell, wie sich ein Fußgänger auf der Erde bewegt. »Für solche Messungen brauchen wir deshalb sehr lange Zeitreihen, um die Sequenzen genau vermessen zu können«, sagt Sami Solanki, »was eben vom Weltraum aus am besten geht.« Dort stören weder die Erdatmosphäre noch Messunterbrechungen durch den Tag-Nacht-Zyklus. Deshalb werden wir uns im Folgenden noch öfter direkt in den Weltraum begeben.

FRAGE 14: WIE ERZEUGT DIE SONNE IHR MAGNETFELD UND WELCHE WIRKUNG IST DAMIT VERBUNDEN?

Was das mit den berühmten Sonnenflecken zu tun hat

Die Sonne verfügt über ein starkes Magnetfeld, das weit in die Tiefen des Weltraums hineinragt. Ein Magnetfeld entsteht durch bewegte elektrische Ladungen. »Auch in der Sonne bewegen sich elektrische Ladungen«, erklärt der Astrophysiker Sami Solanki. »Die Sonne besteht, wie wir wissen, aus einem sehr heißen Plasma, sprich aus geladenen, sich schnell bewegenden Teilchen – überwiegend ionisierter Wasserstoff und Elektronen, die in dichten Gasblasen beständig umgewälzt werden.« Nach außen hin ist die Sonne elektrisch neutral. Im Inneren werden bei den Umwälzungen des Plasmas Magnetfelder verstärkt, vor allem durch die Rotation des konvektiven und elektrisch leitenden Gases. »Man spricht vom Dynamo-Prinzip, welches auch ein sehr schwaches Anfangsmagnetfeld auf ansehnliche Werte verstärken kann«, sagt Solanki. Ein solches Anfangsmagnetfeld kann zum Beispiel bereits zu Beginn der Sonnenentstehung vorhanden gewesen sein. »Grundsätzlich sind die dahinterliegenden Prozesse verstanden, aber es gibt viele Detailfragen, die noch offen sind«, – beispielsweise, wo genau der Dynamo in der Sonne sitzt, oder wie die Mechanismen in der Sonne im Detail ablaufen; oder vergleichbare Prozesse in der Erde, die ebenfalls über einen Dynamo verfügt. »Über all diese Fragen wird in der Wissenschaft heftig gestritten«, ergänzt Solanki.

Der Dynamo der Sonne erzeugt auch den magnetischen Sonnenzyklus. Dabei handelt es sich um eine Veränderung des Magnetfelds, verbunden mit einer Sonnenaktivität, die sich im Laufe von etwa elf Jahren vollzieht. Der Zyklus geht einher mit der Anzahl der Sonnenflecken auf der Sonnenoberfläche, sprich der Photosphäre. Dort erscheinen sie als dunkle vorübergehende Flecken. Es handelt sich um Regionen, deren Wärmefluss durch lokal stark gebündelte Magnetfelder gebremst wird, was im Vergleich zur Umgebung zu geringeren Oberflächentemperaturen führt. »Beim Minimum des Sonnenzyklus ist das Magnetfeld der Sonne eher poloidal strukturiert, ähnlich wie das der Erde, sprich dipolartig wie bei einem Stabmagneten mit einem Nord- und einem Südpol«, erklärt Solanki. »Beim Maximum ist das Magnetfeld im Inneren der Sonne eher toroidal, sprich es windet sich schlauchartig herum.« Das hängt insbesondere mit der differentiellen Rotation der Sonne zusammen. »Am Äquator dreht sich die Sonne schneller als an den Polregionen. Und weil geladene Teilchen Magnetfeldlinien nicht gerade durchkreuzen, sondern in Spiralen umlaufen, sind Plasma und Magnetfeld aneinander gebunden«, sagt Solanki. »Da im Inneren der Sonne das Plasma energiereicher ist als das Magnetfeld, wird Letzteres vom Plasma quasi mitgerissen, was zu stark verformten Magnetfeldern führt.« Nach gut elf Jahren hat das Magnetfeld an den Polen der Sonne seine Polarität einmal vollständig umgekehrt. Auch das Erdmagnetfeld erlebt ab und zu (und eher chaotisch) solche Polaritätswechsel. »Aber auf ganz anderen zeitlichen Skalen, nämlich typischerweise erst nach einigen Hunderttausend Jahren«, sagt Solanki.

Solanki arbeitet unter anderem an SUNRISE, einem ballongetragenen Sonnenobservatorium, bei dem in ausgewählten Missionen die grundlegenden physikalischen Prozesse des Sonnenmagnetfeldes und der konvektiven Plasmaströmungen in der unteren Sonnenatmosphäre untersucht werden. Dafür steigt ein unbemannter Ballon in die Stratosphäre auf eine Höhe von etwa 37 Kilometern. Messungen des solaren Magnetfelds basieren zumeist auf spektroskopischen Untersuchungen des Sonnenlichts. Hier macht man

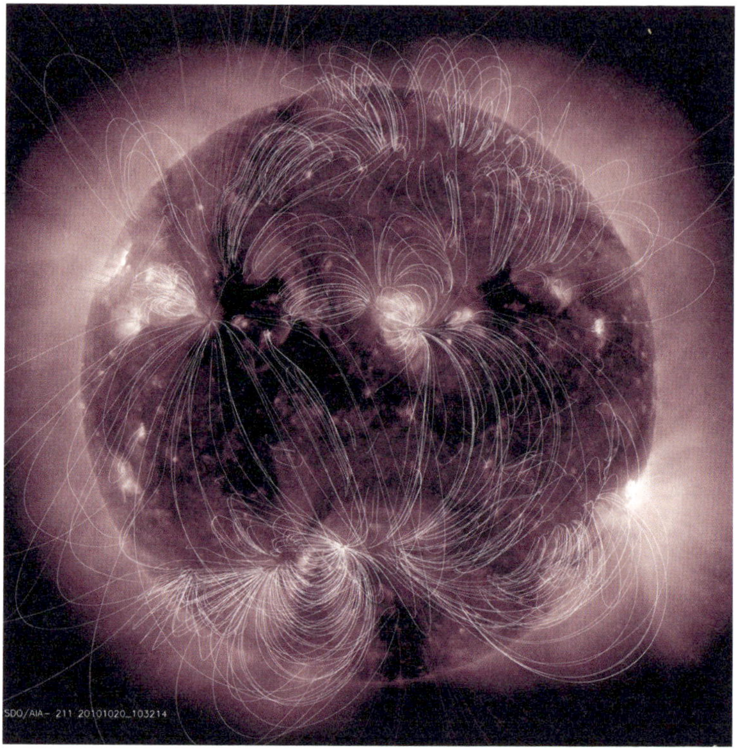

Magnetfeldlinien der Sonne und ihre Wechselwirkungen im extremen Ultraviolettbereich, aufgenommen vom SDO-Weltraumteleskop.

sich den Zeeman-Effekt zunutze, dementsprechend sich das Spektrallinienspektrum von Atomen, die einem statischen Magnetfeld ausgesetzt sind, weiter aufspaltet. »Die Messungen im Fall des Sonnenmagnetfeldes sind allerdings sehr anspruchsvoll.« Wegen der geringen magnetischen Feldstärke an der Sonnenoberfläche ist die spektrale Aufspaltung durch den Zeeman-Effekt klein im Vergleich zur Breite der Spektrallinien und entsprechend schwer zu messen. Deshalb nutzt man eine andere Eigenschaft beim Zeeman-Effekt, nämlich die damit einhergehende Polarisation des

Lichts. Ein Magnetfeld führt nämlich dazu, dass die aufgespaltenen Komponenten des Spektrallinienlichts in zwei Ebenen schwingen, die senkrecht zueinanderstehen. Mit Polarisationsfiltern lassen sich Stärke sowie Richtung des Magnetfelds bestimmen. Für Analysen des Lichts aus der Photosphäre funktioniert das vergleichsweise gut, wird jedoch mit zunehmendem Abstand von der Sonnenoberfläche ungenauer. Deshalb helfen auch aktuelle und künftige Weltraummissionen, wie beispielsweise der Solar Orbiter (SolO) oder die Parker Solar Probe, die direkte Vermessungen möglichst nahe an der Sonne vornehmen.

Charakteristik und Wirkweisen von kosmischen Magnetfeldern lassen sich jedoch auch im Labor experimentell untersuchen. Der Physiker Frank Stefani vom Helmholtz-Zentrum Dresden-Rossendorf (HZDR) arbeitet mit seinem Team am Aufbau und Betrieb der DRESDYN (DREsden Sodium facility for DYNamo and thermohydraulic studies). Dabei handelt es sich um einen sich um zwei Achsen drehenden riesigen Zylinder, angefüllt mit acht Tonnen aus flüssigem Natrium. »Mit diesem präzessionsgetriebenen Dynamo hoffen wir, magnetische Selbsterregungsprozesse in einer homogenen, strömenden Flüssigkeit aufzuspüren«, erklärt Stefani – also hydromagnetische Dynamo-Effekte, wie sie in astrophysikalischen Objekten wie der Sonne oder der Erde durch Strömungen von Gasen oder Flüssigkeiten ausgelöst werden. Stefani untersucht aber auch den dazu komplementären Effekt, dass Magnetfelder Strömungen destabilisieren. »Gemeint ist dabei zum Beispiel die sogenannte Magnetorotationsinstabilität oder auch die Taylor-Instabilität«. Frank Stefani ist davon fasziniert, wie diese unterschiedlichen Effekte im Sinne einer Kreiskausalität ineinandergreifen und verschränkt sein können. »–, dass also einerseits Magnetfelder Strömungen destabilisieren, dabei Turbulenzen entstehen und diese Turbulenzen wiederum das destabilisierende Magnetfeld reproduzieren.« Für

Stefani beißt sich damit die Katze in den Schwanz. »Dies sind hochkomplexe nichtlineare Dynamos, die im Kosmos tatsächlich eine Rolle spielen, zum Beispiel in Akkretionsscheiben, aber möglicherweise auch in Sternen.« Damit stellt sich für Stefani auch die fundamentale Frage, wie Ordnung im Chaos entstehen kann. »Wir haben eine hochgradig turbulente Strömung, wie zum Beispiel im Erdkern oder in der Sonne, und dennoch bilden sich darin relativ reguläre Strukturen.« Stefani untersucht, welche Rolle mechanische Kräfte bei den Dynamos spielen, wie wir sie zum Beispiel aus der Himmelsmechanik kennen, wie Kreiselbewegungen oder Änderungen des Drehimpulses von Himmelskörpern – Phänomene, die an den Schmetterlingseffekt in der nichtlinearen Dynamik erinnern. »Wir haben große Systeme, die extrem empfindlich auf kleine Einflüsse reagieren.«

Das gilt allerdings auch umgekehrt. Das Magnetfeld der Sonne beeinflusst die Rotation der Gaskugel maßgeblich. Für einen Umlauf benötigt die Sonne inzwischen ganze 27 Erdentage. »Das Magnetfeld hat massiv dazu beigetragen, die vormals schnelle Rotation der Sonne am Anfang ihrer Sternentwicklung abzubremsen«, erklärt Sami Solanki. Denn junge Sterne, die durch den Kollaps einer Wolke entstehen, rotieren aufgrund des Pirouetten-Effekts typischerweise viel schneller als die heutige Sonne. »Entsprechend effektiv sind die Dynamos, über die sie verfügen, und entsprechend stark die von ihnen erzeugten Magnetfelder.« Durch das extrem starke Magnetfeld haben schnell rotierende junge Sterne außerdem sehr heiße Koronen, sprich die äußeren Atmosphären der jungen Sterne sind sehr heiß. »Die Atome in dem extrem heißen Gas einer Sternkorona bewegen sich derart schnell, dass die Gravitation des Sterns sie nicht zurückhalten kann und sie nach außen wegfließen.« Deshalb haben solche jungen Sterne auch einen sehr intensiven stellaren Wind – noch stärker als der Sonnenwind unserer Sonne – der ebenfalls Sternmasse davonträgt. Mit jedem ausgestrahlten Teilchen wird auch etwas Drehimpuls davongetragen. Weil das Magnetfeld weit in den interplanetaren Raum hineinragt, strömt der stellare Wind entlang der Magnetfeldlinien. »Das Gas des Sonnenwindes muss in Sonnennähe im Magnetfeld der Sonne mit derselben Geschwindigkeit mitrotieren, mit der sich auch die Sonne und ihr Magnetfeld drehen.« Mit größer werdender Distanz vom Stern nimmt die Stärke des Feldes ab. Erst wenn das Magnetfeld schwach genug wird, kann sich das Gas vom Magnetfeld lösen und sich frei fortbewegen. »Im interplanetaren Raum baut sich damit gewissermaßen eine Spiralform der vom Sonnenwind ausströmenden Teilchen entlang der Magnetfeldlinien auf«, erklärt Sami Solanki. Weil sich das Gas des Sonnenwinds erst weit weg von der Sonne vom Magnetfeld löst, ist der Drehimpuls, den die Teilchen mitnehmen, viel größer als an der Oberfläche. »Die Effekte sind in Summe recht groß, weil die Geschwindigkeit sehr groß ist, ebenso der Radius und entsprechend auch der Drehimpuls.« Auf diese Weise nimmt der Sonnenwind überproportional viel des Drehimpulses von der Sonne mit. Bei kleiner werdendem Drehimpuls der Sonne beginnt sie, sich entsprechend langsamer zu drehen. Damit reduziert sich aber die Effizienz des Prozesses, denn die Stärke des bremsenden Magnetfelds hängt von der Rotationsgeschwindigkeit des Sterns ab. »Wir wissen nicht, ob die Sonne in ihrer Frühzeit zu den am schnellsten rotierenden Sternen gehörte, oder zu den mäßig schnellen, denn die Information darüber ist im Sonnenwind verloren gegangen. Das dürfte ein Grund dafür sein, weshalb alle Sterne mit einer äußeren Konvektionszone früher oder später bei Rotationsgeschwindigkeiten landen, wie wir sie jetzt auch bei unserer Sonne beobachten.«

FRAGE 15: WESHALB IST DIE KORONA DER SONNE SO VIEL HEISSER ALS IHRE OBERFLÄCHE?

Oder warum es doch kein Coronium gibt

Für den Astrophysiker Sami Solanki ist das eine fundamentale Rätselfrage. »Die dahinterliegenden physikalischen Prozesse lassen sich mit der Physik des thermodynamischen Gleichgewichts allein nicht beschreiben.« Zur Erinnerung: Der Kern der Sonne hat eine Temperatur von etwa 15 Millionen Kelvin. Zur Oberfläche hin nimmt die Temperatur der Gaskugel schrittweise ab. An der brodelnden Oberfläche der Sonne beträgt die Temperatur nur noch etwa knapp 6000 Kelvin, knapp dreimal so viel wie in einem Hochofen der Stahlindustrie auf der Erde. »Also immer noch heiß, aber deutlich geringer als die Temperatur im Sonnenkern. Doch dann im Bereich der Korona, sprich der äußeren Atmosphäre der Sonne, steigt die Temperatur wieder deutlich an und es wird plötzlich heißer und heißer, bis hinauf auf mehrere Millionen Kelvin.« Dieses Phänomen des Temperaturanstiegs in der Korona der Sonne ist seit fast 100 Jahren bekannt.

Ihm ging die vermeintliche Entdeckung eines neuartigen Elements voraus, das in der Atmosphäre der Sonne vermutet wurde – Coronium. »Bei einer Sonnenfinsternis im Jahr 1869 wurde eine seltsam anmutende Emissionslinie im abgestrahlten Licht der leuchtenden Korona beobachtet, woraufhin man das besagte neue Element postulierte, um das Spektrum erklären zu können«, schildert Sami Solanki. Erst die Interpretation der Emissionsspektren durch die Astrophysiker Walter Grotrian und Bengt Edlén in den 1930er-Jahren führte zur Klärung. »Die Emissionslinien stammen von etwa 13-fach ionisierten Eisen-Atomen. Eisen, das aufgrund der hohen Temperatur 13 der insgesamt 26 Elektronen pro Atom verloren hat.« Aber das passiert tatsächlich nur, wenn das Eisen gasförmig bei Temperaturen von mehr als einer Million Kelvin vorliegt. Bei geringeren Temperaturen lässt sich eine solche Ionisation von Eisen nicht erzeugen. »Damit verschwand das 60 Jahre zuvor postulierte Coronium wieder von der wissenschaftlichen Bildfläche.«

Weshalb die Korona der Sonne allerdings so viel heißer als ihre Oberfläche ist, bleibt weiterhin rätselhaft. Immerhin gibt es Theorien und Lösungsansätze. »Inzwischen ist zum Beispiel klar, dass man eine heiße Korona nicht ohne ein Magnetfeld produzieren kann. Hinter dem Phänomen steckt also das Magnetfeld.« Das Problem beschreibt sich etwa wie folgt: Die Quelle der Wärmeenergie ist der Fusionsreaktor im Innern der Sonne. Der Kern hat eine entsprechend hohe Dichte bei sehr hoher Temperatur. »Die im Sonnenkern gewonnene Energie muss nun aus der Sonne heraus. Sie strahlt nahezu komplett

Die Korona der Sonne lässt sich am besten während einer totalen Sonnenfinsternis untersuchen, wenn der Mond die blendend helle Sonnenscheibe verdeckt. Diese Aufnahme entstand am 21. August 2017 in Wyoming, USA.

an der Oberfläche in den Weltraum ab. Ein klein wenig davon verbleibt jedoch im Magnetfeld und wird in die Korona hineingetragen und dort deponiert. Da die Gasdichte in der Korona sehr gering ist, kann mit einem sehr kleinen Bruchteil der Energie der Sonne das Gas in der Korona auf enorme Temperaturen gebracht werden.« Die aufgeheizte Korona gibt diese Energie wieder ab, wie sich zum Beispiel in den Spektrallinien der vielfach ionisierten Eisen-Atome zeigt. Einen Teil der Energie verliert die Korona auch in Form von aufgeheizten schnellen Gasteilchen – dem Sonnenwind. Das führt zu einem beständigen Abfluss von Teilchen in den Weltraum hinaus, die das Magnetfeld der Sonne nicht zurückhalten kann. Dieser Teilchen- beziehungsweise Energieverlust in der Korona muss jedoch ständig ausgeglichen werden, da sich die Korona sonst sehr schnell abkühlen würde.

»Die Struktur des Magnetfelds spielt bei all diesen Mechanismen eine große Rolle«, sagt Solanki. Im Gegensatz zum Magnetfeld der Erde, das dipolartig ausfällt, ist das der Sonne zu jedem Zeitpunkt enorm komplex – selbst im Minimum des Sonnenzyklus, wenn das Feld aus großem Abstand betrachtet scheinbar dipolartig ist. »Sobald man sich jedoch Details der Magnetfeldstruktur anschaut, also die Strukturen der Sonne örtlich weiter auflöst, dann sind sehr viele kleinere Magnetfeldbögen zu erkennen, bei denen magnetische Feldlinien aus dem Inneren der Sonne herauskommen, einen Bogen machen und an anderer Stelle wieder in die Sonne eintauchen.« Diese Bögen, die an der Oberfläche der Sonne und in die Korona hineinragen, gibt es zu Hunderten, Tausenden, Hunderttausenden. Zum einen findet entlang dieser Feldlinien ein Energietransport statt, was zur lokalen Aufheizung der Korona führt. Zum anderen bilden sie einen magnetischen Käfig, der das Gas zurückhält und die Gasdiffusion aufhält – eine Art der magnetischen Flasche. Zur Erinnerung: Im Inneren der Sonne ist wegen der hohen Dichte des Gases der

Großteil der Energie im Gas deponiert. Dort ist das Magnetfeld schwach und folgt der Bestimmung des Plasmas. »In der Korona hingegen haben sich die Verhältnisse umgekehrt: Das Magnetfeld ist relativ zum Plasma betrachtet stark, weil die Dichte des Plasmas als Funktion des Abstands von der Sonne viel schneller abfällt als das Magnetfeld«, erklärt Solanki. »Das Magnetfeld transportiert nun die in ihm gespeicherte Energie aus dem Sonneninneren in die Korona, indem es zum Beispiel zusammen mit ihr aufsteigt.« Dort angekommen, muss die Energie vom Magnetfeld freikommen. Dies kann auf verschiedene Arten geschehen, unter anderem durch Widerstandsverluste, die sogenannte Ohmsche Heizung, oder durch plötzliche Freisetzung magnetischer Energie, die sogenannte Rekonnexion, wenn sich die Struktur eines Magnetfeldes abrupt ändert. »Doch der genaue Mechanismus, wie die Energie transportiert und wieder freigegeben wird, womit sich das koronale Plasma aufheizt, ist uns noch nicht bekannt«, gibt Solanki zu. »Das liegt unter anderem daran, dass wir die physikalischen Prozesse bisher räumlich nicht ausreichend auflösen können.« Dabei handelt es sich um Prozesse, die auf kleinen Skalen stattfinden. »Das Magnetfeld kann offenbar die Energie gut transportieren, jedoch auf viele verschiedene Arten, und es ist nicht klar, welche Prozesse dominieren, um Energie in die Korona zu bringen und abzuladen.«

Raumsonden wie der Solar Orbiter (SolO) und insbesondere die Parker Solar Probe sollen dem Phänomen tiefer auf den Grund gehen. Letztere soll sich im Verlauf ihrer Mission der Photosphäre der Sonne bis auf einen Abstand von nur rund 8,5 Sonnenradien nähern und damit die äußere Korona durchfliegen – ein waghalsiges Unterfangen, das an den Flug des Ikarus erinnert. Aber vielleicht lässt sich das Rätsel auf diese Weise lösen.

FRAGE 16: BACKEN NEUTRONENSTERNE SCHWERE ELEMENTE?

Woher das Gold der Welt stammt

Sterne verschmelzen während ihres langen Daseins als Fusionsreaktoren leichte Atomkerne wie Wasserstoff oder Helium zu schwereren Elementen und setzen dabei Energie frei. Dieser Prozess wird als stellare Nukleosynthese bezeichnet. So entstehen in massereicheren Sternen schrittweise Atomkerne bis hin zu Eisen und Nickel, siehe auch Frage 13 (S. 112). Mit diesen beiden Elementen sind allerdings die höchsten Bindungsenergien von Atomkernen erreicht. Für weitere Kernfusion muss gegen die sich abstoßenden positiv geladenen Protonen im Atomkern zusätzliche Energie aufgebracht werden. Wo aber liegen energetische Bedingungen vor, um die Erzeugung der schweren Elemente jenseits von Eisen zu ermöglichen? Wo entstehen Elemente wie Gold, Blei oder Uran? »Lange Zeit schienen insbesondere die Supernova-Explosionen von massereichen Sternen die Erzeugungsorte von schwereren Elementen jenseits von Eisen zu sein«, erklärt die Astrophysikerin Saskia Hekker von der Universität Heidelberg.

Zur Supernova kommt es, wenn ein massereicher Stern seine nuklearen Brennstoffe bis hinauf zu Eisen verbraucht hat. Die Kerntemperatur des Sterns steigt auf weit über 10^9 Kelvin an, dort werden die Eisenatome durch Photodesintegration in Unmengen von Neutronen und Neutrinos zerlegt. Das Innere des Sterns kollabiert weiter ins neutronenreiche Zentrum, während die Sternenhülle – unter anderem durch die entschwindenden Neutrinos getrieben – in einer gigantischen Explosion ins Weltall ausgestoßen wird, darunter auch Elemente jenseits von Eisen. Grundsätzlich kommen bei der Verschmelzung von Atomkernen und Neutronen zu Elementen jenseits von Eisen zwei kernphysikalische Prozesse ins Spiel – der Neutroneneinfang und der Betazerfall. Durch den Neutroneneinfang erhöht sich die Masse eines Atomkerns um ein Neutron. Durch den Betazerfall verwandelt sich ein Neutron im Kern unter Aussendung eines Elektrons und eines Antineutrinos in ein Proton. Der Atomkern ändert damit seine Ladungszahl, womit ein neues chemisches Element entstanden ist. »Wir unterscheiden bei der Nukleosynthese zwischen s- und r-Prozessen«, sagt Hekker. Das s steht für slow, zu Deutsch langsam, das r für rapid – schnell. »Die Prozesse beschreiben, wie Neutronen unter bestimmten astrophysikalischen Bedingungen die Nukleosynthese treiben und verändern.« Der langsame Prozess läuft noch im Inneren von gealterten, massearmen Sternen ab, in denen die Neutronendichte verhältnismäßig niedrig ist. Unter diesen Bedingungen finden die Neutroneneinfänge langsamer statt als die konkurrierenden Betazerfälle, was die Wahrscheinlichkeit der Bildung schwererer, neutronenreicherer Elemente vermindert. Wenn aber die Neutronendichte extrem hoch ist, erfolgen bereits viele schnelle Neutroneneinfänge, bevor es zu Betazerfällen kommt. Dadurch entstehen schnell schwerere Elemente. Doch wo konkret findet sich eine derart neutronenreiche Umgebung, sodass der r-Prozess einsetzen kann, der maßgeblich für die Entstehung von schweren Kernen jenseits von Eisen verantwortlich sein muss?

»Wo diese schnellen Prozesse astrophysikalisch überall ablaufen, wissen wir nicht mit letzter Bestimmtheit«, räumt der theoretische Physiker Thomas Janka vom Max-Planck-Institut für Astrophysik (MPA) ein. »Für die Forschung schienen allgemein Supernova-Explosionen der dafür bevorzugte Platz zu sein. Ein zum Neutronenstern kollabierender massereicher Stern bildet eine sehr gute Umgebung für solche schnellen kernphysikalischen Prozesse. Die dabei hinausgeschleuderte Materie hat sehr hohe Temperaturen und könnte unter Umständen auch sehr hohe Neutronendichten besitzen.« Doch bestehen die für den r-Prozess notwendigen Neutronendichten während der Supernova-

Explosionen ausreichend lange? Können bei diesen gigantischen Explosionen, die in Galaxien wie der Milchstraße etwa alle 100 Jahre einmal stattfinden, überhaupt bedeutende Mengen an schweren Elementen produziert werden?

Kurz vor einer Supernova, also bevor ein massereicher Stern explodiert, kollabiert laut Janka der Eisenkern unter extremer Kompression. Die Temperatur steigt dabei wie angesprochen im Kernbereich auf über zehn Milliarden Kelvin an. »Bei solch extrem hohen Temperaturen geschehen eine Vielzahl von Kollisionen schneller Teilchen, die hochenergetische elektromagnetische Strahlung erzeugen – die Schwarzkörperstrahlung.« Es kommt zum sogenannten Elektroneneinfang in den Atomen, wobei sich Protonen unter Aussendung von Neutrinos in Neutronen umwandeln. Auf diese Weise entstehen mehr und mehr Neutronen. »Der Kern des massereichen Sterns kollabiert gleichsam zu einem einzigen, dicht gepackten, riesigen Atomkern aus überwiegend Neutronen mit einem Durchmesser von etwa 20 Kilometern.« Innerhalb der ersten zehn Sekunden nach seiner Entstehung kühlt der Neutronenstern durch Abstrahlung immenser Flüsse von Neutrinos auf unter zehn Milliarden Kelvin ab. Erst ab Temperaturen unterhalb von etwa 100 Millionen Kelvin beginnt der Neutronenstern, hauptsächlich hochenergetische Photonen im Röntgenbereich auszustrahlen. Das Röntgenlicht von Neutronensternen kann messtechnisch seit Ende der 1960er-Jahre beobachtet werden. Unter Neutronensternen finden sich auch die sogenannten Pulsare. Bei einem Pulsar handelt es sich um einen schnell rotierenden Neutronenstern mit einem starken Magnetfeld, dessen magnetische Achse gegenüber der Rotationsachse geneigt ist. Der magnetische Dipol des Neutronensterns oszilliert beziehungsweise pulsiert gewissermaßen um dessen Rotationsachse. Freie Elektronen werden durch das Magnetfeld auf sehr hohe Energien beschleunigt, erzeugen Synchrotronstrahlung und ionisieren den Gasnebel, in dem der Pulsar eingebettet ist.

»In einem Neutronenstern herrscht eine extrem hohe Dichte. Ein Teelöffel davon wiegt um die 10^{15} Gramm, sprich eine Milliarde Tonnen«, hält Janka fest. Doch der Dichte sind Grenzen gesetzt. Zum einen ist da der quantenmechanische Entartungsdruck, der wie schon auf die Elektronen bei den Weißen Zwergen auch im Neutronenstern auf die Neutronen einwirkt, wenn die Temperatur hinreichend abgesunken ist. »Der dominante Effekt, der einer weiteren Kompression entgegenwirkt, entsteht jedoch durch abstoßende Kräfte zwischen den Bausteinen der Atomkerne und den Quarks.« Um den neutronenreichen zentralen Kern eines Neutronensterns herum gibt es laut Thomas Janka vermutlich eine dünne Kruste, die bloß einige Hundert Meter dick ist. »In dieser kann ein Gitter aus schweren Ionen, also ein Gemisch aus einer Vielzahl ionisierter schwerer Atomkerne, auftreten – immer noch hochkonzentriert, aber vielleicht 10.000- bis 100.000-mal weniger dicht als das Zentrum des Neutronensterns.« Diese Kruste ist umgeben von einer Hülle aus Eisenionen und Elektronen mit einer Dicke unter 100 Metern, eingehüllt von einer dünnen Atmosphäre aus heißem ionisiertem Gas mit einer Dicke von vielleicht

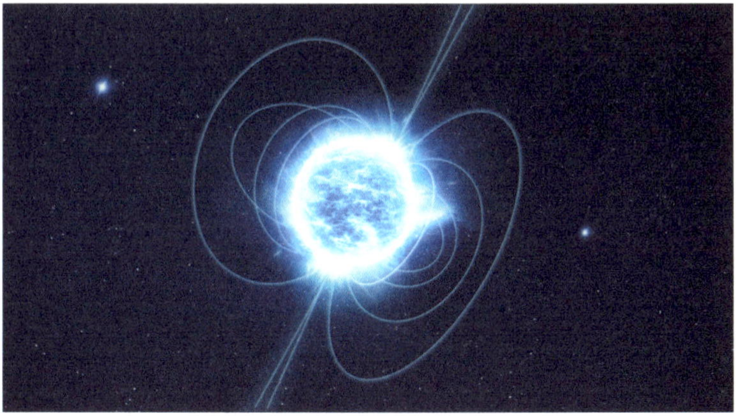

Künstlerische Darstellung eines Neutronensterns, dessen Magnetfeldlinien und Jets.

wenigen Zentimetern. »Im innersten Kern des Neutronensterns können Dichten herrschen, die zehnmal höher sind als in einem Atomkern. Hier wissen wir sehr wenig über die physikalischen Verhältnisse.«

Ein einzelner Neutronenstern isoliert betrachtet ist also so ziemlich das Gegenteil einer Brutstätte von Elementen, geschweige denn von Elementen schwerer als Eisen. Und bei einer Supernova-Explosion sind die für die Erzeugung von Elementen jenseits von Eisen notwendigen Bedingungen möglicherweise zu kurzzeitig. Was aber passiert bei der Verschmelzung von Neutronensternen? 2017 registrierte der Gravitationswellendetektor LIGO die schwachen Signale von Gravitationswellen, die aus der etwa 130 Millionen Lichtjahre entfernten Galaxie NGC 4993 stammten. (Dass der Gravitationswellendetektor Virgo zeitgleich keine Signale detektierte, lieferte den entscheidenden Hinweis auf die Himmelsrichtung, aus der die Signale gekommen waren.) Unmittelbar darauf beobachteten mehr als 60 astronomische Observatorien auf der Erde und im erdnahen Orbit die Lichtsignale des als GW170817 bezeichneten Ereignisses in verschiedenen Wellenlängenbereichen. Anhand der Signatur der Gravitationswellenmessung konnte auf die Verschmelzung zweier Neutronensterne geschlossen werden. Das elektromagnetische Signal wiederum hatte eine Charakteristik, wie sie bei der Produktion von schweren Elementen durch den r-Prozess vorhergesagt wird. »Damit können die Neutronensternkollisionen sogar als Hauptursache für die Produktion von schweren Elementen jenseits von Eisen angesehen werden«, sagt Thomas Janka. Bei einer Neutronensternverschmelzung entstehen jedenfalls deutlich mehr schwere Elemente weit jenseits von Eisen als bei einer Supernova. »Allerdings erfolgen solche Verschmelzungen sehr viel seltener, vielleicht einmal alle 100.000 Jahre in einer Galaxie von der Größe der Milchstraße.« Für Thomas Janka war das astrophysikalische Ereignis des Jahres 2017 von besonderer Art: »Hier kam vieles zusammen: Die Gravitationswellen wurden gemessen, dann wurde ein kurzer Gammablitz aufgezeichnet, dazu auch noch eine sogenannte Kilonova.« Dabei handelt es sich um den Helligkeitsausbruch eines verschmelzenden Doppelsternsystems im sichtbaren Bereich, der als Begleiterscheinung des radioaktiven Zerfalls der im r-Prozess produzierten schweren Elemente vorhergesagt worden war – für Janka ein sensationeller Fund der Wissenschaft. »– auch deshalb, weil die Neutronensternkollision und dieser Gammablitz in rund 100 Millionen Lichtjahren Entfernung ein verhältnismäßig erdnahes Ereignis gewesen ist; viel näher, als wir es statistisch zu hoffen gewagt hätten.«

Auch für den Astrophysiker Andreas Bauswein vom GSI Helmholtzzentrum für Schwerionenforschung in Darmstadt war das Ereignis ein Höhepunkt der sogenannten Multimessenger-Astronomie. »Das Gravitationswellensignal verriet, welche Sternmassen involviert waren. Es zeigte uns überdies, wo am Himmel das Ereignis stattgefunden hat, sodass die Teleskope und Satelliten gezielt ihren Fokus auf diese Position richten konnten.« Auch für Bauswein ist die Physik von Neutronensternen eine unter extremsten Bedingungen. »In diesen astrophysikalischen Objekten wird unser physikalisches Verständnis auf die Probe gestellt. Das macht sie allerdings auch so interessant.« Bauswein und sein Team führen Computersimulationen zu den entsprechenden astro- und kernphysikalischen Prozessen durch. »Das Ziel unserer Arbeit ist, aus den Beobachtungen Rückschlüsse auf die Eigenschaften von Neutronensternen zu ziehen, die wir in unsere theoretischen Modelle integrieren können.« Aus dem Wechselspiel aus Beobachtung und Simulation wollen Bauswein und sein Team unter anderem klären, welche Elemente bei Neutronensternverschmelzungen produziert werden und wie solche Neutronensternkollisionen im optischen und im infraroten Wellenlängenbereich aussehen. »All diese Fragen wollen wir mithilfe von Simulationen untersuchen.« An der im Aufbau befindlichen FAIR (Facility for

Antiproton and Ion Research) bei der GSI in Darmstadt wollen die Physikerinnen und Physiker die Fragestellungen zu solchen neutronenreichen schweren Kernen, wie sie bei Neutronensternkollisionen entstehen, zukünftig endlich ins Labor holen.

FRAGE 17: WESHALB PASST TABBYS STERN NICHT INS BILD?

Warum es auf diese Frage auch einfache Antworten geben könnte

Vor einigen Jahren weckte ein Stern im Sternbild Schwan das Interesse der Astronomen. Der von der Erde fast 1500 Lichtjahre entfernte Hauptreihenstern, der vom Kepler-Weltraumteleskop neben vielen Tausenden von anderen Sternen bei dessen Suche nach Exoplaneten genauer in Augenschein genommen worden war, erhielt die Katalogbezeichnung KIC 8462852 (für Kepler Input Catalog) und macht durch ungewöhnliche Lichtschwankungen auf sich aufmerksam.

Erstmals berichteten Astronomen um Tabetha S. Boyajian im Jahr 2015 von optischen Auffälligkeiten, weshalb der Stern umgangssprachlich schnell als Tabbys Stern bezeichnet wurde. Die Beobachtungen gingen einher mit tagelangen Helligkeitsabnahmen des Sterns um mehr als ein Fünftel seiner durchschnittlichen Helligkeit. Die Lichtschwankungen wiesen keine Charakteristik auf, die sich mit bekannten stellaren Prozessen oder sonstigen astrophysikalischen Ereignissen erklären lässt. Der Grund für das Leuchtverhalten von Tabbys Stern ist auch heute noch völlig unverstanden und entsprechend spekulativ sind die Hypothesen, die als mögliche Erklärung herangezogen werden. Sie reichen von zirkumstellaren Staubringen oder Kometenfragmenten, die den Stern umkreisen, über große ringför-

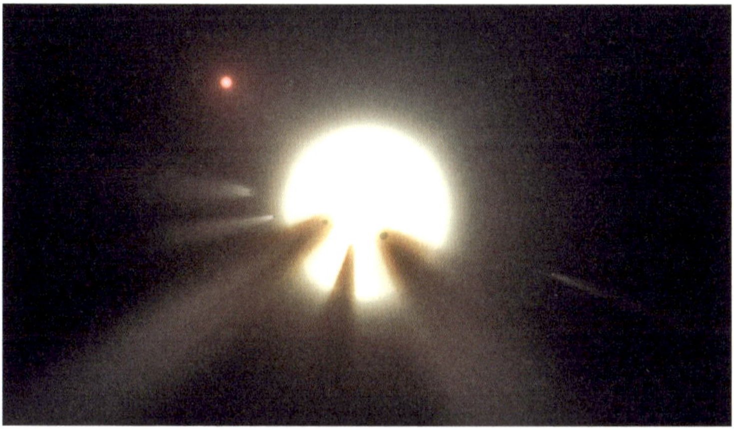

Künstlerische Darstellung von Tabbys Stern, dessen Licht vielleicht von Kometenfragmenten abgedeckt wird.

mige Planeten oder Schwärme von Trojanern, die das Licht des Sterns abschirmen, bis hin zu artifiziellen Megastrukturen einer außerirdischen Zivilisation, die für die Abdeckung des Sternenlichts verantwortlich sein sollen.

Jüngst wurde ein entfernter Roter Zwerg als Begleiter von KIC 8462852 gesichtet, was Tabbys Stern zu einem Doppelsternsystem macht. Doch was ist der Grund für die unregelmäßigen Helligkeitsschwankungen des Doppelsternsystems? Derartige optische Auffälligkeiten sind in der Geschichte der Astronomie nicht unbekannt. Auch andere astrophysikalische Objekte haben durch Helligkeitsschwankungen auf sich aufmerksam gemacht. Beispielsweise Eta Carinae, ein Stern, der im Jahr 1843 plötzlich vorübergehend aufleuchtete und damit zum zweithellsten Objekt unseres Nachthimmels wurde. Hinter diesem auffälligen Objekt verbirgt sich ein etwa 7500 Lichtjahre entferntes massereiches Doppelsternsystem von insgesamt etwa 250 Sonnenmassen, das von einem gigantischen bipolaren Nebel umgeben ist, dem Homunkulus-Nebel. Die Lichtschwankungen von Eta Carinae gehen einher mit der sehr unruhigen Sternentwicklung, die der Hauptstern durchläuft.

Doch das ist leider noch keine Antwort auf unsere Frage. Aktuell befindet sich Tabbys Stern nämlich eigentlich in einer sehr ruhigen Lebensphase. Seine optischen Auffälligkeiten passen also gar nicht zu der eher unspektakulären Position eines solchen Hauptreihensterns im Hertzsprung-Russell-Diagramm. Was sind also die Gründe der Lichtschwankungen in diesem Fall? Doch bloß Fragmente von planetaren Körpern, die sich zwischen den Stern und uns als Beobachter schieben? Vielleicht einfach nur große Staubansammlungen, wie sie sich auch andernorts im Universum finden?

Für den Astronomen Matthias Steinmetz vom Leibniz-Institut für Astrophysik in Potsdam (AIP) stellt der kosmische Staub ohnehin eine ständige Herausforderung dar. »Des Astronomen größter Feind: der Staub in unserer Milchstraße; der Staub, der einen großen Teil unserer Milchstraße bedeckt beziehungsweise verfälscht oder gar komplett verdeckt.« Es ist Staub, der Teile unseres Nachthimmels für uns unsichtbar macht. »Natürlich kann man inzwischen mit Infrarotaufnahmen auch diese Bereiche untersuchen. Aber noch in den 1920er-Jahren war der Staub ein fast unüberwindliches Hindernis.«

Was genau ist astronomisch betrachtet unter Staub zu verstehen? Aus dem Alltag kennen wir den Hausstaub, der ein natürlicher Bestandteil der Luft ist und aus organischen Partikeln, Abrieb und Gesteinsstaub sowie Mineralfasern besteht. »Der Staub im Weltall besteht in erster Linie aus sogenannten Karbonaten, Silikaten und bestimmten größeren Molekülen, die man PAH nennt, sprich polyzyklische aromatische Kohlenwasserstoffe«, erklärt die Astrophysikerin Eva Grebel von der Universität Heidelberg. »Dabei handelt es sich um Kohlenwasserstoffverbindungen, die zum Teil recht komplexe lange Moleküle bilden können.« Bei den Silikaten handelt es sich ebenfalls um komplexere Siliziumverbindungen. Der Staub kommt

Im Sternbild Kreuz des Südens verdeckt eine dichte Staubwolke das Licht der weiter entfernten Sterne; sie wird Kohlensack genannt.

nicht aus dem Nichts, er ist vorher in Sternen gebildet worden. »Auch die Karbonate setzen sich aus schwereren Elementen zusammen, die in vorangegangenen Sternenprozessen produziert wurden. Diese mikroskopisch kleinen Staubkörner absorbieren und streuen das Licht und können überdies bei Materialeintrag anwachsen.« Staub ist somit nicht nur ein Grundstoff bei der Planetenbildung, sondern trägt auch sehr effektiv zur Kühlung eines entstehenden Sterns bei, wodurch es leichter zum Gravitationskollaps kommt, siehe Frage 1 (S. 39). Bei der Beobachtung von astrophysikalischen Objekten ist er uns hingegen mitunter einfach nur im Weg.

TEIL 4

DIE UNFASSBAREN SCHWARZEN LÖCHER

Warum sie faszinierend und furchteinflößend zugleich sind

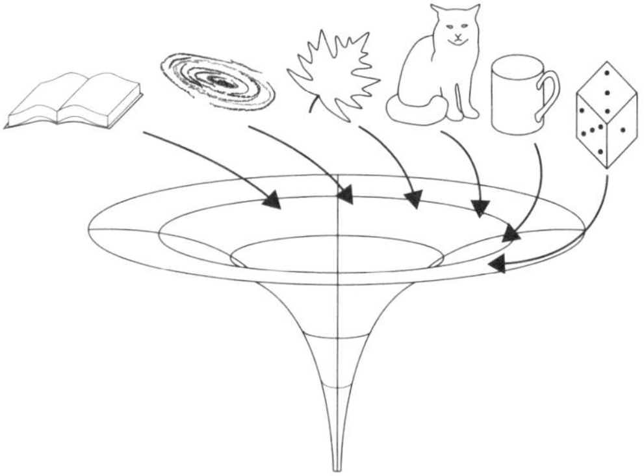

Am Ende der Entwicklung eines Gelben Zwergs wie der Sonne oder eines noch massereicheren Sterns bleibt ein kollabiertes Materialpaket übrig. Für den Endzustand eines solchen Sternenrests kommen bloß drei Möglichkeiten in Betracht: Sterne mit Ausgangsmassen bis zum Zehnfachen der Sonnenmasse enden als Weiße Zwergsterne mit mittleren Dichten von 10^4 Gramm pro Kubikzentimeter – ein Schicksal, das auch unsere Sonne ereilen wird. Die Weißen Zwerge haben am Ende ihres Zusammenbruchs nur noch eine Größe vergleichbar mit der unserer Erde. Massereichere Sterne mit Ausgangsmassen zwischen dem Zehn- bis 25-Fachen der Sonnenmasse enden als Neutronensterne. Die nach der Supernova-Explosion kollabierenden Massenreste solcher Sterne haben Dichten von etwa 10^{15} Gramm pro Kubikzentimeter und sind damit noch wesentlich kompakter als Weiße Zwerge. Der Radius von Neutronensternen beträgt bloß zehn bis zwölf Kilometer und ähnlich wie die Weißen Zwerge glühen sie über Zeiträume aus, die über das bisherige Alter des Universums um Größenordnungen hinausgehen. Den massereichsten Sternen des Universums aber, deren Ausgangsmassen das 25-Fache der Sonnenmasse übersteigen, blüht zum Abschluss ihrer Sternentwicklung ein ganz anderes Schicksal. Sie enden nach durchlaufener Supernova-Explosion als Kollapsar (wie es veraltet heißt): als Schwarzes Loch (engl.: Black Hole). Bei einer Dichte weit jenseits der von Neutronensternen wird die Schwerebeschleunigung an der Oberfläche der Sternenreste derart groß, dass nicht einmal Licht ihrer Anziehung entkommen kann. Ein solcher Sternenrest kapselt sich nach außen hin im wahrsten Sinne des Wortes als Schwarzes Loch ab. Wenngleich die Materie in einem Schwarzen Loch auf ein winziges Volumen kollabiert, ist der Gravitationsradius, innerhalb dessen weder materielle Teilchen noch Strahlung in die äußere Umgebung gelangen können, deutlich größer. Für supermassereiche Schwarze Löcher stellt er sogar einen fast unspektakulären Übergang dar – wie an einem Ortseingang an der

Grenze von der Landstraße in die Ortschaft. Einziger Unterschied: Ist die Ortsstraße ins Schwarze Loch einmal beschritten, gibt es keine Wiederkehr mehr. Diese Grenze wird als Schwarzschild-Radius bezeichnet, benannt nach dem theoretischen Physiker Karl Schwarzschild, der als erster auf Grundlage der Allgemeinen Relativitätstheorie das Phänomen der Kollapsare theoretisch durchgerechnet hat. Ein stellares Schwarzes Loch mit der Masse von zehn Sonnenmassen hat demnach einen Schwarzschild-Radius von 30 Kilometern. Der Schwarzschild-Radius eines supermassereichen Schwarzen Lochs wie Sagittarius A* im Zentrum unserer Milchstraße ist dagegen fast eine Astronomische Einheit groß – so groß wie der Abstand der Erde von der Sonne.

Bemerkenswert ist, dass bereits zu Newtons Zeiten Naturforscher wie John Michell und Pierre Simon Pascal auf Grundlage der newtonschen Mechanik und der Korpuskeltheorie des Lichts Berechnungen zu Fluchtgeschwindigkeiten von massereichen Körpern anstellten und über die Existenz von dunklen Körpern spekulierten. Aber erst Einsteins Allgemeine Relativitätstheorie und die sogenannte Schwarzschild-Metrik erlauben eine adäquate Beschreibung dieses unfassbaren Phänomens. In der zweiten Hälfte des 20. Jahrhunderts erlebte die Erforschung der Theorie der Schwarzen Löcher unter Roy Kerr, David Finkelstein, Stephen Hawking und Roger Penrose sowie vielen anderen großen Aufwind. Nachdem 1971 mit Cygnus X-1 der erste Kandidat für ein Schwarzes Loch in unserer Milchstraße identifiziert werden konnte, wurden viele weitere Objekte entdeckt. So erhielten Reinhard Genzel und Andrea Ghez 2020 für die Observation und den Nachweis von Sagittarius A* den Nobelpreis, zusammen mit Roger Penrose für seine theoretischen Arbeiten zu Schwarzen Löchern mit Stephen Hawking (der kurz zuvor verstorben war).

Von außen betrachtet lassen sich bei einem Schwarzen Loch prinzipiell nur drei Eigenschaften feststellen: Masse, Spin (eine Art Rotation) und gegebenenfalls eine Ladung. Messtechnisch bieten die Radioastronomie sowie die Röntgenteleskopie, die durch entsprechende Weltraumteleskope realisiert ist, ein sehr gutes Instrumentarium, um Schwarzen Löchern nachzuspüren. Seit Kurzem eröffnen auch Gravitationswellendetektoren ein neues Fenster zum Weltraum, was es erlaubt, das Verschmelzen von kollidierenden Schwarzen Löchern aufzuspüren. Als Forschungsgegenstand sind Schwarze Löcher auch deshalb für die moderne Naturwissenschaft so interessant, weil diese Objekte mit extremen physikalischen Bedingungen einhergehen, unter denen die Physik der Allgemeinen Relativitätstheorie zwangsläufig mit der Quantenphysik zusammenkommen muss. Trotz der vielen Erkenntnisse, die wir inzwischen über die Schwarzen Löcher erlangt haben, bleiben sie so rätselhaft wie faszinierend, wie wir im Folgenden sehen werden.

FRAGE 18: WIE KÖNNEN WIR SCHWARZE LÖCHER SICHTBAR MACHEN?

Warum viele Augen mehr sehen als eines

Ein Schwarzes Loch ist der kompakte ausgebrannte Rest eines schweren Sterns, dessen Gravitation so stark ist, dass dem Kollaps der komprimierten Materie nicht einmal mehr der quantenmechanische Entartungsdruck etwas entgegensetzen kann. Die Masse kollabiert zu einem extrem kleinen Bereich in ein nahezu punktförmiges Volumen: quasi eine Singularität. Die Gravitation eines Schwarzen Lochs ist so stark, dass ihm nicht einmal Licht entkommen kann – was dem Objekt den Namen gibt: Es ist im wahrsten Sinne des Wortes unsichtbar. Alles hinter dem Ereignishorizont des Schwarzen Lochs bleibt verborgen. Der Ereignishorizont bildet eine fundamentale

Grenze in Raum und Zeit, die von innen nach außen von keiner Kraft überwunden werden kann. Wo diese Grenze beginnt, hängt von der Masse des Schwarzen Lochs ab. Was sich jenseits davon abspielt, ist für einen außenstehenden Beobachter grundsätzlich nicht erfahrbar.

»Wenn wir über die astrophysikalische Untersuchung von Schwarzen Löchern sprechen, beziehen wir uns auf zwei Kategorien«, erklärt die Astrophysikerin Victoria Grinberg von der European Space Agency (ESA). »Es gibt die supermassereichen Schwarzen Löcher, von denen wir glauben, dass jede Galaxie mindestens eines besitzt. Solche Schwarzen Löcher haben Massen von Millionen oder sogar Milliarden von Sonnenmassen.« Von diesen Objekten, deren Entstehungsgeschichte uns nach wie vor Rätsel aufgibt, findet sich auch eines im Zentrum unserer Milchstraße. »Es gibt aber auch kleine Schwarze Löcher, wobei ›klein‹ relativ zu den massereichen zu verstehen ist. Gemeint sind sogenannte stellare Schwarze Löcher, die am Ende eines Lebenszyklus eines massereichen Sterns entstehen.« Diese stellaren Schwarzen Löcher haben in der Regel Massen bis zu 40 Sonnenmassen und sind vergleichsweise schwer zu finden. »Ein Schwarzes Loch von zehn Sonnenmassen hat einen Ereignishorizont von knapp 30 Kilometern.« Mit anderen Worten: Stellare Schwarze Löcher sind klein, schwarz und unsichtbar. »Sie lassen sich sehr schwer aufspüren«, sagt Grinberg und lacht.

Das Einzige, womit sich Schwarze Löcher bemerkbar machen, ist ein indirekter Einfluss auf ihre Umgebung, zum Beispiel durch die gravitative Anziehung, die ein Schwarzes Loch auf Objekte ausübt, die es umkreisen. Dieses Verhalten wurde beispielsweise im Jahr 2024 in dem im Sternbild Adler entdeckten Doppelsternsystem Gaia BH3 beobachtet. Dieses besteht aus einem Gelben Zwergstern und einem stellaren Schwarzen Loch und ist nicht einmal 2000 Lichtjahre von der Erde entfernt. Die Masse des Schwarzen Lochs konnte durch aktuelle Beobachtungen mit dem Very Large Telescope (VLT) inzwischen auf 33 Sonnenmassen bestimmt werden. Es handelt sich damit um eines der schwersten der bisher bekannten stellaren Schwarzen Löcher unserer Milchstraße. Neben der gravitativen Wirkung können sich Schwarze Löcher aber auch durch Reibungskräfte in ihrer sichtbaren Nachbarschaft bemerkbar machen. »Zum Beispiel im Fall eines Doppelsternsystems, bei dem der sichtbare Stern an den Rand des Ereignishorizonts gelangt«, sagt Grinberg. Die Materie des sichtbaren Sterns wirbelt in das Schwarze Loch hinein und erhitzt sich, wobei Röntgenstrahlung erzeugt wird. »Über die Röntgenstrahlung können wir etwas über die Materie lernen, die in das Schwarze Loch hineinfällt. Ebenso über die Eigenschaften des Schwarzen Lochs, sprich seine Masse oder seinen Spin«, erklärt Victoria Grinberg. Doch diese Röntgenstrahlung zu vermessen, ist gar nicht so einfach.

»Röntgenstrahlung aus dem Universum wird von der Atmosphäre der Erde absorbiert. Um sie zu beobachten, müssen wir entweder mittels Ballons hoch hinauf in die Atmosphäre aufsteigen, oder sie noch besser direkt im Weltraum vermessen.« Die Röntgenastronomie setzt deshalb heutzutage überwiegend auf Weltraumteleskope, die als Satelliten unsere Erde umkreisen, wie zum Beispiel das XMM-Newton-Teleskop. Dabei gibt es allerdings ein paar röntgenoptische Besonderheiten zu beachten, »– ganz einfach, weil normale optische Spiegel für Röntgenstrahlen transparent sind, ähnlich wie Wasser für optisches Licht durchlässig ist.« Schaut man jedoch unter einem recht flachen Winkel auf eine Wasseroberfläche, so kann sie wie ein Spiegel wirken. »Ähnlich machen wir es in der Röntgenastronomie, indem wir unsere Spiegel nahezu parallel zu den einfallenden Röntgenstrahlen aufstellen«, erklärt Grinberg. Die Fokussierung ist anspruchsvoll, zudem wird ein Set von ineinander verschachtelten Spiegeln verwendet. Daneben gibt es in der Röntgenastronomie noch eine weitere Herangehensweise: »Statt eines einzeln fokussierten Bildes messen wir bei manchen Röntgenteleskopen vielmehr die Schattenwürfe einer komplexen Maske, vergleichbar mit den Schattenwürfen eines Fußgängers, der nachts von einer Reihe von Straßenlaternen beschienen wird.« Die Röntgenbilder der Maske werden erst in der Analyse zu einem Gesamtbild rekonstruiert. Mit diesen Techniken eröffnet sich für die Röntgenastronomie ein ganz eigenes Fenster in den Kosmos. Gespannt sieht Victoria Grinberg deshalb der Inbetriebnahme eines ganz neuen Röntgenteleskops entgegen: das X-Ray Imaging and Spectroscopy Mission (XRISM) der japanischen Weltraumagentur JAXA, das in Zusammenarbeit mit NASA und ESA aufgebaut wurde. Der Start des Satelliten erfolgte im September 2023 und das Weltraumteleskop konnte im Januar 2024 bereits erste Bilder aus dem All übermitteln. XRISM soll die Leistungsfähigkeit der Röntgenastronomie nochmals deutlich steigern. »Mit den Weltraumteleskopen können wir das Röntgenlicht untersuchen, das die Materie in der Akkretionsscheibe eines Schwarzen Lochs ausstrahlt, bevor sie in das Schwarze Loch hineinfällt und auf Nimmerwiedersehen verschwindet.«

Ein spektakuläres Beispiel für solche hellstrahlenden Erscheinungen ist mit knapp sieben Milliarden Sonnenmassen das supermassereiche Schwarze Loch im Zentrum der Galaxie Messier 87 im Sternbild Jungfrau. »Die in seinen Mahlstrom geratene Materie wird herumgewirbelt und auf Geschwindigkeiten beschleunigt, die der Lichtgeschwindigkeit verhältnismäßig nahekommen«, erklärt der Astrophysiker Heino Falcke von der Radboud-Universität Nijmegen in den Niederlanden. Durch Reibungsverluste und Turbulenzen in der Akkretionsscheibe heizt sich die Materie extrem auf und erstrahlt über alle Wellenlängenbereiche – von Radiowellen bis hin zum Röntgenlicht. »Das Licht hilft uns, das Schwarze Loch – oder vielmehr seinen Schatten – sichtbar zu machen«, sagt Falcke. »Die elektromagnetischen Effekte bescheinen es von allen Seiten und vor diesem Hintergrund zeichnet sich die totale Finsternis des Ereignishorizontes des Schwarzen Lochs ab.« Genau das abzubilden ist erstmals im

Jahr 2019 dem Event Horizon Telescope (EHT) gelungen: die Ablichtung der Umgebung des besagten supermassereichen Schwarzen Lochs in der Galaxie M 87. »Zu sehen ist auf der Aufnahme ein dunkler Fleck, umgeben von einem hellen Ring«, beschreibt Heino Falcke das weltberühmte erste Bild vom Schwarzen Loch. Für Falcke ist der dargestellte Kontrast absolut faszinierend: größte Dunkelheit und Kälte – ein Schwarzes Loch ist auch extrem kalt – neben maximaler Energie und Hitze – Akkretionsscheiben von Schwarzen Löchern enthalten die größten im Weltall realisierbaren Energien. »Der leuchtende Ring entsteht, weil die Lichtstrahlen aufgrund der Gravitation des Schwarzen Lochs auf ihrem Weg derart stark gekrümmt werden, sodass sie im Kreis um das Schwarze Loch herumlaufen.« Dadurch vergrößern sie ihr eigenes Bild zu besagtem Schatten. Der eigentliche Ereignishorizont des Schwarzen Lochs ist trotz seiner stattlichen Größe von immerhin 20 Milliarden Kilometern bei dem riesigen Abstand zur Erde von rund 55 Millionen Lichtjahren für uns nicht auflösbar.

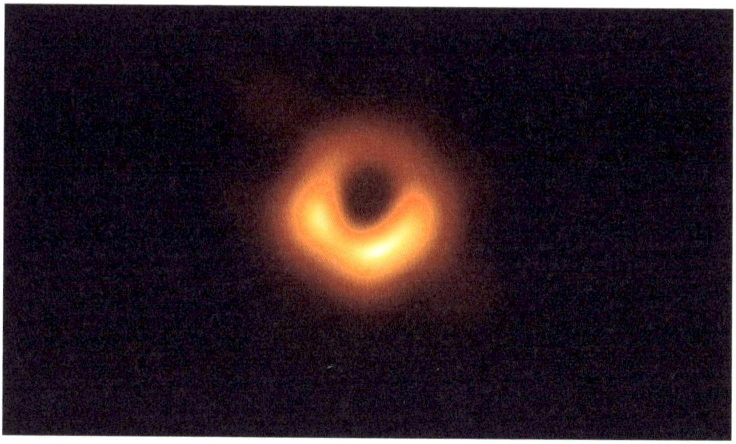

Die erste Aufnahme von einem Schwarzen Loch in der Galaxie Messier 87, erstellt von der EHT-Kollaboration.

Doch wie konnte dann sein Schatten fotografiert werden? »Hier kommen ein paar Dinge glücklich zusammen«, setzt Heino Falcke an. »Die durch die Gravitationslinsenwirkung vergrößerte Umgebung eines Schwarzen Lochs strahlt intensiv Licht im Radio-, Submillimeter- sowie Terahertz-Wellenlängenbereich aus. Das erlaubt uns eine radioastronomische Messung, bei der wir überdies auf eine seit Jahrzehnten bewährte Technik zurückgreifen können, nämlich auf den Zusammenschluss von vielen weltweit verteilten Radioteleskopen zu einem riesigen globalen Netzwerk.« Ganz allgemein gilt in der Optik: Je größer der Durchmesser des Objektivs eines Teleskops, desto größer die Auflösung. Der Zoomfaktor wiederum ist über das Verhältnis der längsten und der kürzesten Brennweite eines Objektivs definiert. »Der große Zoomfaktor im Fall des EHT entsteht durch den Zusammenschluss der einzelnen weltweit verteilten Teleskope.«

Bei der Abbildung des Schattens des Schwarzen Lochs hilft aber noch ein weiterer Umstand. »Das hat mit der Natur des Lichts zu tun. Radiosignale bestehen aus unzählig vielen Photonen, sprich Quanten«, – denn Licht ist quantisiert. »Im Fall von Radiosignalen kommen aber so viele quasi-identische Quantenteilchen bei uns an, dass wir das Licht wie eine klassische nicht-quantisierte Welle erfassen und beschreiben können«, führt Heino Falcke aus. »Diese Lichtinformation mit ihren Wellenbergen und -tälern ist dann auf einer Festplatte speicher- und im Computer bearbeitbar; im Gegensatz zu einzeln gemessenen Quantenteilchen, wie sie typischerweise in der optischen Astronomie auf einer Fotoplatte erfasst werden.« In der Radioastronomie besteht damit die Möglichkeit, die Fokussierung der Radiowellen im Nachgang der Messung durchzuführen. »Es lassen sich auf diese Weise auch Signale reproduzieren und fehlende Information kompensieren, was die Empfindlichkeit des virtuellen globalen Teleskopnetzwerks steigert.« Denn die Verteilung der Radioteleskope auf der Erde ist selbstverständlich lückenhaft, auch wenn zu dem Netzwerk weltweit immerhin ein knappes Dutzend Observatorien zählt. »Überdies hilft uns die Rotation unserer Erde ein bisschen. Denn entscheidend für die Auflösung ist der relative Abstand und die relative Orientierung der Teleskope zur Quelle hin.« Durch die Erdrotation verändern sich diese relativen Abstände, somit die Winkel der projizierten Abstandslinien zwischen den Teleskopen und damit schließlich auch der projizierte Abstand zur Quelle. »Auf diese Weise erhält man weitere Informationen von dem Bild, aber noch immer nicht die Gesamtinformation.« Durch bildgebende Verfahren werden dann Artefakte und Fehlinformationen herausgerechnet. »Eine mögliche Annahme ist zum Beispiel, dass sich das Bild des Schwarzen Lochs nicht sprunghaft verändert, sondern eine gewisse Regelmäßigkeit aufweist.« Das Resultat hat für weltweites Erstaunen gesorgt. Das erste Bild von einem Schwarzen Loch: ein Meilenstein in der Geschichte der Astronomie.

Nachdem das Abbild des supermassereichen Schwarzen Lochs in M 87 erstellt werden konnte und kurz darauf auch das im Zentrum unserer Milchstraße befindliche Schwarze Loch namens Sagittarius A* abgelichtet wurde, wendet sich Heino Falcke neuen Projekten zu – unter anderem der Abbildung der Dynamik von Schwarzen Löchern. »Die Verzerrung der Raumzeit sorgt für verrückte Effekte, wie beispielsweise die scheinbare Rotationsumkehr von Gas beim Einfall in das Schwarze Loch, wenn das Loch sich gegen die Drehrichtung des Gases dreht«, beginnt Falcke zu schwärmen. »Das sichtbar zu machen und filmisch abzubilden, stellt zweifellos eine große Herausforderung dar.« Als spektakuläres Beispiel schildert Falcke, wie sich die Rotationsenergie eines Schwarzen Lochs auf gigantische Plasmajets und Materieausstöße übertragen kann. »Diese Prozesse haben wir theoretisch halbwegs verstanden, aber noch nicht vollständig experimentell nachgewiesen.« Heino Falcke will deshalb in Namibia in internationaler Kollaboration ein Radioteleskop aufbauen – das sogenannte Africa Millimeter Telescope (AMT) –, mit dem sich die Dynamik Schwarzer Löcher mit ihrer gigantischen Energieübertragung im Millimeterbereich erfassen lassen könnte. Einfach unglaublich: So könnten wir den Schwarzen Massemonstern direkt bei der Mahlzeit zuschauen!

FRAGE 19: WAS IST IM INNERN EINES SCHWARZEN LOCHS?

Warum uns die Gestalt eines Punktes Kopfzerbrechen bereitet

Wenn ein sehr massereicher Stern am Ende seines Sternendaseins kollabiert und sein Zusammenfall zu einem Schwarzen Loch nicht mehr aufgehalten werden kann, bildet sich theoretisch ein punktartiger Ort unendlich großer Raumzeitkrümmung: eine Singularität. Laut dem Singularitäten-Theorem der Allgemeinen Relativitätstheorie sind solche mathematischen Unendlichkeiten unter bestimmten Bedingungen möglich, wie Roger Penrose und Stephen Hawking schon in den 1960er-Jahren zeigen konnten. Doch wie wahrscheinlich ist die Existenz von Singularitäten in der Natur? Inwiefern stellen sie bloß ein mathematisches Artefakt dar, etwas Künstliches, womit letztlich zum Ausdruck gebracht wird, dass die formale Beschreibung der Physik an dieser Stelle nicht mehr richtig funktioniert – wie beim Quotienten eins durch null, der sich mathematisch nicht beschreiben lässt? Singularitäten verbergen sich in den Theorien der Astrophysik typischerweise hinter den Ereignishorizonten von Schwarzen Löchern. Auch der Zeitpunkt Null des Urknalls markiert eine Singularität. Alles, was sich zeitlich davor abgespielt hat oder hinter der Grenze eines Ereignishorizonts liegt, bleibt uns nachgeborenen Außenstehenden verschlossen. Wenn aber die Be-

Künstlerische Darstellung von einem Schwarzen Loch vor dem Hintergrund von Sternen.

schreibung eines Schwarzen Lochs in Form einer Singularität vielleicht nur einen Kunstgriff darstellt, der gar nicht der physikalischen Realität entsprechen muss, wie könnte dann hypothetisch das Innere des Schwarzen Lochs aussehen?

»Darüber streiten sich die Gelehrten«, gibt der Astrophysiker Heino Falcke von der Radboud-Universität Nijmegen in den Niederlanden zu. »Wer das herausbekommt, erhält entweder ein Zauberbuch oder einen Nobelpreis.« Weshalb ein Zauberbuch? »Einfach deshalb, weil es sehr wahrscheinlich ist, dass man die Physik im Inneren eines Schwarzen Lochs niemals wird vermessen können«, sagt Falcke. »Weil es eine Physik ist, die im wahrsten Sinne des Wortes jenseits unserer Grenzen liegt.« Denn Information jenseits des Ereignishorizonts lässt sich nicht aus dem Schwarzen Loch herausbekommen. »Alles, was jenseits des Ereignishorizonts des Schwarzen Lochs passiert, verbleibt dort, zumindest im Prinzip.« Das bedeutet: Was im Inneren eines Schwarzen Lochs geschieht, bleibt für uns reine Spekulation. »Man kann nur versuchen, die existierenden Theorien ins Extreme zu treiben«, sagt Falcke und bringt damit den angesprochenen Nobelpreis ins Spiel. »Bloß, dass unsere Theorien in den physikalischen Extrembereichen des Schwarzen Lochs bisher zusammenbrechen. Alle Vorstellungen, die wir uns davon machen, sind ab einem bestimmten Punkt falsch.«

Wissen wir denn gar nichts? »Was wir wahrscheinlich schon annehmen können, ist eine extrem hohe Massenkonzentration im Inneren des Schwarzen Lochs«, räumt Falcke ein. »Vielleicht keine Singularität, aber etwas, das nahe dran ist an einer solchen. Also etwas, das die Massendichte fast ins Unendliche treibt. In diesem Fall dürfen wir aber auch nicht mehr von normaler Materie sprechen. Wahrscheinlich hat das Innere eines Schwarzen Lochs überhaupt nichts mit irgendetwas Materieartigem zu tun.« Heino Falcke erinnert der Zustand an den Urknall: »Auch zu Beginn des Universums, als alles in einem Punkt konzentriert war, hatte die Ur-Materie noch keine Masseeigenschaften.« Die kommen erst mit der Kopplung der Elementarteilchen ans Higgs-Feld einige Sekundenbruchteile nach dem Urknall ins Spiel, siehe auch Frage 34 (S. 231). Alle Materie zeitlich davor war lichtartig. Doch wie kann man sich das vorstellen? »Der Zustand dessen, was sich da in dem Schwarzen Loch befindet, ist letztlich reine Energie, sprich reine Raumzeitkrümmung.« Eine Raumzeit, die in der radialen Dimension sozusagen nahezu unendlich ausgedehnt ist und die mit starken Quanteneffekten einhergeht. »Das ist im Grunde nicht zu vermeiden. Ich vermute, dass es wegen dieser Quanteneffekte auch keine reine Singularität geben kann, zumindest keine in einem mathematischen Sinne.« Aber welcher Natur sind diese Effekte? »Das kann niemand sagen. Ich nehme an, dass da irgendetwas hin und her wabert, weshalb es nicht zu einer scharfen Singularität kommt. Eine solche lässt sich meines Erachtens ausschließen, man denke bloß an die Heisenbergsche Unschärferelation; ansonsten wäre ja alles in einem Punkt verortet. Das kann eigentlich nicht sein.«

Und was ist von einem Wurmloch zu halten, einer hypothetischen Struktur der Raumzeit, die als spezielle Lösung der Feldgleichungen der Allgemeinen Relativitätstheorie zwei Schwarze Löcher miteinander verbindet? Sie wird mitunter angeführt, um das Informationsparadox zu erklären – der Umstand, dass Information im Schwarzen Loch auf Nimmerwiedersehen zu verschwinden scheint, was den Prämissen der Thermodynamik widerspricht. Für Heino Falcke fallen diese Überlegungen zu informationsverdunstenden Schwarzen Löchern bereits sehr in den Bereich des Spekulativen. »Als Modell ist dieses Konzept unter den Anhängern der Stringtheorie sehr beliebt, wenngleich es auch dort kontrovers diskutiert wird.« In der Modellvorstellung der Stringtheorie werden die punktförmigen Elementarteilchen durch eindimensionale Objekte, die sogenannten Strings (dt.: Fäden) oder auch Branes (dt.: Membrane), ersetzt. Entsprechend passfähiger erscheint die Stringtheorie zur vierdimensionalen Raumzeit der Allgemeinen Relativitätstheorie. Für Falcke bleibt jedoch fraglich, ob und inwiefern ein Mechanismus virtueller Wurmlöcher astrophysikalisch in der Natur realisiert ist. Zumal Lösungsvorschläge hierzu bisher nur unter sehr speziellen Randbedingungen vorliegen, wie Schwarze Löcher ohne Spin, sprich ohne Rotation. »Mir erscheint offen, ob die Mathematik dazu korrekt ist und das Phänomen als solches überhaupt existiert.«

Auch dem Astrophysiker Günther Hasinger vom Deutschen Zentrum für Astrophysik (DZA) ist es unvorstellbar, wie es in einem Schwarzen Loch aussehen könnte. »Was von den Teilchen übrigbleibt, die in ein solches Schwarzes Loch fallen, ist völlig unklar. Genauso wenig ist klar, wie die Strukturen im Inneren eines Schwarzen Loches aussehen könnten.« Für Hasinger, der sich intensiv mit der Entwicklung des Universums vom Urknall über die teilchenphysikalische

Synthese bis hin zur Ausgestaltung der Filamentstrukturen der Galaxien auf größten Skalen beschäftigt, und der dabei auch die extremen Bedingungen in Akkretionsscheiben rund um Schwarze Löcher in den Blick seiner Arbeit nimmt, ist die hier behandelte Frage ein echtes Welträtsel. »Die Kräfte im Inneren eines Schwarzen Lochs dürften so gigantisch groß sein, dass alles darin im wahrsten Sinne des Wortes in seine Einzelteile zerlegt wird. Ich weiß nicht, ob die Stringtheorie zutrifft, aber gesetzt den Fall, dass sie die Welt der Elementarteilchen adäquat beschreibt, würden sämtliche Teilchen in einem Schwarzen Loch wieder in ihre Strings abgewickelt.« In einem solchen Schwarzen Loch dürfte laut Hasinger bloß ein Spaghettihaufen aus abgewickelten Strings übrigbleiben. »Aber das ist reine Spekulation«, sagt Hasinger und lacht.

FRAGE 20: KÖNNEN SCHWARZE LÖCHER VERDAMPFEN?

Und wenn ja: Wie lange dauert das?

Ist ein Schwarzes Loch wirklich völlig schwarz? Wenn Stephen Hawking recht behalten sollte, dann nicht vollständig. »Hawking hat nämlich aufgezeigt, dass es bei der Verbindung von Quantenfeldtheorie und Relativitätstheorie eigentlich unausweichlich ist, dass Energie durch Quantenprozesse wieder freikommt«, erklärt der Astrophysiker Heino Falcke. »Er schlug deshalb für Schwarze Löcher die Existenz der später nach ihm benannten Hawking-Strahlung vor.« Dahinter steckt das Phänomen, dass im Vakuum ständig Teilchen-Antiteilchen-Paare entstehen, die sich anschließend wieder vernichten, ohne dass sich die Energiebilanz ändert. Am Rand des Ereignishorizonts eines Schwarzen Lochs kann jedoch eines der

Quantenteilchen ins Schwarze Loch stürzen, wohingegen das andere keinen Partner mehr zum Annihilieren hat und entkommen kann. Man hat zwei Teilchen dem System entnommen, aber nur eines wird zurückgegeben – das Schwarze Loch verdampft und die entkommenen Teilchen könnte man als Hawking-Strahlung messen. »Allerdings handelt es sich um Strahlung auf kleinstem Niveau«, fügt Falcke an. Schwarze Löcher verdampfen zwar – was auch thermodynamisch ins Weltbild passt –, aber das geschieht sehr langsam; und dazu noch umso langsamer, je größer ihr Ereignishorizont beziehungsweise je kleiner ihre Dichte ist. »Im Fall von massereichen Schwarzen Löchern

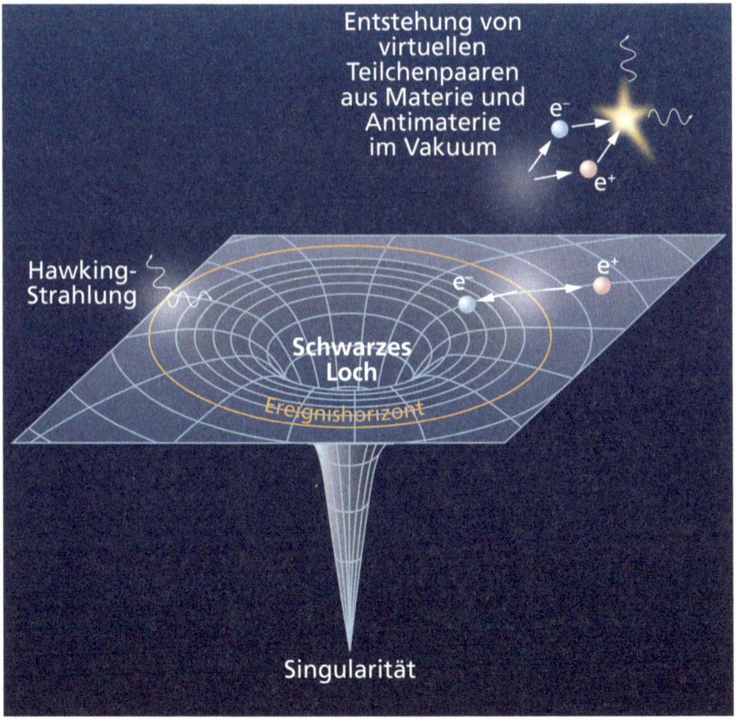

Illustration der Schwarzschild-Metrik eines Schwarzen Lochs mit dem Ereignishorizont und der Singularität.

mit entsprechend großen Ereignishorizonten kann es eine ganze Weile dauern. Da können schon mal 10^{100} Jahre vergehen.« Die Abstrahlung Schwarzer Löcher, ob groß oder klein, ist jedoch so schwach, dass sie aktuell noch durch keine Technologie zu messen ist. Falcke vermutet allerdings, dass diese Effekte im Bereich der Singularität eines Schwarzen Lochs eine große Rolle spielen.

Er hat diese Effekte deshalb gemeinsam mit dem theoretischen Physiker Michael Wondrak und dem Mathematiker Walter van Suijlekom noch einmal im Fall der Entstehung virtueller Photonenpaare nachgerechnet. »Wir konnten Hawkings Kalkulationen im Grundsatz bestätigen, haben aber dabei ein paar weitere Aspekte entdeckt, die durchaus Anlass zur Diskussion bieten könnten. Nämlich, dass die Verdampfung eine allgemeine Eigenschaft gekrümmter Raumzeit ist.« Letztlich verdampft demnach nicht nur ein Schwarzes Loch, sondern sprichwörtlich alles, was raumzeitlich damit verbunden ist. »Nach Einstein ist Gravitation eine Raumzeitkrümmung, sprich ein erhöhter Energiezustand.« Wie ein gespannter Flitzebogen hat auch die gekrümmte Raumzeit die Tendenz, sich entspannen zu wollen. »Übertragen auf Einstein heißt das: Durch die Verdampfung entkrümmt sich der Raum.« Die Krümmung verschwindet nach und nach, ebenso die Gravitationsfelder, und damit auch die sie erzeugende Materie. »Daran schließt sich eine große Frage an, die wir bisher nicht beantworten können, weil wir bisher noch über keine konsistente Theorie der Quantengravitation verfügen: Wie krümmt eigentlich Materie die Raumzeit?« Oder andersherum: Wie kann eine Entkrümmung der Raumzeit die Materie auflösen?

Laut den Berechnungen von Falcke und seinen Kollegen entsteht Hawking-Strahlung nicht nur am Ereignishorizont eines Schwarzen Lochs. Die Überlegungen der Forscher knüpfen an den Schwinger-Effekt an, der besagt, dass geladene virtuelle Elementarteilchenpaare des Vakuums durch ein starkes elektrisches Feld getrennt werden.

Laut Falcke und seinen Kollegen könnten Quantenteilchenpaare des Vakuums auf ähnliche Weise in Bereichen gekrümmter Gravitationsfelder unterschiedlich stark beschleunigt und voneinander getrennt werden, um als Strahlung schließlich zu entweichen. Die Existenz eines starken Gravitationsfelds wie das eines Neutronensterns oder eines Weißen Zwergs könnte dafür möglicherweise schon genügen. Das hieße, dass auch solche – in kosmischen Skalen endlos glimmenden – Sternenreste mit der Zeit verdampfen.

Was sagt die Community dazu? »Ich muss zugeben, die Reaktionen auf unsere Schlussfolgerungen sind gespalten. Ein Teil der Kollegen behauptet, sie hätten diese Effekte bereits vor Jahren beschrieben. Andere meinen, das Ganze könne gar nicht zutreffen.« Und der Rest? »Der kratzt sich am Kinn und bleibt skeptisch«, sagt Heino Falcke nicht ohne Schmunzeln. »Ich finde unsere These jedenfalls intuitiv nachvollziehbar. Und wie gesagt: Wir haben das Ganze letztlich sauber durchgerechnet.«

FRAGE 21: WAS GESCHIEHT BEI DER KOLLISION VON SCHWARZEN LÖCHERN?

Warum es berechtigt ist, von kosmischen Katastrophen zu sprechen

Im Jahr 2015 wurde zum ersten Mal die Verschmelzung zweier Schwarzer Löcher durch die dabei erzeugten Gravitationswellen gemessen – ein schier unglaublicher Meilenstein in der Astronomie knapp 100 Jahre nach der Vorhersage von Gravitationswellen als Wirkweise in Einsteins Allgemeiner Relativitätstheorie. Der Nachweis gelang der LIGO-Kollaboration mit ihrem gleichnamigen Detektor in den USA. Der Ursprung des sagenhaften Messsignals mit der Bezeichnung GW150914 liegt von der Erde aus betrachtet im Bereich der südlichen Himmelssphäre weit hinter der Großen Magellanschen Wolke in einer Entfernung von inzwischen mehr als 1,3 Milliarden Lichtjahren. Das eigentliche Signal des Gravitationswellendetektors dauerte bloß 0,2 Sekunden. Beginnend bei einer Frequenz von 35 Hertz war die Annäherung der zwei sich schneller und schneller umkreisenden Schwarzen Löcher quasi hörbar, bis sich die

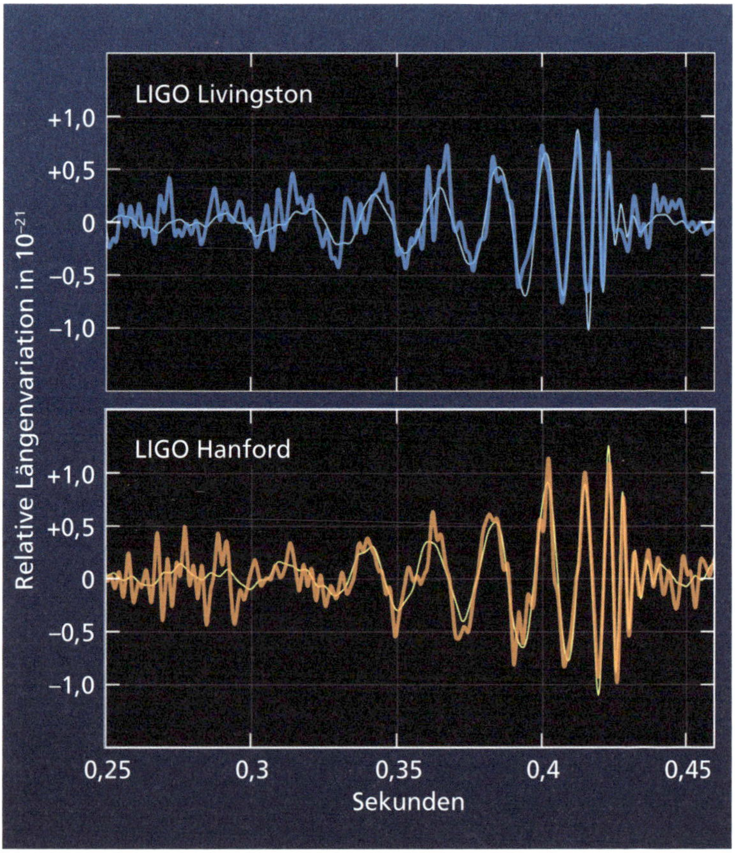

Frequenzmessung der LIGO-Kollaboration von Gravitationswellen der Fusion zweier weit entfernter Schwarzer Löcher im Jahr 2015.

Verschmelzung der beiden Objekte mit anwachsender Intensität bei einer Frequenzsteigerung auf 250 Hertz im furiosen Finale vollzog. Wie anschließende Analysen ergaben, war bei der Fusion der beiden Schwarzen Löcher mit ihren jeweils rund 30 Sonnenmassen in Bruchteilen einer Sekunde die unfassbare Energie von gut drei Sonnenmassen in Form von Gravitationswellen freigesetzt worden.

»Gravitationswellen werden durch beinahe jede Form von beschleunigter Bewegung von Materie verursacht«, erklärt der Astrophysiker Andreas Bauswein vom GSI Helmholtzzentrum für Schwerionenforschung in Darmstadt. »Fast alles, was sich im Universum beschleunigt bewegt, erzeugt Gravitationswellen.« Eine Ausnahme bildet ein perfekt kugelsymmetrischer Materiekollaps, der aber in der Natur kaum vorkommen dürfte. Doch selbst im Fall intensiver Erzeugung von Gravitationswellen sind diese typischerweise äußerst schwach. »Deshalb können nur extreme Ereignisse wie Neutronensternverschmelzungen oder die Kollision von Schwarzen Löchern von uns gemessen werden.« Bei solchen kosmischen Ereignissen wird die involvierte Materie fast auf Lichtgeschwindigkeit beschleunigt. »Gravitationswellensignale werden durch Beschleunigung von Materie erzeugt, entsprechend kann man aus den Signalen auf die Dynamik der Materie schließen«, erklärt Bauswein. Das Messprinzip eines Gravitationswellendetektors besteht in der Verwendung eines sehr großen Laserinterferometers, das die Lichtlaufzeiten in verschiedenen Raumrichtungen mit bestmöglicher Genauigkeit vermisst. »Wenn nun eine Gravitationswelle durch eine solche Anordnung eines Laserinterferometers hindurchläuft, wird die Raumzeit leicht verändert und damit auch die geometrische Anordnung im Interferometer. Diese leichte Vibration lässt sich in Gravitationswellendetektoren messen«, erklärt Bauswein. Aber was heißt ›leicht‹? Im Fall der Messung von GW150914 handelte es sich um eine Signaländerung, die einer Längenvariation von rund einem Tausendstel des Protondurchmessers entspricht. Um solche unvorstellbar kleinen Änderungen messtechnisch einfangen zu können, bedarf es experimenteller Messstrecken in den Gravitationswellendetektoren in der Größenordnung von Kilometern. Angesichts dieser unvorstellbar kleinen Signale vergisst man leicht, dass die Gravitationswellen, die uns aus den Tiefen des Weltalls erreichen, der energetische Ausdruck unbegreiflicher kosmischer Katastrophen sind. Dazu eine kleine Vergleichsrechnung: Ein Stern wie unsere Sonne verbrennt im Laufe seines Sternendaseins von etwa zehn Milliarden Jahren ein Tausendstel seiner Masse. Bei GW150914 wurde das 3000-Fache dieser Energie in wenigen Millisekunden freigesetzt. Bei einer einzelnen Verschmelzung wird damit für eine Sekunde genauso viel Energie umgesetzt wie von den 10^{21} Sternen des beobachtbaren Universums.

»Die Form der Gravitationswellen hängt sehr stark von den Eigenschaften der verschmelzenden Schwarzen Löcher ab«, erklärt der Astrophysiker Günther Hasinger. »Das können wir mit detaillierten Computersimulationen unter verschiedenen Randbedingungen berechnen.« Liegen die Rotationsachsen zweier etwa gleich schwerer Schwarzer Löcher vor ihrer Verschmelzung parallel oder antiparallel zueinander, entsteht Hasinger zufolge ein symmetrisches Gravitationswellenmuster. »Sind die Spins jedoch deutlich gegeneinander gekippt, werden die Gravitationswellen stark asymmetrisch in eine bevorzugte Richtung ausgesandt.« Vergleichbar mit zwei Kinderkreiseln, die um unterschiedliche Präzessionsachsen rotieren und miteinander kollidieren. »Das vereinigte Schwarze Loch kann unter Umständen einen starken Schub in die Gegenrichtung erhalten.« Das kann laut Hasinger theoretisch dazu führen, dass ein Schwarzes Loch nach der Verschmelzung mit der Geschwindigkeit von etlichen Tausenden Kilometern pro Sekunde aus seiner Galaxie herausgeschleudert wird. »Eine extreme Folge der Asymmetrie.« Noch schneller bewegen sich allerdings die bei den Verschmelzungen erzeugten Gravitationswellen:

Mit Lichtgeschwindigkeit durchpflügen sie das Universum, um schließlich nach Milliarden von Jahren in den Interferometern LIGO in den USA, Virgo in Italien oder KAGRA in Japan nachgewiesen zu werden – und hoffentlich bald auch im Einstein-Teleskop (ET) in Nordeuropa, dessen Realisierung zum Beispiel im Dreiländereck zwischen Belgien, den Niederlanden und Deutschland diskutiert wird.

Die Verschmelzungsprozesse von Schwarzen Löchern und Neutronensternen eröffnen uns einen ganz neuen Blick auf diese unfassbaren astrophysikalischen Objekte. »Dabei gibt es jede Menge Überraschungen und Rätselhaftes«, sagt die Astrophysikerin Victoria Grinberg mit Blick auf die Schwarzen Löcher, die sich in Doppelsternsystemen dank der Röntgenstrahlung vermessen lassen. Die stellaren Schwarzen Löcher im Verbund mit sichtbaren Sternen haben im Durchschnitt kleinere Massen bei höherem Spin. »Noch vor ein paar Jahren waren wir deshalb davon ausgegangen, dass wir auch mittels der Gravitationswellendetektoren Schwarze Löcher mit entsprechend hohem Spin beobachten würden.« Dabei handelt es sich um besonders schnell rotierende Schwarze Löcher. Doch das Gegenteil zeichnet sich ab. »Die Schwarzen Löcher, die wir bei der Verschmelzung bisher beobachten konnten, sind schwerer, haben dafür aber keinen großen Spin.« Das ist eine interessante Auffälligkeit – verbunden mit der Frage, wie diese Schwarzen Löcher entstanden sein könnten.

Und es gibt weitere Überraschungen: Inzwischen wurden zum ersten Mal indirekt auch niederfrequente Gravitationswellen aufgespürt, die sich durch das Weltall bewegen. Ausgelöst wurden sie wahrscheinlich durch supermassereiche Schwarze Löcher, die in der Frühphase des Universums miteinander verschmolzen sind und deren Signale uns in dem expandierenden Universum erst nach vielen Milliarden Jahren Laufzeit erreichen. Die kosmischen Wellen verursachen winzige zeitliche Schwankungen in den Radiosignalen von Pulsaren in unserer Galaxis. Die Ergebnisse deuten darauf hin, dass es im frühen Universum weitaus mehr riesige Schwarze Löcher gegeben haben muss als bisher angenommen. Wir kommen darauf zurück, siehe Frage 34 (S. 231).

FRAGE 22: WIE ENTSTEHEN SUPERMASSEREICHE SCHWARZE LÖCHER?

Weshalb sie die ultimative Energiequelle sind

Kommen wir nochmals zu der zweiten Kategorie von Schwarzen Löchern, von deren Existenz wir inzwischen wissen: die supermassereichen Schwarzen Löcher in den Zentren von Galaxien. Wie könnten sie entstanden und auf die schier unfassbaren Größen von Millionen bis Milliarden von Sonnenmassen angewachsen sein? »Es gibt Ideen, Ansätze und Überlegungen, aber wir haben noch keine absolute Sicherheit, was den Ursprung dieser unglaublichen Phänomene anbetrifft«, gibt die Astrophysikerin Victoria Grinberg zu. Dieses Rätsel ist auch eng mit der Frage verbunden, weshalb im Universum bisher keine Schwarzen Löcher mit mittleren Massen gefunden wurden. »Wo bleiben beispielsweise die sogenannten Intermediate-mass Black Holes mit Massen von ein paar Tausend Sonnenmassen?«, fragt Grinberg. »Ob es sie überhaupt gibt, ist nicht klar.« Naiv betrachtet würde man annehmen, dass auch sie im Universum zu finden sein müssten. »Es gibt auch ein paar Kandidaten, die dafür möglicherweise infrage kommen. Aber darüber wird noch kontrovers diskutiert«, sagt Grinberg, siehe auch Frage 30 (S. 208).

Schon deshalb erscheint es wahrscheinlicher, dass sich die supermassereichen Schwarzen Löcher in unserem Universum auf andere Weise als die stellaren Schwarzen Löcher gebildet haben. Wie wir auch im nachfolgenden Kapitel lernen werden, müssen sie sich überdies

Künstlerische Darstellung eines sich schnell drehenden, supermassereichen Schwarzen Lochs, das von einer Akkretionsscheibe umgeben ist.

unwahrscheinlich schnell zu gigantischen Massemonstern entwickelt haben. Denn sie lassen sich bereits in der Frühzeit des Universums ausmachen, siehe auch Frage 21 (S. 157). Demnach umfasst ihre Entwicklungszeit wahrscheinlich wenige Hunderte von Millionen von Jahren – kosmologisch betrachtet die Dauer einer Mittagspause.

»Ihre Entwicklung steht im krassen Gegensatz zu unseren sonstigen Vorstellungen von zeitlichen Verläufen astrophysikalischer Objekte im Universum«, sagt Grinberg. »Wie in aller Welt konnten sie in verhältnismäßig kurzer Zeit zu diesen unfassbar großen Massemonstern anwachsen? Mit unseren konventionellen Theorien und Vorstellungen von der Bildung Schwarzer Löcher können wir uns das nur schwerlich erklären.« Um diese Fragen zu untersuchen, wollen die Forscherinnen und Forscher die Eigenschaften der supermassereichen Schwarzen Löcher in den Galaxien besser verstehen. »Denn in unseren unterschiedlichen kosmologischen Modellansätzen werden auch Vorhersagen zu den supermassereichen Schwarzen Löchern gemacht«, – beispielsweise zu deren Spin beziehungsweise Rotation. »Unsere Theorien gehen damit unterschiedlich um. In dem einen kosmologischen Modell spielt Rotation von supermassereichen Schwarzen Löchern keine Rolle, in einem anderen sehr wohl. Am Ende müssen Theorie und Messung Hand in Hand gehen.« Angesichts der statistischen Verteilung der Eigenschaften supermassereicher Schwarze Löcher im Universum hoffen Victoria Grinberg und ihre Kollegen, Rückschlüsse auf die verschiedenen theoretischen Vorhersagen ziehen zu können. »Wir erhoffen uns, Hinweise zu erhalten, die unsere theoretischen Ansätze bestätigen oder Anpassungen in unseren Theorien ermöglichen.«

Diskutiert werden auch hypothetische Ansätze, die zum Beispiel unter dem Begriff Quasi-Sterne firmieren. »Unter einem Quasi-Stern ist eine riesige akkretierte Gaswolke zu verstehen, in deren Zentrum ein Schwarzes Loch sitzt«, erklärt der theoretische Astrophysiker Ralf Klessen von der Universität Heidelberg. »Durch besagte Akkretion wird Energie freigesetzt, die einen Teil des Gases, das ins Zentrum einfällt, aufheizt, was zu weiteren Effekten führt. Das könnte eine Erklärung für die frühe Entstehung von massereichen Schwarzen Löchern sein.« Um das besser zu verstehen, holt Klessen aus: »Ein massereicher Stern bildet sich, indem ein Gasnebel aufgrund der eigenen Gravitation zusammenfällt und das einstürzende Material zu akkretieren beginnt.« Im Zentrum entsteht ein hydrostatisches Objekt: der Protostern, auf den beständig Materie der akkretierenden Hülle einprasselt. Der Materieeinfall im Leben eines Protosterns kann je nach Ausgangsmasse unterschiedlich lange dauern. »Bis im Innern eines Sterns wie der Sonne die Kernfusion einsetzt, vergehen Dutzende von Millionen von Jahren.« Klessen spricht dabei von der sogenannten Kelvin-Helmholtz-Kontraktionsphase, die bei massereichen

Sternen sehr viel kürzer dauert. »Bei einem massereichen Protostern erfolgt dagegen bereits Kernfusion, während das Material aus der Hülle noch auf ihn einstürzt.« Ein solches Szenario kann sich Klessen durchaus noch extremer ausmalen. »Absorbiert ein massereicher Protostern in der heutigen Milchstraße etwa ein Hundertstel einer Sonnenmasse pro Jahr, könnten bei der Entstehung besonders massereicher Protosterne im frühen Universum möglicherweise eine Sonnenmasse pro Jahr oder mehr zusammengekommen sein.« Das führt laut Klessen unweigerlich zum Quasi-Stern-Modell. »Ein hydrostatisches Objekt, das im Inneren zum Schwarzen Loch kollabiert, während von außen noch massenhaft Material darauf einstürzt.« Von außen ist nicht erkennbar, dass da bereits ein Schwarzes Loch im Zentrum sitzt. Ralf Klessen hält das Quasi-Stern-Modell in akademischer Hinsicht für durchaus interessant, wenngleich er selbst nicht glaubt, dass es je zur Bildung solcher astrophysikalischen Objekte gekommen ist. Warum nicht? »Weil ein massereicher Protostern einer sehr großen Akkretionsrate ausgesetzt ist. Die Zentrifugalkräfte verhindern wahrscheinlich die Bildung einer heißen kompakten, dichten Konfiguration, die im Innern zu einem Schwarzen Loch kollabiert.«

Klessen vermutet eher, dass ein sehr massereicher Protostern im wahrsten Sinne des Wortes aufgeputscht wird. Was bedeutet das? »Ein solcher Stern hat nicht fünf Sonnenradien und ist superheiß, sondern 100 bis 500 Sonnenradien und ist verhältnismäßig kalt.« Für Klessen wäre dieses Objekt vergleichbar mit einem Roten Riesen. »In dieser Phase als Roter Riese hat der Stern keine ionisierende Strahlung, bloß eine Oberflächentemperatur von etwa 3500 Kelvin – deutlich kühler als beispielsweise die Sonne mit einer Oberflächentemperatur von etwa 6000 Kelvin. Ein massereicher Stern auf der Hauptreihe des Hertzsprung-Russell-Diagramms hat in kompakter Konfiguration sogar eine Oberflächentemperatur von 30.000 Kelvin und mehr.« Klessen macht auf den Unterschied aufmerksam. »Aus massereichen

Protosternen der Frühzeit kommen so gut wie keine ionisierenden Photonen heraus. So ein Ungetüm macht praktisch nichts mit seiner Umgebung.« Für Klessen handelt es sich also um ein unfassbar riesiges Gebilde, das bloß intensiv im Infraroten leuchtet. »Und gleichzeitig frisst es und frisst es und frisst es, während im Inneren bereits Kernfusion stattfindet wie in einem Standardstern«, – ein sanfter Roter Riese. »Mit dem Unterschied, dass die Massen dieser Roten Riesen des frühen Universums gigantisch groß waren.« Ein solcher Stern hat keine Möglichkeit, sich gegen den gewaltigen Akkretionsfluss zu wehren. »Wenn ein solcher Riese eine Sonnenmasse pro Jahr verschlingt, dann passiert erst mal nichts; der Stern kann das alles verdauen und es bildet sich ein Stern, der locker etwa eine halbe Million Sonnenmassen aufnehmen kann.«

Doch irgendwann kommt es auch in einem solchen System laut Klessen zur allgemein-relativistischen Instabilität. »Die setzt bei einer Gesamtmasse von vielleicht einer halben Million bis zwei Millionen Sonnenmassen ein.« Dann kollabiert das Ganze zu einem Schwarzen Loch. »Auf die Art und Weise entsteht mit einem Schlag aus diesem supermassereichen Stern ein Intermediate-mass Black Hole mit etwa einer Million Sonnenmassen.« Dabei dürften unvorstellbar große Energien in Form von Gravitationswellen freigesetzt worden sein. Heute einen derartigen massereichen Sternenrest im Universum zu finden, wäre für Klessen ein guter Hinweis für die Richtigkeit dieser Theorie zur frühen Sternenentwicklung. »Die Intermediate-mass Black Holes dürften allerdings extrem rar gesät sein, weil die Bedingungen, solche Akkretionsraten aufrechtzuerhalten, im Universum heute selten anzutreffen sind.« Für den Astrophysiker könnten sie aber die sogenannten Seed Black Holes gebildet haben, die Saatkörner, aus denen sich anschließend die supermassereichen Schwarzen Löcher des frühen Universums von 10^9 Sonnenmassen und mehr entwickelt haben, siehe Frage 27 (S. 193).

TEIL 5

DIE MYSTERIEN DER GALAXIEN

Von Urnebeln, Standardkerzen und fernen Leuchtfeuern

Als Galaxie bezeichnet man eine gravitativ gebundene Sammlung aus Sternen, Planeten, Nebeln, möglicherweise auch aus Quasaren, Schwarzen Löchern und interstellaren Staubwolken. Die am Nachthimmel sichtbare Milchstraße ist unsere Galaxis, der auch die Sonne und ihr Planetensystem angehören. Die Milchstraße besteht aus 100 bis 400 Milliarden Sternen. Den Hauptanteil des Milchstraßensystems bildet eine sich zum galaktischen Zentrum mit Sternen verdichtende, diskusförmige Scheibe mit einem sphäroidischen Zentralbereich (engl.: Bulge). Die Milchstraße hat einen Durchmesser von etwa 100.000 Lichtjahren. In ihrem galaktischen Zentrum befindet sich das supermassereiche Schwarze Loch Sagittarius A* mit mehr als vier Millionen Sonnenmassen. Unsere Sonne ist davon etwa 30.000 Lichtjahre entfernt, von der galaktischen Ebene wiederum etwa 45 Lichtjahre. Die Milchstraße ist eine Galaxie mit regelmäßig angeordneten Spiralarmen; sie zählt zu den Balkenspiralgalaxien. Neben diesen existieren auch elliptische, linsenförmige und irreguläre Galaxien sowie Zwerggalaxien, die sich in ihren Formen und Strukturen deutlich unterscheiden. Die Sterne in einer Galaxie bewegen sich in einem gemeinsamen Drehsinn auf lang gestreckten Ellipsenbahnen um das galaktische Zentrum. Eine galaktische Rotation unserer Sonne um das Zentrum der Milchstraße dauert etwa 200 Millionen Jahre bei einer Geschwindigkeit von rund 250 Kilometern pro Sekunde.

Schon Immanuel Kant und Thomas Wright haben im 18. Jahrhundert aus der Verteilung der Sterne am Himmel geschlossen, dass die Milchstraße eine Scheibe ist. Außerdem waren sie davon überzeugt, dass scheibenartige Nebel wie der Andromeda-Nebel ferne Welteninseln aus Gestirnen darstellen – eine für über 100 Jahre hochkontrovers diskutierte These. Derweil entwickelte Friedrich Bessel in der ersten Hälfte des 19. Jahrhunderts die Parallaxentechnik zur Abstandsmessung der Sterne unserer Milchstraße weiter. Anschließend vervollkommnete Edward Charles Pickering die Astrofotometrie, sprich die

Messung der scheinbaren Helligkeiten der Sterne. Seine Kollegin Henrietta Swan Leavitt entdeckte die phänomenologische Gleichartigkeit der Entwicklung der Cepheiden-Sterne, was diesen Sternentyp als eine Standardkerze für astronomische Abstandsmessungen prädestiniert. Noch im Jahr 1920 stritten die Astronomen in der Great Debate (dt.: Große Debatte) darüber, ob die Milchstraße mehr oder weniger das gesamte Universum umfasst, als Edwin Hubble kurz darauf die Sterne des Andromeda-Nebels optisch auflöste und damit beweisen konnte, dass es sich um eine eigenständige Galaxie handelt. Damit wurde die Milchstraße zu einer von Tausenden oder mehr Welteninseln in den unendlich fern scheinenden Weiten des Weltalls. Als Pioniere der Galaxienkartierung gelten die Astronomin Margaret Geller und ihr Kollege John Huchra, die schon in den späten 1970er-Jahren systematische astronomische Himmelsdurchmusterungen durchführten und dabei unterschiedliche Verteilungen von Galaxien im Universum ausmachten.

Als Messtechniken kommen bei der Galaxienforschung neben denen der klassischen optischen Astronomie inzwischen auch spezielle Teleskope der Radioastronomie und Gamma-Spektroskopie zum Einsatz. Seit ein paar Jahrzehnten ermöglichen uns außerdem Weltraumteleskope wie das James-Webb- oder Gaia-Teleskop einen immer tiefergehenden Blick ins All. Zunehmend werden automatisierte systematische Durchmusterungen des Sternenhimmels durchgeführt (engl.: surveys), was zu Unmengen von astronomischen Daten führt, deren Auswertung teils nur noch von KI-basierter Software bewältigt werden kann. Die Erforschung der Galaxien heute ist eng verknüpft mit den brandaktuellen kosmologischen Fragestellungen. Sie beschäftigt sich mit der Entwicklung der Galaxien, mit der Auflösung ihrer Strukturen und den astrophysikalischen Objekten darin und schließlich mit einem Rätsel, das sich insbesondere in der Dynamik der Galaxien des Universums zeigt: die Dunkle Materie.

FRAGE 23: WELCHE GEHEIMNISSE VERBERGEN SICH IN DER MILCHSTRASSE?

Weshalb es stets auf die Sichtweise ankommt

»Die Milchstraße ist für uns der Prototyp eines Galaxiensystems«, erklärt der Astronom Matthias Steinmetz vom Leibniz-Institut für Astrophysik in Potsdam (AIP). »Sie ist das Objekt, das wir am besten im Detail studieren können. Allerdings gibt es dabei von vornherein ein Handicap, weil wir die Milchstraße nur aus ihr heraus beobachten können.« Ein externer Blick auf das Gesamtsystem, wie wir ihn beispielsweise auf die Andromeda-Galaxie oder M 33 haben, fehlt uns für die Milchstraße. Steinmetz erinnert voller Ehrfurcht an die Geistesgrößen Immanuel Kant und Thomas Wright und ihre Erkenntnisse. »Damals noch mit einfachen Mitteln, haben wir heute ausgefeilte Techniken.« Sein Forschungsfeld bezeichnet Matthias Steinmetz als galaktische Archäologie. »Denn wie ein klassischer Archäologe, der anthropologische Ausgrabungen macht und Schicht für Schicht der Menschheitsentwicklung freilegt, so zerlegen auch wir Astronomen heute die Milchstraße in Schichten von Sternen verschiedenen Alters, um darüber ihre Entstehungsgeschichte zu rekonstruieren.«

Doch nicht nur aufgrund unserer Innenperspektive ist der Blick auf die Objekte der Milchstraße mitunter verstellt. »Auch der Staub in der Milchstraße verdeckt einen großen Teil unserer Galaxis«, sagt Steinmetz. »Natürlich kann man inzwischen dank der Radioastronomie über Infrarotaufnahmen auch diese verdeckten Bereiche untersuchen.« Aber Steinmetz zufolge bildete der Staub bis in die 1920er-Jahren noch ein fast unüberwindliches Hindernis, siehe auch Frage 17 (S. 136). Damals wurde während der Great Debate darüber diskutiert, ob die Milchstraße das ganze Universum umfasst und die Sonne im Zentrum der Milchstraße liegt oder vielleicht doch, wie schon von

Wilhelm Herschel vermutet, eher am Rand. »Es war im Wesentlichen der Staub der Milchstraße, der den Astronomen damals den Blick vernebelte.« Um das zu veranschaulichen, gebraucht Steinmetz eine Analogie aus der uns bekannten Umwelt: »Im dichten Nebel wirkt das Umfeld des Betrachters relativ klein. Der Blick reicht nur wenige Dutzend Meter weit. Alles erscheint gleichförmig und ich als Betrachter bin scheinbar im Zentrum des Ganzen.« Der umgekehrte Eindruck entsteht in der dunklen, klaren Nacht bei schwach scheinendem Licht von Häusern oder Laternen. »Die Objekte wirken weiter weg als sie es tatsächlich sind, mitunter auch viel größer.« Denselben verrückten Effekt erfahren laut Steinmetz auch die Astronomen: »Dichter Staub macht alles sehr klein. Wenig Staub und schwaches Licht lässt alles größer erscheinen.« Entsprechend überkorrigiert man seine Eindrücke, bevor man durch detaillierte Abstandsmessungen zu den wahren Größenverhältnissen zurückfindet. »Heute sind wir dank moderner Technik, Satelliten- und Infrarotaufnahmen in der Lage dazu, den Staub der Milchstraße in seine Bestandteile zu zerlegen, ihn zu vermessen und uns langsam eine Karte von der Milchstraße zu erarbeiten.«

Für Steinmetz revolutioniert die aktuell laufende Gaia-Mission die Astronomie in allen Bereichen. Der überwiegende Teil der Signale des Weltraumteleskops liegt im optischen Bereich. Dementsprechend anschaulich und faszinierend sind die gewonnenen Bilder und Eindrücke. »Die optischen Signale stammen von Sternen«, unterstreicht Steinmetz, »– Objekte, die viele Tausend Grad Celsius heiß sind.« Bei diesen Temperaturen wird optisches Licht emittiert. »Das sind die Sterne, die wir sehen«, sagt Steinmetz ehrfürchtig und erinnert damit daran, dass unser astronomisches Wissen auf dem Verständnis der Physik der Sterne basiert. »Das Schöne an den Sternen ist, dass sie sich überhaupt gut verstehen lassen. Es handelt sich um relativ klare, physikalische Systeme, deren physikalische Grundprinzipien wir begreifen und deren Funktionsweisen wir mittels Computer berech-

Das Gaia-Weltraumteleskop vor dem Band der Milchstraße (künstlerische Darstellung).

nen und modellieren können. Das erst erlaubt es uns, das komplexe Universum in seine Bestandteile zu zerlegen.«

Die Gaia-Mission liefert dafür eine ganz fundamentale Größe, »nämlich: Wie weit ist der jeweilige Stern überhaupt von uns entfernt?« Denn laut Steinmetz sind Entfernungsmessungen in der Astronomie noch immer das Hauptproblem schlechthin. »Ich kann nicht einfach mit dem Zollstock den Abstand zur Andromeda-Galaxie vermessen. Ich muss mich entlang verschiedener Messgrößen und teils indirekt zur eigentlichen Abstandsbestimmung hangeln.« Dieses Entlanghangeln erfolgt über Leitersprossen verschiedener Entfernungsindikatoren, die gut aufeinander abgestimmt sein müssen. »Doch mit jeder Hilfsgröße, die ich einführe, um eine Entfernung zu bestimmen, führe ich auch systematische oder statistische Fehler in meine Gesamtrechnung ein.« Gaia löst dieses Abstandsproblem zumindest für die Sterne in der Milchstraße. Die Sonde liefert geometrische Entfernungsmessungen der Sterne zur Erde mit bisher unerreichter Genauigkeit. Es handelt sich um trigonometrische Messungen, die sich den Parallaxeneffekt zunutze machen. »Das ist dem Prozess ähnlich, mit dem uns auch unsere Augen räumliches Sehen ermöglichen: Man betrachte dazu den Daumen an der ausgestreckten Hand. Einmal mit dem linken Auge, dann mit dem rechten. Der Daumen springt bei der Betrachtung im Gesichtsfeld von rechts nach links.« Unser Gehirn verarbeitet diese Information und erarbeitet daraus für uns eine Entfernung. »In der Astronomie machen wir mit Gaia genau dasselbe. Nur nutzen wir statt des Augenabstands jeweils die eine Position der Erde auf ihrer Bahn um die Sonne und ein halbes Jahr später die gegenüberliegende.« Der ›Augenabstand‹ von Gaia beträgt damit rund 300 Million Kilometer beziehungsweise zwei Astronomische Einheiten. Trotzdem ist der Parallaxeneffekt aufgrund der großen Entfernung der Sterne nach wie vor extrem klein. »Bisher scheiterten bodengestützte Messungen an der Unruhe in der Erdatmosphäre, die etwa in der gleichen Größenordnung liegt.« Durch Gaia sind nun endlich Präzisionsmessungen möglich, die bisher unerreichbar waren. Über einen Zeitraum von zehn Jahren werden auf diese Weise zwei Milliarden Sterne kontinuierlich mit einer Präzision von etwa 20 Mikrobogensekunden vermessen. »Mit Gaia können wir eine Münze auf der Oberfläche des Mondes erkennen«, sagt Steinmetz enthusiastisch.

Auch die Astrophysikerin Eva Grebel von der Universität Heidelberg ist begeistert von der Gaia-Mission. »Sie spielt eine ganz große Rolle, um den Fragen nach der Entstehung der Milchstraße nachzugehen.« Neben den Entfernungen stehen dabei auch Fragen zur Bewegung der Sterne im Raum, ebenso zu ihren Eigenschaften und ihrer Entstehungsgeschichte. »Wir können über Kenntnis der Bewegung und der chemischen Zusammensetzung der Sterne Hinweise darauf erhalten, ob es sich um Sterne handeln könnte, die andernorts entstanden sind und erst später im Zuge von galaktischen Verschmelzungen in die Milchstraße gelangt sind.« Durch diese Art der galaktischen Verschmelzungen, bei denen sich Sternsysteme durchdringen, gelangten offenbar in der Vergangenheit Sterne aus anderen Galaxien in die Milchstraße; Sterne also, die sich nicht ursprünglich in der Milchstraße gebildet hatten. »Diese eingewanderten Sterne sind genauso alt wie die alten Sterne der Milchstraße, enthalten aber typischerweise weniger schwere Elemente, was darauf hinweist, dass sie in kleineren, masseärmeren sogenannten Zwerggalaxien entstanden sind«, erklärt Grebel. Der Metallgehalt der Sterne in unserer Galaxis ist also ein direkter Hinweis auf galaktische Verschmelzungsprozesse. Ein prominentes Beispiel für eine solche Verschmelzung ist für Eva Grebel ein Objekt namens Gaia-Enceladus. »Das wegen seiner Form auch als Gaia Sausage [dt.: Gaia-Wurst] bezeichnete Sternensystem ist ein Überbleibsel einer Zwerggalaxie, die vor etwa zehn Milliarden Jahren mit der Milchstraße verschmolz.« Wahrscheinlich handelte es sich dabei um die letzte große Fusion der Milchstraße mit einem anderen Sternensystem, siehe auch Frage 29 (S. 202). »In der Zukunft könnte es jedoch zur Verschmelzung mit zwei prominenten Begleitgalaxien der Milchstraße kommen, nämlich den Magellanschen Wolken und in fernerer Zukunft mit der massereichen Spiralgalaxie Andromeda«, sagt Grebel, siehe auch Frage 31 (S. 211).

Gespannt sieht Eva Grebel nun der Datenauswertung der Euclid-Mission entgegen. Das Weltraumteleskop ist gerade erst 2023 am zweiten Lagrange-Punkt im Erde-Sonne-System angekommen, von dem es die Erde auf deren Umlaufbahn um die Sonne – ähnlich wie ein motorisiertes Beiboot sein Mutterschiff – in konstantem Abstand begleiten wird; eine ideale Beobachtungsstation für das Teleskop. Euclid wird unter anderem die Expansion des Universums untersuchen, sprich der Frage nach dem Ursprung der Dunklen Energie nachgehen, siehe Frage 38 (S. 252). Als ein weiteres interessantes Beispiel der aktuellen astronomischen Forschung nennt Eva Grebel auch das 4MOST (4-metre

Multi-Object Spectrograph Telescope), das in Kürze spektroskopische Himmelsdurchmusterungen erstellen wird. »Dabei handelt es sich um ein kleines, aber feines bodengestütztes Teleskop der ESO am bereits existierenden Visible and Infrared Survey Telescope for Astronomy (VISTA), einem Observatorium in Chile.« Die Durchmusterungen eines Hauptteils des Südhimmels von 4MOST werden laut Grebel die astronomische Datenbasis wesentlich vergrößern. »Fest steht: Die Datenmengen zu den Galaxien und der Milchstraße wachsen enorm an, was sich künftig nur noch mit Machine-Learning-Programmen und automatisierten Auswertungsprogrammen bewältigen lässt.«

Vielleicht könnten die neuen Analysemethoden auch eine hilfreiche Rolle spielen bei der Frage, wie sich die wellenartige Struktur aus Gaswolken und jungen Sternen gebildet hat, die jüngst entdeckt wurde – die sogenannte Radcliffe-Welle (bezeichnet nach dem astronomischen Institut an der amerikanischen Harvard Universität, an dem das Phänomen erstmals umfassender thematisiert wurde). Diese galaktische Staub- und Sternenwelle erstreckt sich in der Milchstraße über fast 10.000 Lichtjahre. Der Ursprung dieser Materiewelle, die eine eigentümliche Dynamik aufweist, geht möglicherweise auf eine Kollision der Milchstraße mit Zwerggalaxien zurück, auf die wir bei der Untersuchung der Frage 29 (S. 202) noch näher zu sprechen kommen.

FRAGE 24: WORIN BESTEHEN DIE GEHEIMNISSE DER KOSMISCHEN STRAHLUNG?

Von Botenteilchen und Teilchenschauern

»Unter kosmischer Strahlung verstehen wir eine hochenergetische Strahlung aus dem Weltall, bestehend aus Protonen, Atomkernen, Neutrinos mit sehr hohen Energien und eben auch Gammastrahlung, sprich Photonen«, erklärt der Experimentalphysiker Thomas Lohse von der Humboldt-Universität zu Berlin. »Erstaunlicherweise haben diese Teilchen und Photonen zum Teil Energien, die um ein Vielfaches größer sind als die erzeugbaren Teilchenenergien in unseren Beschleunigerlaboren.« Woher kommen diese kosmischen Teilchen? Worin bestehen die Mechanismen, die sie auf diese schier unfassbaren Energien beschleunigen? »Genau wie Neutrinos haben Gamma-Quanten der kosmischen Strahlung den Vorteil, dass sie auf dem Weg von der Quelle zu uns auf die Erde nicht weiter durch Magnetfelder abgelenkt werden«, sagt Lohse. »Sie sind damit ideale Boten, um zu bestimmen, wo diese kosmische Strahlung herkommt.« Photonen entstehen bei der Wechselwirkung von geladenen hochenergetischen Teilchen mit Materie oder Strahlungsfeldern. Das mit dem Auge sichtbare Licht hat Energien von etwa einem Elektronenvolt (kurz eV). Die Gammastrahlung entspricht Energien weit oberhalb von Teraelektronenvolt (10^{12} eV). »Das ist energetisch weit jenseits von Röntgenstrahlung.« Die kosmische Strahlung wird jedoch laut Lohse bis auf die nur schwach wechselwirkenden Neutrinos in der Erdatmosphäre absorbiert. »Sie dringt zwar in die Atmosphäre ein, aber nach einigen Kilometern erfolgt in der Regel eine Wechselwirkung mit den Luftmolekülen.« Daraus entstehen viele Sekundärteilchen, die weiter in Vorwärtsrichtung des ursprünglichen Primärteilchens fliegen. »Die Teilchenkaskade verläuft bei Protonen anders als beispielsweise im Fall der Gammastrahlung.« Das Schauerprinzip ist jedoch bei allen gleich: Die Sekundärteilchen wechselwirken wieder mit der Atmosphäre und erzeugen Tertiärteilchen und daraus entstehen viele weitere in einem ausgedehnten bündelartigen Teilchenschauer. Sind die kosmischen Teilchen sehr hochenergetisch, können die Schauer sogar bis zum Erdboden reichen.

»Für die Gamma-Astronomie nutzt man folgenden Effekt«, führt Lohse ein: »Bei Teilchenschauern entstehen Elektronen und ihre

Antiteilchen, die Positronen – leichte geladene Teilchen, die zu Beginn des Schauers noch extrem hohe Energien besitzen und sich schneller bewegen als das Licht in der Atmosphäre«, – denn die Geschwindigkeit des Lichts in einem Medium wie dem der Erdatmosphäre ist geringer als im Vakuum. Das führt zu einem elektrodynamischen Effekt, vergleichbar mit dem mechanischen Phänomen der Schallmauer beim Überschallflug. Die Elektron-Positron-Paare produzieren einen Kegel aus bläulicher Lichtstrahlung: das Cherenkov-Licht. Weiter unten, nahe der Erdoberfläche haben diese Lichtkegel typischerweise einen Radius von 100 Metern. »Mit großen Parabolspiegeln lässt sich dieses Licht aufsammeln und in hochempfindlichen Kameras als zweidimensionales Bild vermessen«, sagt Lohse. »Durch Hinzunahme weiterer Parabolspiegel lässt sich außerdem die Orientierung des Luftschauers und damit die Flugrichtung des erzeugenden Photons rekonstruieren.« So arbeitet zum Beispiel das H.E.S.S.-Teleskop in Namibia, das aus vier mittelgroßen Teleskopen mit einem Durchmesser von etwa zwölf Metern und einem großen mit 28 Metern Spiegeldurchmesser besteht. Dieses kleine Array hat unter anderem die Milchstraße durchmustert und dabei über 100 Gammastrahlungsquellen gefunden. Insgesamt gibt es über 200 bekannte Quellen, wie Messungen von H.E.S.S. und anderen bodengestützten Experimenten und Messfeldanlagen ergaben. »Zum Vergleich: Anfang des Jahrtausends waren nur eine Handvoll Quellen bekannt.« Der nächste Schritt besteht nun darin, die Sensitivität um etwa einen Faktor 100 zu erhöhen. Geplant ist ein Teleskop-System, bei dem in der Endausbaustufe ein Ensemble aus etwa 100 Teleskopen auf eine Quelle schauen kann: das Cherenkov-Telescope Array (CTA). Mit einem solchen Feld aus Parabolantennen verbessern sich die Energieauflösung und alle sonstigen physikalischen Parameter, die sich aus den Messungen ableiten lassen.

»Als seinerzeit mit Untersuchungen zur Gammastrahlung begonnen wurde, waren wir eigentlich davon überzeugt, dass kosmische

Illustration der etwa 100 geplanten CTA-Teleskope, die beispielsweise auf der Südhalbkugel aufgebaut werden könnten.

Strahlung durch Supernova-Explosionen erzeugt wird«, erklärt Lohse. Dabei kommt die sogenannte Stoßwellenbeschleunigung, auch als Fermi-Beschleunigung bekannt, zum Tragen, die elektrisch geladene Teilchen bis auf relativistische Geschwindigkeiten beschleunigt. »Inzwischen sieht es so aus, dass neben den Supernova-Überresten auch noch einige andere, vormals noch unbekannte astrophysikalische Beschleuniger zur Erzeugung der galaktischen kosmischen Strahlung beitragen.« Die kosmische Strahlung bei allerhöchsten Energien ist vermutlich extragalaktischen Ursprungs und wahrscheinlich durch aktive galaktische Kerne und Gamma Ray Bursts (GRBs) verursacht, woraus sich viele Detailfragen ergeben, siehe Frage 28 (S. 198). Detektorsysteme und sogenannte Arrays wie zum Beispiel das Pierre-Auger-Observatorium, eine Messfeldanlage in Argentinien, gehen der Frage nach dem Ursprung der allergrößten Teilchenenergien vertiefter nach.

Unter den genannten Botenteilchen der kosmischen Strahlung fällt den Neutrinos eine besondere Rolle zu. Kein gewöhnliches Elementarteilchen gibt es so häufig im Universum wie sie – im Durchschnitt 350 in jedem Kubikzentimeter des Universums. Allein unsere Sonne produziert mehr als 10^{39} Neutrinos pro Sekunde. Etwa 100 Milliarden davon durchqueren sekündlich einen Quadratzentimeter auf der Erde. Wie viel sie zum Massehaushalt des Universums beitragen, ist unbekannt. »Dass Neutrinos eine Masse haben, schließt man aus einem Phänomen, das als Neutrino-Oszillation bezeichnet wird«, erklärt Susanne Mertens von der Technischen Universität München (TUM). »Dahinter verbirgt sich ein verblüffendes quantenmechanisches Phänomen.« Zur Erinnerung: Neutrinos gibt es in allen drei Teilchenfamilien. Quantenmechanisch betrachtet treten sie in drei verschiedenen Arten auf, Flavors (dt.: Geschmacksrichtungen) genannt. »Wenn ich nun ein Elektron-Neutrino produziere, dann hat es keine bestimmte Masse, sondern lediglich die quantenmechanische Überlagerung aus drei möglichen Neutrinomassen.« Als Analogon führt Susanne Mertens Schrödingers berühmte Katze in der Kiste an: »Sie ist gleichzeitig tot und lebendig. Solange ich nicht in die Kiste hineinschaue, ist der Zustand der Katze eine Überlagerung der beiden gegensätzlichen Sachverhalte.« Ganz ähnlich ergeht es laut Mertens dem Neutrino.

Bei kernphysikalischen Fusionsreaktionen in unserer Sonne werden ausschließlich Elektron-Neutrinos produziert. »Und tatsächlich, wie sich zeigen lässt, erreicht uns auch ein steter Fluss aus Neutrinos der Sonne. Dieser besteht aber nicht nur aus Elektron-Neutrinos, sondern auch aus Myon- oder Tau-Neutrinos aus den anderen beiden Teilchenfamilien.« Diese Verwandlung in Form der Oszillation ist laut Mertens nur möglich durch minimale Unterschiede in den Geschwindigkeiten besagter Massenzustandskomponenten der erzeugten Flavors der Elektron-Neutrinos. Denn Teilchen gleicher Energie, aber mit unterschiedlichen Massen sind unterschiedlich schnell. »Mit der Neutrino-Oszillation konnte das Rätsel um die scheinbaren Verluste im Fluss der Elektron-Neutrinos der Sonne gelöst werden.« Doch ein Neues tut sich auf: Welche Masse haben denn die Neutrinos der drei Familien? Und beantworten sich damit vielleicht weitere Fragen, wie zum Beispiel die nach dem Ursprung der Dunklen Materie, siehe auch Frage 25 (S. 181)?

»Um darauf eine Antwort zu finden, müssen wir die Ruhemasse mindestens einer der drei Neutrino-Arten kennen. Und genau das versuchen wir mit dem Karlsruhe Tritium Neutrino Experiment, kurz KATRIN, herauszufinden«, sagt Mertens. KATRIN ist ein Experiment, um die Neutrino-Masse direkt zu bestimmen. Es handelt sich um ein Massenspektrometer mit einem Durchmesser von zehn Metern bei einer Länge von 70 Metern. »Das Messprinzip ist relativ einfach zu verstehen. Wir betrachten den Betazerfall eines radioaktiven Wasserstoff-Isotops, nämlich von Tritium.« Bei jedem Tritium-Zerfall entsteht ein Elektron (ein sogenanntes Beta-Elektron), zusammen mit einem Neutrino. Und diese beiden Teilchen teilen sich die beim Zerfall freiwerdende kinetische Energie, die in Summe immer dieselbe ist. »Manchmal erhält das Elektron mehr Energie, dann bekommt das Neutrino entsprechend weniger ab. Manchmal ist es umgekehrt. Jetzt kommt der Clou: Das Elektron kann niemals die gesamte freiwerdende Energie erhalten, da das Neutrino beim Zerfall zumindest entstehen muss, selbst wenn es keine Bewegungsenergie erhielte und nach dem Zerfall in Ruhe verharrte. Mit KATRIN schauen wir also auf die maximale Energie des Elektrons und vergleichen sie mit der beim Zerfall freiwerdenden Gesamtenergie.« Aus dem Unterschied lässt sich dann die Ruhemasse des Neutrinos bestimmen. »Bisher konnten wir eine obere Massengrenze von 0,5 Elektronenvolt ermitteln.« Das entspricht der unfassbar kleinen Masse von 10^{-35} Kilogramm. »Offenbar sind Neutrinos jedoch noch leichter, sonst hätten wir sie gemessen. Durch weitere Messperioden verfeinern wir die Sensitivität unseres Experiments immer weiter. In den nächsten Jahren wollen wir die Schwelle etwas unterhalb von 0,3 Elektronenvolt erreichen.« Und was passiert, wenn die Neutrinos immer noch leichter sind? »Dann haben wir noch ein paar weitere Ideen«, sagt Susanne Mertens und lacht (siehe dazu auch Frage 36, S. 241).

FRAGE 25: WAS IST DUNKLE MATERIE?

Weshalb wir nur die Spitze des Eisberges sehen

»Wir wissen schon seit geraumer Zeit, dass die Materie, die wir sehen, möglicherweise nicht die gesamte Materie im Universum ausmacht«, erklärt der Experimentalphysiker Thomas Lohse. Demnach hatte schon der Astronom Fritz Zwicky bei Betrachtung der Galaxien im Coma-Haufen bemerkt, dass die sichtbare Masse darin nicht ausreichen kann, um die Galaxien zusammenzuhalten. Später stellte die Astronomin Vera Rubin fest, dass die mittels Rotverschiebung vermessenen Rotationskurven nicht mit dem Gravitationsgesetz zusammenpassen, es sei denn, es ist sehr viel mehr Masse vorhanden, als sichtbar ist. Galaxien scheinen offenbar in eine unsichtbare, Dunkle Materie eingehüllt zu sein. »Es gibt Forscher, die sehr viel mehr unsichtbare Masse im Universum vermuten«, sagt Lohse. Dabei könnte es sich beispielsweise um Masse von sehr ursprünglichen Schwarzen Löchern handeln, den sogenannten primordialen Schwarzen Löchern, die direkt nach dem Urknall entstanden sein könnten. Diskutiert wird auch die Existenz von MACHOs, Massive Astrophysical Compact Halo Objects. Dabei handelt es sich um kompakte astrophysikalische Objekte, die bestimmte Bereiche in Galaxien bevölkern, aber in Teleskopen nur schwer auszumachen sind. »Ein anderer, etwas rigoroser Ansatz ist die Annahme, dass unser Gravitationsgesetz auf großen Längenskalen nicht zutrifft.« Das würde bedeuten, dass Einsteins Allgemeine Relativitätstheorie irgendwie modifiziert werden müsste. Ein Beispiel dafür ist die MOND-Theorie (modifizierte newtonsche Dynamik), die von einer veränderten Fernwirkung der Gravitation ausgeht. Ein wiederum mit der Quanten- und Stringtheorie verbandelter Ansatz steckt in der Idee einer entropischen Gravitation. Darin stellt die Gravitation, wie sie Newton oder Einstein beschreiben, keine fundamentale Wechselwirkung dar, sondern ist gewissermaßen bloß die statistische Folge des zweiten Hauptsatzes der Thermodynamik, wonach in einem massereichen Raum die Entropie eines Systems entsprechend zunimmt, was sich als entropische Schwerkraft äußert. »Alle diese Hypothesen werden diskutiert und sie alle haben ihre Stärken und Schwächen. Wir wissen

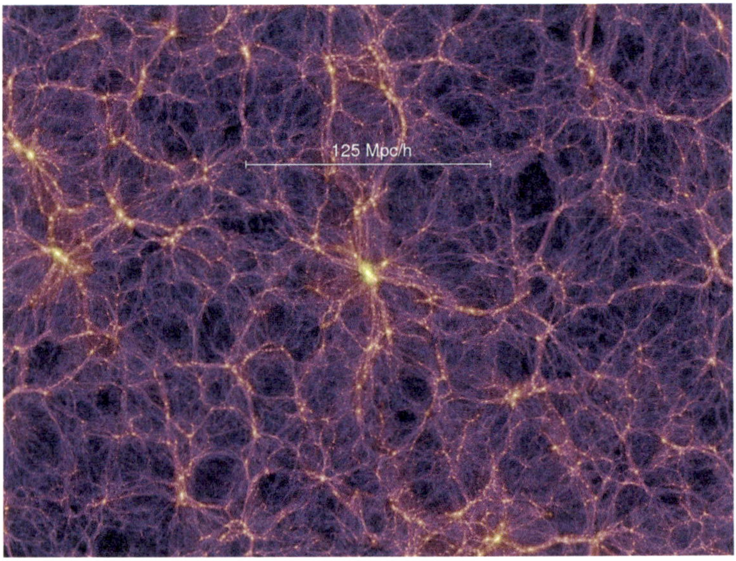

Verteilung der Dunklen Materie im Rahmen der Simulation kosmischer Strukturen des Universums durch die VIRGO-Kollaboration („Millennium Run").

einfach zurzeit nicht, was sich hinter den beobachteten gravitativen Phänomenen im Universum verbirgt«, gibt Lohse unumwunden zu.

»Der jedoch zurzeit in der Forschung mit Abstand populärste Ansatz besteht darin, eine Dunkle Materie in Form einer weiteren hypothetischen Teilchenart anzunehmen«, erklärt Thomas Lohse. »Nehmen wir also an, bei der Dunklen Materie handele sich um eine uns unbekannte Art von Elementarteilchen. Dann hätte sie definitiv keine elektromagnetische Wechselwirkung, weil sie kein Licht ausstrahlt«, sagt Lohse. Neben ihrer gravitativen Wechselwirkung könnte sie höchstens noch schwach wechselwirkend sein. Vorstellbar sind zum Beispiel hypothetische Teilchen namens WIMPs (weakly interacting massive particles, dt.: schwach wechselwirkende massereiche Teilchen). In Teilchenbeschleunigern wie dem LHC am CERN wird versucht, solche WIMPs bei den Teilchenkollisionen zu erzeugen. »– bisher allerdings ohne Erfolg, was daran liegen kann, dass die Energie des Teilchenbeschleunigers für ihre Produktion nicht ausreicht.«

Eine andere Gruppe von Wissenschaftlern versucht, diese Dunkle-Materie-Teilchen direkt nachzuweisen. Weil aber feststeht, dass Wechselwirkungen von Dunkler Materie mit der gewöhnlichen, uns bekannten Materie nur äußerst selten geschehen können, müssen Detektoren für ihren Nachweis möglichst rauschfrei sein. »Sie bestehen deshalb aus möglichst reinen Nachweismaterialien. Überdies müssen sie weitestgehend abgeschirmt sein von Störstrahlung.« Ein Beispiel dafür ist das XENON Dark Matter Project tief unter dem Gebirge des Gran-Sasso-Massivs in Italien, auf das wir noch zu sprechen kommen.

»Aber auch die Astronomie bietet Möglichkeiten für die Suche nach Teilchen Dunkler Materie wie den WIMPs. Sie müssten paarweise zu Beginn des Universums entstanden sein, ähnlich wie gewöhnliche Materie-Antimaterie-Teilchen.« Wenn dem so ist, sollte es Lohse zufolge von Zeit zu Zeit passieren, dass sich zwei WIMPs nahekommen und annihilieren, sprich in normale Teilchen zerstrahlen. »Das dürfte zwar sehr selten geschehen, weil die Wechselwirkung schwach ist, aber in Regionen im Weltall, wo die Anzahldichte dieser WIMPs sehr groß sein müsste, sollten solche Prozesse möglich sein und geschehen.« Bei der Zerstrahlung der WIMPs entstehen theoretisch alle anderen möglichen Teilchen der gewöhnlichen Materie und deren Antiteilchen (sprich Antimaterie), wie Neutrinos, aber auch Gammastrahlung. »Entsprechend sucht die Gamma-Astronomie nach Objekten, die im Gammabereich hell leuchten, deren Signale aber eben nicht von astrophysikalischen Beschleunigern herrühren, sondern von Orten, wo sich Dunkle Materie vernichten könnte«, wie zum Beispiel in sphärischen Zwerggalaxien in der Umgebung unserer Milchstraße, aber vor allem im Zentrum unserer Galaxis.

Denn aus den Rotationskurven unserer Milchstraße lässt sich rekonstruieren, dass die Galaxie bis an ihre Ränder und darüber hinaus in einen galaktischen Halo von Dunkler Materie eingebettet sein müsste. »Auf Hochleistungsrechnern können wir modellieren, wie sich diese Dunkle Materie im Laufe der Zeit in unserer Milchstraße zusammenballt. Wir haben damit eine Vorstellung des Dichteprofils der Dunklen Materie zum Galaxienzentrum hin. Wenn wir unsere Gamma-Teleskope etwas vom Zentrum sowie der galaktischen Ebene wegdrehen, dann müsste sich das gewöhnliche astrophysikalische Feuerwerk reduzieren, wie es beispielsweise in der Umgebung Schwarzer Löcher durch hochrelativistische Plasmaströme ausgelöst wird, in denen Teilchen beschleunigt werden.« Übrigbleiben sollten nur Gamma-Signale, die durch die Annihilation der WIMPs entstanden sind, und die Stärke dieser Signale sollte dem Dichteprofil entsprechen. »Zurzeit reicht die Sensitivität unserer Gamma-Astronomie noch nicht aus, um unterscheiden zu können, ob die gemessene Gammastrahlung nicht auch von sonstiger kosmischer Strahlung herrührt«, erklärt Lohse. »Aktuell kratzen wir messtechnisch sozusagen an der Kante, an der es interessant zu werden beginnt.« Doch mit dem Aufbau des Cherenkov Telescope Array (CTA) hoffen Lohse und seine Kollegen in einen für diese Fragestellung sensitiven Bereich zu kommen. »Jedoch deckt auch das CTA nur einen gewissen Massebereich ab, der im Wesentlichen bei hohen Massen oberhalb von etwa 100 Gigaelektronenvolt liegt.« Dabei ist es nicht ausgeschlossen, dass die Teilchen der Dunklen Materie ganz andere Massen haben. »Es gibt noch Experimente, wie beispielsweise das Fermi Gamma-ray Space Telescope (FGST) – ein Weltraumteleskop, das noch empfindlicher ist bei etwas kleineren Massen und Energien. Aber auch dort gibt es eine messtechnische Grenze.« Wenn also WIMP-Massen tatsächlich anders ausfallen, sind die hier angesprochenen Experimente nicht empfindlich genug.

Jedoch könnte die Dunkle Materie auch ganz anders geartet sein; nicht superschwer, sondern superleicht. Deshalb werden in der Teilchenphysik ebenso die hypothetischen Axionen heiß diskutiert. Um diesen superleichten Teilchen beizukommen, müssen ganz andere Nachweismethoden verwendet werden. Der Theorie nach dürften sie weniger als ein Milliardstel der Elektronenmasse haben, dafür aber mit Photonen koppeln können. Demzufolge müsste sich ein Photon beim Flug durch ein Magnetfeld in ein Axion umwandeln können. Bei den sogenannten Licht-durch-Wand-Experimenten wie dem Any Light Particle Search (ALPS) am DESY in Hamburg versucht man, genau dieses Phänomen zu beobachten: »Das Photon eines Laserstrahls kommt angeflogen, gerät in ein starkes Magnetfeld, wandelt sich in ein Axion um und fliegt entsprechend schwach wechselwirkend weiter durch eine Wand«, erklärt Lohse. Hinter der Wand ist wieder ein Magnetfeld, woraufhin sich das Axion zurück in ein Photon umwandelt, das von einem Detektor vermessen werden kann – so der hypothetische Prozessablauf.

»Ganz ähnliche Prozesse wollen wir übrigens auch mittels unserer Gamma-Astronomie verfolgen. Wir suchen nach hochenergetischer

Gammastrahlung aus fernen Galaxien, die uns eigentlich ohne Weiteres nicht erreichen dürfte«, erklärt Thomas Lohse. »Denn hochenergetische Gammastrahlung wird auf ihrem Weg durch den intergalaktischen Raum durch die Wärmestrahlung des Staubs oder von Sternenlicht mittels Elektron-Positron-Paarbildung stark gedämpft und abgeschwächt.« Das Universum ist somit für die hochenergetische Gammastrahlung auf großen Längenskalen im Prinzip undurchsichtig. Es ist jedoch vorstellbar, dass in einer fernen Galaxie über einen kosmischen Teilchenbeschleuniger ein hochenergetisches Photon erzeugt wird, das sich durch die intergalaktischen Magnetfelder im Galaxienhaufen der Quellgalaxie in ein Axion verwandelt. Das Axion fliegt dann ungehindert durch das Universum weiter, bis es unsere Galaxie erreicht, in der wiederum relativ starke galaktische Magnetfelder vorliegen. Die Folge wäre, dass sich das Axion in ein Photon zurückverwandeln kann. »Dieses Photon erzeugt in der Erdatmosphäre einen Teilchenschauer, den wir mit unserem Gamma-Teleskop detektieren können. Wie bei dem Experiment im Labor würden die Photonen scheinbar durch eine Wand hindurchtreten, nur im Fall der Gamma-Astronomie ist die Wand das Weltall.«

Auch Neutrinos kommen als Kandidaten für die Dunkle Materie in Frage. »Selbst dann«, sagt die Experimentalphysikerin Susanne Mertens, »wenn mit den gemessenen Massenobergrenzen am KATRIN-Experiment deutlich wird, dass die uns bekannten drei Neutrino-Arten nur wenig zum Gesamthaushalt der Dunklen Materie im Universum beitragen.« Denn laut Mertens gibt es eine weitere hypothetische Neutrino-Art, die in vielen Theorien vorhergesagt wird: das sogenannte sterile Neutrino. In einigen Theorien werden für diese hypothetischen Elementarteilchen Massen von 10^{13} Gigaelektronenvolt angenommen. Derart ultraschwere Teilchen wären kurz nach der Entstehung in der Anfangsphase des Universums schnell wieder zerfallen. »Mit Ihnen könnten wir aber immerhin die leichten

Massen der uns bekannten Neutrinos erklären«, sagt Mertens. »Wenn die hypothetischen Neutrinos aber bloß Masse im Kiloelektronenvoltbereich besäßen, wären sie auch ein attraktiver Kandidat zur Erklärung der Dunklen Materie«, – verbunden mit dem Wermutstropfen, dass wir hinsichtlich des Ursprungs der kleinen Massen der uns bekannten Neutrinos wieder vor einem Rätsel stünden. »Im Fall der Existenz von hypothetischen Neutrinos, die nicht ultraschwer sind, müssten sie mit dem KATRIN-Experiment messbar sein.« Bei den im KATRIN-Experiment beobachteten Betazerfällen entsteht in der Regel eines der drei uns bekannten Neutrinos. »Es ist jedoch vorstellbar, dass äußerst selten – optimistisch vielleicht bei jedem millionsten Zerfall – eben nicht das uns bekannte Neutrino entsteht, sondern ein steriles Neutrino.« In diesem Fall würde dem Elektron eine deutlich größere Energie fehlen, nämlich genau die Energie, die der Masse des Neutrinos entspricht. »Mit dem KATRIN-Experiment können wir zurzeit nur einen Teil des Energiespektrums der Elektronen messen. Um uns aber alle Betazerfälle anzuschauen, brauchen wir einen Detektor, der die damit verbundene dramatische Steigerung der Anzahl der Elektronen verarbeiten kann.« Das ist vom detektortechnischen Standpunkt aus sehr anspruchsvoll zu realisieren. »Um die hohen Raten für die Messung hypothetischer Neutrinos verarbeiten zu können, wird KATRIN deshalb demnächst mit einem neuen Detektor ausgestattet. Dieser neue Detektor heißt TRISTAN, was für TRitium Investigation on STerile to Active Neutrino mixing steht«, erklärt Mertens. »Er funktioniert nach dem sogenannten Siliziumdriftdetektor-Prinzip. Das sorgt dafür, dass jedes einzelne Element dieses Detektors eine sehr gute Energieauflösung hat.« Vielleicht findet TRISTAN ja tatsächlich einen Hinweis für die Existenz des sterilen Neutrinos. Doch ob steriles Neutrino, WIMP oder Axion – die Dunkle Materie spielt in welcher Form auch immer sehr wahrscheinlich eine maßgebliche Rolle bei der Strukturbildung des Universums.

FRAGE 26: WAS WAR ZUERST DA – STERNE ODER GALAXIEN?

Mehr als nur ein Henne-Ei-Problem?

»Um ehrlich zu sein, eine eindeutige Antwort haben wir noch nicht«, sagt der Astronom Matthias Steinmetz. »Vieles spricht für eine Sternentstehung in einem Umfeld, wie wir es typischerweise in einer Galaxie antreffen. Sternenbildung außerhalb einer Galaxie ist heutzutage nicht zu beobachten.« Auch bei den allerersten Sternen ist das Wirken der Schwerkraft eines Umfelds aus dichter Materie eine Voraussetzung gewesen. »Die entsprechenden Gaswolken mussten sich dafür räumlich über viele Größenordnungen hinweg zusammenziehen. Das grundsätzliche Problem dabei: Das Gas muss irgendwie seinen Drehimpuls loswerden.« Denn beim Zusammenklumpen von Masse gerät alles in Rotation, was einer weiteren Verklumpung entgegenwirkt, weshalb sich eine rotierende Akkretionsscheibe selbst stabilisiert. »Im dichten Umfeld einer Galaxie hingegen gibt es genügend Gasmaterial für ein sogenanntes Wärmebad, in dem die kollabierende Materie ihren Drehimpuls loswerden kann. Es gibt somit gute physikalische Argumente dafür, anzunehmen, dass sich letztendlich Sterne nur in einem Umfeld galaktischen Ausmaßes bilden können.« Laut Steinmetz spricht vieles dafür, dass die Dunkle Materie – ob nun aus hypothetischen Elementarteilchen oder primordialen Schwarzen Löchern bestehend – die Kondensationskeime bildete, an denen sich die Masse des frühen Universums zusammenballte. »Bei hinreichend viel Masse kam es schließlich zum Wärmebad, das den Drehimpuls der komprimierten rotierenden Masse der Protosterne aufnehmen konnte.«

Das sieht der theoretische Astrophysiker Ralf Klessen von der Universität Heidelberg ähnlich. »Zeitpunkt und Ort der ersten Sternenbildung im Universum dürfte von der Dunklen Materie bestimmt gewesen sein.« Eine große Galaxie wie unsere Milchstraße hat sich aus dem Verschmelzen vieler kleinerer Halos, in denen sich die ersten Sterne gebildet hatten, entwickelt. »Wenn man allerdings annimmt, dass es die Dunkle Materie wirklich gibt und es sich dabei um ein irgendwie geartetes Elementarteilchen handelt, könnte sie bei der Entwicklung der allerersten Sterne eine Rolle gespielt haben, die über die Strukturbildung durch Gravitation hinausgeht«, sagt Klessen. Knapp 500 Millionen Jahre nach dem Urknall war laut Standardmodell der

Tiefe Aufnahme des James-Webb-Weltraumteleskops vom Galaxienhaufen SMACS 0723, zu dem sich durch den Gravitationslinseneffekt die Lichtsignale dahinterliegender Galaxien gesellen.

Kosmologie genügend Materiezusammenballung im Universum vorhanden, sodass sich daraus die ersten Sterne bilden konnten, Kühlprozesse einsetzten und so weiter, siehe dazu auch Frage 12 (S. 106). »Existierte Dunkle Materie tatsächlich, wäre der Kollaps eines Protosterns aber maßgeblich durch diese getrieben, denn sie würde in diesem Bild die gewöhnliche Materie dominieren.« Dieses alternative Szenario der allerersten Sternenbildung hat bereits Astrophysiker George Blumenthal Anfang der 1960er-Jahre als adiabatische Kontraktion beschrieben. Die Annahme ist, dass der Kollaps des Protosterns dort stattfindet, wo auch der Schwerpunkt im Halo der Dunklen Materie liegt.

Diskutiert werden in diesem Zusammenhang obendrein Annihilationsreaktionen der Dunklen Materie, die zur Erzeugung von Energie geführt und die Akkretionsscheibe der gewöhnlichen Materie des Protosterns angeheizt haben könnten. »In der Community sind das relativ offen diskutierte Szenarien, die durchaus relevant gewesen sein könnten bei der Bildung der ersten supermassereichen Sterne und supermassereichen Schwarzen Löcher«, sagt Klessen, siehe auch Frage 22 (S. 162). »Wenn wir ein solches Szenario einmal auf die Spitze treiben, könnte bei der allerersten Sternentwicklung so viel Energie durch Annihilation von Dunkler Materie erzeugt worden sein, dass sie den Kollaps eines massereichen Protosterns aufgefangen hat.« Das haben laut Klessen zum ersten Mal die Astrophysiker Katherine Freese, Douglas Spolyar und andere Anfang der 2010er-Jahre postuliert. »Es handelt sich um gigantische Dunkle Sterne, die nicht durch Kernfusion am Leben erhalten werden, sondern durch die Dunkle-Materie-Annihilation eines Schwarzen Lochs in ihrem Innern.« Für Klessen gibt es allerdings Argumente, die gegen dieses Szenario sprechen. »Zum einen müsste der Gaskollaps exakt im Zentrum des Dunkle-Materie-Halos verbleiben. Zum anderen ist die Annihilationsphysik der Dunklen Materie sehr hypothetisch und entsprechend viele Fragen dazu sind völlig offen.«

Der weitere Verlauf bei der ersten Sternentstehung ist laut Klessen weitgehend Gasphysik und damit erkenntnistheoretisch weniger kontrovers. »Die Dunkle Materie spielt ab da eine zunehmend untergeordnete Rolle.« Die primordialen Halos aus Dunkler Materie, in denen sich das Gas verdichtet haben könnte, nehmen zwar noch an der kosmologischen Entwicklung teil – einige Halos verschmelzen zu größeren Ansammlungen und so weiter –, doch gleichzeitig erfolgt bereits der Übergang der Sterne von der ersten zur zweiten und dritten Generation. »Auf diese Weise entwickeln sich die ersten ausgereiften Galaxien.« Entsprechend finden sich die ältesten Sternpopulationen am ehesten in Satellitengalaxien der Milchstraße oder in den Zwerggalaxien. »Unsere Milchstraße ist vielleicht zehn Milliarden Jahre alt und enthält heute nur noch einen winzigen Bruchteil der allerersten Sterne – wenn überhaupt. Sie besteht überwiegend aus Sternen der zweiten, dritten, vierten und fünften Generation.«

Und wo finden wir noch ursprüngliche Orte der ersten Sternentstehung? »Wenn wir uns Galaxien mit hoher Rotverschiebung ansehen, blicken wir auf Objekte im fernen, man könnte auch sagen frühen Universum«, setzt die Astrophysikerin Eva Grebel an. »Damit sehen wir letztlich Galaxien, wie sie in der Frühzeit des Universums existiert haben.« Wegen der langen Lichtlaufzeit blicken wir also weit zurück in die Vergangenheit. Je höher die Rotverschiebung, desto jünger ist die Galaxie, die wir sehen. »Wir hoffen, auf diese Weise die Galaxien in ihren ganz frühen Entwicklungsstadien beobachten und untersuchen zu können. Dies ist auch eines der Ziele für das James Webb Space Telescope (JWST): mit der Observation heranzukommen bis zur Phase der allerersten Sternentstehung während der allerersten Galaxienentstehung«, sagt Grebel. »Diese Phase schließt unmittelbar an die Dunkle Ära an – eine lange Periode ohne leuchtende Objekte, nachdem das Universum für die Photonen durchsichtig geworden war«, – siehe auch Frage 37 (S. 246). Die sogenannte Fernfeldkosmologie wird entsprechend mit den Infrarotbeobachtungen des JWST verfolgt. »Doch viele Details lassen sich auf diese Weise nicht wahrnehmen – aufgrund der großen Entfernungen. Aber immerhin können wir die spektralen Energieverteilungen untersuchen, sprich die Helligkeiten pro Wellenlänge.« Das sagt einiges aus, zum Beispiel über die Sternentstehungsaktivitäten zu frühen Zeiten des Universums. Ferner kann man aus dem Licht analytisch ableiten, wie massereich die untersuchten Objekte zu den jeweiligen Zeitpunkten waren. »Man kann außerdem das empfangene Licht spektroskopisch analysieren und den Metallgehalt bestimmen.« Allerdings liefern nur leuchtkräftige Objekte diese Informationen für die gegenwärtig verfügbaren Teleskope. »Denn die Helligkeit nimmt mit dem Quadrat der Entfernung ab und lichtschwachen Objekten, die eigentlich das Gros der Galaxien ausmachen, kommen wir damit kaum bei.« Zudem lassen sich selbst in den lichtstarken Objekten keine Details ausmachen. Aufgrund der großen Entfernungen erscheinen sogar die leuchtstärksten Galaxien in der Beobachtung nur als kleine rötliche Lichtflecken. »Nein, um hochaufgelöste Untersuchungen vorzunehmen, muss man auf die heutigen, nahen Galaxien schauen«, sagt Eva Grebel. »Die heutigen Galaxien haben sich wahrscheinlich einige Hundert Millionen Jahre nach dem Urknall gebildet und dann über Jahrmilliarden weiterentwickelt, weshalb aber auch sie Überreste aus der frühen Phase des Universums enthalten müssten.« Dazu zählen beispielsweise sehr alte, sehr langlebige Sterne. »Wenn wir nun solche alten Sterne in den heutigen Galaxien identifizieren und ausmachen, können wir auch ihre Eigenschaften näher untersuchen. Das ist ein Ziel der Nahfeldkosmologie.« Und tatsächlich wurden Fossilien vergangener Epochen in der Milchstraße und in ausreichend nahegelegenen Galaxien bereits entdeckt, siehe Frage 30 (S. 208).

FRAGE 27: WAS SIND QUASARE?

Weshalb sie uns aus der Kinderzeit des Universums erzählen

Das Wort ›Quasar‹ ist ein Akronym und steht für sternenähnliche Radioquelle (engl.: quasi-stellar radio source). »Wir sind heute fest davon überzeugt, dass hinter den Quasaren sogenannte Galaxienkernaktivitäten stecken, um den offiziellen Begriff zu verwenden«, erklärt Astronom Matthias Steinmetz. »Quasare gehören zu einer Epoche des frühen Universums, die sehr viele Galaxien zu Beginn ihrer Entwicklung durchlaufen haben.« Viele Galaxien beherbergen ein supermassereiches Schwarzes Loch in ihrem Zentrum, das bereits viel Masse hat und beständig weitere Masse akkretiert. Ein solches Schwarzes Loch kann unter Umständen derart schnell und stark mit Masse gefüttert werden, dass es als ein Quasar zu leuchten anfängt. »Jedoch nur für eine gewisse Zeit«, räumt Steinmetz ein, »– solange der Vorrat an Masse reicht. Aber die Außenwirkungen in diesem Zeitraum sind natürlich spektakulär. Das Phänomen überstrahlt die gesamte Galaxie.« Die beständige Fütterung des Schwarzen Lochs mit Masse ist vermutlich der Hauptmechanismus eines Quasars. »Es gibt keinen physikalischen Prozess, der effizienter Energie freisetzt – nicht einmal die Kernfusion. Bei der Kernfusion wird weniger als ein Prozent der Energie, die im Wasserstoff steckt, in Form von Strahlung umgesetzt. Bei der Absorption von Masse durch ein Schwarzes Loch wird dagegen fast die Hälfte der Masse als Energie frei«, – in Form von Gravitationswellen und kosmischer Strahlung. »In diesem Sinne ist der Quasar der ultimative Energiemechanismus – sieht man einmal von direkter Zerstrahlung von Materie und Antimaterie in Form von Annihilation ab.« Inzwischen kennen wir viele supermassereiche Schwarze Löcher in den Zentren von Galaxien. »Auch in unserer Milchstraße existiert ein solches supermassereiches Schwarzes Loch:

Sagittarius A*.« Die Massemonster in den Zentren haben allerdings verschiedene Aktivitätszustände. »Die Quasare markieren ihre Frühzeit. Im Laufe der Jahrmilliarden dehnt sich das Universum aus, die Galaxien werden gasärmer und entsprechend weniger Zusammenballungen und Kollisionen finden statt – nicht nur zwischen aktiven massereichen Objekten«, erklärt Steinmetz. Das Universum normalisiert sich und wird gewöhnlicher. »Und all das sorgt dafür, dass der Mechanismus der extremen Energiefreisetzung zunehmend seltener eintritt.« Der uns nächste Quasar ist mehr als eine Milliarde Lichtjahre entfernt. Vielleicht hat auch er sich in der Zwischenzeit, die vergangen ist, bis uns sein Lichtsignal im expandierenden Universum endlich erreicht hat, etwas beruhigt.

»Bei verschiedenen Messkampagnen [engl.: surveys] wird der Himmel gezielt nach supermassereichen Schwarzen Löchern durchmustert, zum Beispiel mit dem eROSITA-Röntgenteleskop«, berichtet die Astrophysikerin Victoria Grinberg. »Dabei stehen nicht einzelne Objekte im Fokus der Untersuchungen, sondern ganze Flächen des Himmels.« Auf diese Weise konnten inzwischen viele Kandidaten für aktive galaktische Kerne identifiziert werden. »Wir sind uns mittlerweile ziemlich sicher, dass jeder dieser aktiven galaktischen Kerne ein Schwarzes Loch enthält. Allein mit unseren Surveys und den aktuellen Ergebnissen von eROSITA kommen wir bereits auf Hunderttausende solcher Kandidaten«, – so viele, dass davon ausgegangen werden darf, dass jede Galaxie ein Schwarzes Loch enthält. »Allerdings ist nicht jedes Schwarze Loch in einem galaktischen Zentrum aktiv. Manche von ihnen sind inzwischen eingeschlafen, es findet kein signifikanter Materieeinfall mehr statt.« In diesen Fällen ist keine Röntgenstrahlung oder sonstige Aktivität im Bereich des galaktischen Kerns mehr auszumachen.

»In diesem Sinne stellen Quasare kein prinzipielles Geheimnis mehr für die Astronomie dar«, bestätigt auch der Astrophysiker Heino Falcke, »– wenngleich diese Objekte äußerst faszinierend sind.« Laut Falcke hat die Theorie der Schwarzen Löcher überhaupt erst mit der Entdeckung der Quasare an Auftrieb gewonnen, »weil stellare Schwarze Löcher als einzelne astrophysikalische Objekte eigentlich eher schwer nachzuweisen sind.« Wie Steinmetz und Grinberg ist auch Heino Falcke fasziniert von ihrer Energieumsetzung. »Wir kennen keinen Prozess, bei dem so viel Energie auf so kleinem Raum erzeugt wird wie in einem Quasar«, hält Falcke fest. »Das ist unfassbar!«

Doch woher wissen wir, dass die eigentlichen Objekte dahinter verhältnismäßig klein sind? »Weil wir messen können, wie die Quasare fluktuieren. Folglich muss es sich um kleine Objekte handeln«, sagt Falcke. »Das, was da herumtanzt, kann nicht größer als ein Lichtmonat sein.« Wenn es sich bei einem Quasar um ein auf galaktischer Skala großes Objekt handeln würde, könnten die Signale des Objekts nicht kausal miteinander verbunden sein. »Ein Beispiel dazu aus dem Alltag: Fußballfans in einem vollbesetzten Stadion kann ich nicht mit einem Megafon zum synchronen, rhythmischen Klatschen animieren.« Denn das akustische Signal des Megafons benötigt unterschiedlich lang zu den Stadionbesuchern, je nachdem, wie weit sie vom Lautsprecher entfernt sind. »Die Menschen in unmittelbarer Nähe des Megafons hören das Taktsignal lange bevor es die Außenstehenden erreicht«, sagt Falcke. »Auf die Weise klatschen die Stadionbesucher bloß wild durcheinander. Nein, damit alle im Takt klatschen, darf der Abstand des akustischen Taktgebers von den Außenstehenden nicht größer sein als die Taktfrequenz geteilt durch die Schallgeschwindigkeit.« Die Situation im Stadion lässt sich analog auf ein astrophysikalisches Objekt wie einen Quasar übertragen. »Im Fall der Quasare hat man nun beobachtet, dass sich die Abstrahlungsfrequenz des Lichts im Laufe von wenigen Wochen und Monaten verändert«, sagt Falcke. Also können diese Objekte nur Lichtwochen beziehungsweise Lichtmonate groß sein. »Nun wissen wir aufgrund der Rotverschiebung ihres Lichts, dass diese Objekte sehr, sehr weit weg sind. Aus der gemessenen scheinbaren Lichtintensität können wir über den Abstand mithilfe der Rotverschiebung auf die absolute Intensität des Objekts schließen.« Daraus ergibt sich, dass die Energie, die ein Quasar erzeugt, das 30-Fache einer ganzen Galaxie übersteigt. »Das Ganze in einem Raum, der so groß ist wie unser Sonnensystem, aber mit der Energie von Billionen von Sonnen.« Mit anderen Worten: 10^{12} Sterne so groß wie unsere Sonne müssten in den Raum von der Größe unseres Sonnensystems gequetscht werden, um eine äquivalente Lichtintensität zu erzeugen. »Andererseits ist die Energie dermaßen groß, dass sie die Materie dieser Billionen Sonnenmassen eigentlich auseinanderreißen müsste.« Das ist vergleichbar mit einem Motor, der zu hochtourig läuft, überhitzt und explodiert. »Das Einzige, das einen solchen Motor, eine solche Energiemaschine, offenbar zusammenhalten kann und was diese unfassbaren Kräfte per Schwerkraft zusammenhält, sind Schwarze Löcher«, sagt Heino Falcke. »Die kann nichts auseinanderreißen. Schwarze Löcher sind stabil.« Und

Künstlerische Darstellung von dem Quasar ULAS J1120+0641, der im Zentrum ein supermassereiches Schwarzes Loch von etwa zwei Milliarden Sonnenmassen beherbergt.

entsprechend stabil ist ihre Schwerkraft, die auch die Gesamtenergie eines solchen Systems zusammenhält. »Das ist nun unser Bild von Quasaren; ein Bild, das in sich physikalisch Sinn ergibt, auch wenn das Phänomen für uns unfassbar ist.« Auch bei dem leuchtstärksten Objekt im Universum, das bisher vermessen werden konnte, handelt es sich um einen Quasar. Das Objekt mit der Bezeichnung J0529-4351 ist mehr als zwölf Milliarden Lichtjahre von der Erde entfernt und wurde gerade erst im Jahr 2024 mit dem Very Large Telescope (VLT) der Europäischen Südsternwarte ESO in Chile entdeckt. Der aktive Galaxienkern mit supermassereichem Schwarze Loch strahlt 500 Billionen Mal so hell wie unsere Sonne.

Bleibt die Frage: Wie können wir die Mechanismen der Quasare nachweisen? »Quasare sind hauptsächlich im frühen Universum entstanden und aktiv gewesen. Heute sind sie zumeist ausgebrannt«, bestätigt auch Falcke. »Aber die Schwarzen Löcher, die für die Mechanismen der Quasare verantwortlich sind, müssen noch da sein – oder ihre verkohlten Überreste. Und genau das sehen wir zum Beispiel im Zentrum von M 87, wo es immer noch ein bisschen glimmt«, – allerdings mit einer vielfach geringeren Intensität, als sie bei Quasaren zu beobachten ist. »Die Phänomene sind jedoch sehr ähnlich.« Was bei M 87 zu beobachten ist, ist laut Falcke also vergleichbar mit dem, was ein Quasar typischerweise macht. »Und bei M 87 sehen wir tatsächlich im Herzen des Objekts die Leere des Schwarzen Lochs beziehungsweise seinen Schatten«, siehe auch Frage 18 (S. 143). »Damit ist meines Erachtens der Kreis geschlossen, sodass wir heute mit großer Gewissheit davon ausgehen können, dass Quasare aus supermassereichen Schwarzen Löchern bestehen«, sagt Falcke.

»Nun steht die Idee im Raum, ein Africa Millimetre Telescope (AMT) in Namibia aufzubauen«, sagt Heino Falcke und blickt damit in die Zukunft. »Wir haben in Afrika bereits das H.E.S.S.-Teleskop, hinzu käme das AMT im Millimeterbereich, das überdies auch für

Multi-Wellenlängenmessungen eingesetzt werden könnte.« Quasare variieren laut Falcke im Gamma- und im Millimeterbereich am stärksten. Diese beiden Bereiche sind deshalb physikalisch miteinander korreliert: Teilchen, die Synchrotronstrahlung produzieren und die sich im Millimeterbereich messen lassen, produzieren anschließend auch Gammastrahlung. »Wir hätten da am selben Ort zwei Teleskope, um dies zu beobachten. Obendrein kommt noch ein optisches Teleskop hinzu, was verhältnismäßig kostengünstig ist«, sagt Falcke. »Damit hätten wir sogar drei Teleskope, die permanent dieselben astrophysikalischen Objekte beobachten könnten. Wäre das nicht wunderbar?«, fragt Falcke und lacht. Spannend wäre es allemal!

FRAGE 28: WIE ENTSTEHEN FRBs?

Von unruhigen Zeitgenossen

Als Fast Radio Burst (FRB) wird ein extrem kurzer, energiereicher, intensiver Radioblitz eines weit entfernten astrophysikalischen Objekts bezeichnet, der mehr oder weniger einmalig auftritt. Im Gegensatz beispielsweise zu Pulsaren, sprich pulsierenden Radioquellen, werden FRBs verursacht durch extrem schnell rotierende Neutronensterne. »Zu unterscheiden ist ein FRB auch vom Gamma Ray Burst (GRB)«, erklärt die Astrophysikerin Victoria Grinberg. »Hinter dem GRB verbirgt sich höchstwahrscheinlich eine Supernova-Explosion. Die Mechanismen des FRBs knüpfen daran an, wenngleich die Zuordnung des Phänomens, das den eigentlichen Ausgangspunkt bildet, noch nicht ganz geklärt ist.«

In ihrer Forschung untersucht Victoria Grinberg ganz ähnliche Phänomene, »– zum Beispiel dort, wo Materie in ein Schwarzes Loch oder in einen Neutronenstern hineinfällt. An solchen Orten kommt es zu extremen physikalischen Effekten, wie sie auch beim GRB oder FRB zu finden sein dürften.« Diese Phänomene sind in der Regel verbunden mit Akkretionsprozessen, in denen Materie in Schwarze Löcher oder Neutronensterne einstürzt, was zu gigantischen Ausstößen in Form von Plasmajets führt. »Das sind extrem energiereiche hochrelativistische Materialausstöße. Sie stammen mitnichten direkt aus einem Schwarzen Loch, sondern vielmehr aus dessen unmittelbarer Umgebung.« Die damit verbundenen Prozesse besser zu verstehen, bedeutet für Victoria Grinberg, auch Supernova-Explosionen besser verstehen zu müssen. »Betrachten wir dafür eine Supernova einmal genauer: In der Mitte bildet sich beim Kollaps ein Schwarzes Loch, das zu Beginn seiner Entstehung Materie aus dem Sternenrest akkretiert. Die Akkretionsprozesse der hier beschriebenen Bursts verlaufen wahrscheinlich in vielerlei Hinsicht ähnlich.« Für Grinberg sind Akkretionsprozesse rund um Schwarze Löcher und Neutronensterne auch deshalb so spannend, weil sie im Gegensatz zu den Supernova-Explosionen viel beständiger sind. »Denn zum einen passieren Supernova-Explosionen im Universum einfach extrem selten. Zum anderen gehen sie sehr schnell vonstatten«, erläutert Grinberg. Schon allein deshalb sind sie eher schwierig zu untersuchen: Die Astronomen müssen im richtigen Augenblick in die richtige Richtung schauen, »nämlich genau dann, wenn sich die Explosion gerade vollzieht. Akkretionsprozesse dagegen sind langwierig, ich kann sie über lange Zeiträume beobachten.«

Doch was genau verursacht nun einen Fast Radio Burst – den einmaligen Radioblitz eines astrophysikalischen Objekts? »Tatsächlich hatte ich bereits vor der offiziellen Entdeckung der als FRBs bezeichneten Phänomene vor ein paar Jahren an diesem Thema mit dem LOFAR-Teleskop gearbeitet«, erklärt der Astrophysiker Heino Falcke. Beim LOFAR-Teleskop handelt es sich um ein Low Frequency Array, den Zusammenschluss aus vielen Anlagen von Radioantennen, deren niederfrequente Signale kombiniert werden. Der Aufbau von LOFAR war seinerzeit maßgeblich von Heino Falcke initiiert worden: »Ich wollte damals untersuchen, was genau beim Kollaps eines hochmagnetischen Neutronensterns zu einem Schwarzen Loch durch plötzlichen zusätzlichen Materieeintrag passiert.« Denn es ist vorstellbar, dass ein Neutronenstern durch Zunahme weiterer Materie irgendwann so schwer wird, dass er zu einem Schwarzen Loch kollabiert. »Ebenso ist vorstellbar, dass ein Neutronenstern nur deshalb nicht zu einem Schwarzen Loch kollabieren kann, weil er sich extrem schnell dreht.« Die kritische Massenzunahme bis hin zur Bildung eines Schwarzen Lochs kann durch die Rotation des Neutronensterns und die damit verbundenen Fliehkräfte zunächst verhindert werden. Doch eine solche Rotation wird mit der Zeit abgebremst, weil der Neutronenstern ein Magnetfeld hat, das zu Verwirbelungen der elektromagnetischen Strahlung des Neutronensterns mit dem Gas in seiner Umgebung und damit zur Abbremsung führt, siehe auch Frage 14 (S. 120). »Dann fehlen aber die Fliehkräfte, um die weitere Materiezunahme des Neutronensterns zu verhindern, und irgendwann kollabiert der Neutronenstern eben doch zu einem Schwarzen Loch.« Laut Falcke könnte es dann zu einem kurzfristigen Radioblitz kommen, der sich im Universum bemerkbar machen müsste. »Wir haben solche Objekte in der Arbeitsgruppe als Blitzars bezeichnet, in Anlehnung und Abgrenzung an die Pulsare, weil sie im Gegensatz zu den Pulsaren eben nur einmal aufleuchten.« Der Name geht auf Falckes Kollegen Luciano Rezzolla zurück, mit dem Falcke zusammen an dem Problem gearbeitet hatte. Kurz nach Formulierung dieser Hypothese erfolgte die offizielle Entdeckung der ersten FRBs. Keiner wusste, worum es sich handelt. »Wir verlautbarten unsere Überlegung, es handele sich womöglich um einen Blitzar. Doch waren es dann relativ viele, die da entdeckt wurden«, sagt Falcke – deutlich mehr, als man erwartet hatte.

»Was sich heute eher zeigt, ist, dass einige dieser FRBs ihr Blitz-Signal wiederholen.« Aber dann kann für Falcke die Ursache dafür kein einmaliger Kollaps sein, so wie oben beschrieben. »Wir sehen, dass bestimmte Neutronensterne, sowohl junge als auch sehr alte, manchmal unfassbar helle Radioblitze produzieren. Doch wissen wir nicht genau, warum. Wir verstehen noch nicht, welche Mechanismen dahinterstecken«, gibt Falcke zu. »Es könnten beispielsweise auch extrem helle Blitze einzelner Pulsare sein.« Oder Blitze von pulsarähnlichen Objekten, die entweder sehr jung oder aber sehr alt sind. Das ist laut Falcke die Richtung, in der die Astrophysiker bei diesem Phänomen heute denken.

Künstlerische Darstellung von zwei verschmelzenden Neutronensternen inklusive wellenförmigem Raumzeit-Gitter.

»Jedenfalls wird der FRB aktuell nicht mehr generell als Vorstufe beim Kollaps zu einem Schwarzen Loch angesehen«, sagt Falcke, »– was aber nicht ausschließt, dass es diesen von uns prognostizierten Blitzar-Effekt unter den beobachteten Radioblitzen nicht obendrein gibt«, zum Beispiel verursacht von einem Neutronenstern kurz vor einem Kollaps zu einem Schwarzen Loch. »Es gibt sogar eine Forschungsgruppe, die festgestellt zu haben glaubt, einen solchen Blitz kurz *nach* einer Sternexplosion beobachtet zu haben.« Erst erfolgte die Sternexplosion, ein paar Stunden später war dann der Radioblitz zu sehen. »Vielleicht hat sich hier zunächst ein Neutronenstern gebildet und erst kurz darauf ein Schwarzes Loch, begleitet von einem Radioblitz«, mutmaßt Falcke. »Jedenfalls sind das Prozesse, die zuweilen im Weltraum stattfinden«, beispielsweise bei Verschmelzung von zwei Neutronensternen zu einem Schwarzen Loch. »Das alles sollten wir mit Gravitationswellen sehen und besser untersuchen können«, – wie bei der Verschmelzung der zwei Neutronensterne im Jahr 2017, dem Ereignis mit der Bezeichnung GW170817, als sich beides – die Gammasignale und Gravitationswellen – messen ließen: »Ich bin jedenfalls davon überzeugt: Es wird im Universum auch den isolierten, verspäteten Kollaps von einem Neutronenstern zum Schwarzen Loch immer wieder geben.«

FRAGE 29: WARUM HABEN GALAXIEN UNTERSCHIEDLICHE FORMEN?

Was das mit der Kraft der Bewegung zu tun hat

Das Grundverständnis über die Entstehungsprozesse der Formen von Galaxien ist aus Sicht des Astronomen Matthias Steinmetz relativ klar: »Wenn sich Gas im Universum langsam zusammenballt,

Aufnahmen verschiedener Galaxienformen: von Spiralgalaxien (oben) über eine Balkenspiralgalaxie (Mitte) bis zu verschmelzenden Galaxien (unten).

kommt es zur Rotation des Systems, bei der Fliehkräfte entstehen«, sagt Steinmetz. »Der gravitative Kollaps geht so lang vonstatten, bis er durch den Drehimpuls stabilisiert wird.« Das befördert grundsätzlich scheibenartige Strukturen. »In diesem Sinne hat jedes Gas im Universum die Eigenschaft, sich scheibenförmig ansammeln zu können.« Die Galaxien mit ihren verschiedenen Bestandteilen verhalten sich ganz ähnlich. Sie formen sich aus denselben Gründen zu scheibenartigen Strukturen, was im Wesentlichen dem Drehimpuls geschuldet ist, der ihnen bereits über Gezeitenkräfte in der Urzeit mitgegeben wurde. »Nun sind aber diese Scheiben nicht unter allen Umständen stabil«, räumt Steinmetz ein. »Es können sich galaktische Spiralarme oder Klumpen darin ausbilden.« Wenn es zum Verklumpen kommt, können sich die Massen gegenseitig ihres Drehimpulses berauben. »Dann kann alles Mögliche passieren. Wir haben es hier mit echten Vielteilchenprozessen zu tun.« Das andere Extrem ist für Steinmetz, wenn zwei Galaxien zusammenstoßen. Als Beispiel führt er zwei Scheibengalaxien an, die miteinander kollidieren. »Damit kommt sehr viel Unordnung ins System. Aus einer solchen Fusion bildet sich zum Beispiel eine elliptische Galaxie.« Sie unterscheidet sich im Ergebnis von einer Spiralgalaxie durch das Fehlen auffälliger Strukturen oder Besonderheiten. Aus Sicht von Matthias Steinmetz beschreibt das die beiden Grundprinzipien der Galaxienbildung. »Wenn sich Masse hinreichend langsam ansammelt, dann entsteht so etwas wie eine geordnete Bewegung.« Das Resultat sind scheibenförmige Galaxien. »Oder etwas kommt schnell zusammen, was zu einer ungeordneten Bewegung führt«, woraus elliptische Strukturen resultieren.

Für die Astrophysikerin Eva Grebel spielt die aktuell laufende Gaia-Mission eine große Rolle, um den Rätseln nachzugehen, wie die Milchstraße mit ihren verschiedenen Spiralarmen entstanden ist. »Dabei interessiert uns zum Beispiel, ob unsere Milchstraße in einer

Protogalaxie aus kollabierenden Gaswolken entstanden ist oder welche Rolle Verschmelzungsprozesse mit anderen Galaxien dabei gespielt haben.« So wird beispielsweise bei einer Galaxienverschmelzung das Gas der beteiligten Galaxien zusammengepresst, was die Sternenbildung befördert. Andererseits führen Galaxienkollisionen durch den Übertrag ihrer kinetischen Energien auf die einzelnen Sterne zu ungeordneten Bewegungen im Gesamtsystem. »Dank der Gaia-Mission besteht inzwischen viel mehr Klarheit darüber, wie diese Prozesse in der Milchstraße ausgesehen haben könnten«, befindet Grebel. »Mit Gaia können wir die Entfernungen von Sternen mit hoher Genauigkeit messen, außerdem lernen wir etwas über die Eigenschaften der Sterne und insbesondere über ihre Bewegungen.« Mithilfe des Weltraumteleskops können die Astronomen praktisch dreidimensionale Bewegungsabläufe der Sterne in unserer Galaxis ableiten. »Das erlaubt uns, den Einfluss der jeweiligen Umgebung auf die Sternenbewegung zu erforschen – man denke nur an die Milchstraßenscheibe oder den Halo oder den Bereich der zentralen Verdichtung, den sogenannten Bulge. Die Sterne in diesen Bereichen sind unterschiedlich alt, haben verschiedene chemische Eigenschaften und führen andersartige Bahnbewegungen aus.« So wollen die Astronomen Hinweise auf die ursprünglichen Entstehungsorte der Sterne erhalten und nach »Anzeichen dafür suchen, ob die Sterne möglicherweise andernorts entstanden sein könnten und erst später im Zuge von Galaxienverschmelzungen in die Milchstraße gelangt sind.« Diese Verschmelzungsprozesse nennt man auch galaktische Akkretionsprozesse, nicht zu verwechseln mit der Sternenmigration, bei der ein einzelner Stern durch gravitativen Einfluss an einen anderen Ort der Galaxie katapultiert wird. »Heute sind wir uns sicher, dass es in der Vergangenheit galaktische Akkretion in der Milchstraße mit massenärmeren Galaxien gegeben hat«, sagt Grebel. »Zwerggalaxien haben unseren Untersuchungen zufolge nicht unwesentlich zum Aufbau unserer Milchstraße beigetragen.« Doch welche Rolle sie im Detail gespielt haben, ist nach wie vor ungeklärt. »Angesichts der Ergebnisse aufwendiger Simulationen zur Galaxienentstehung ist die Community inzwischen aber zu der einhelligen Meinung gelangt, dass wahrscheinlich eine ganze Reihe von solchen Verschmelzungsprozessen in der Milchstraße stattgefunden haben – vor allem in der Frühphase ihrer Entstehung«, – Simulationen zufolge hauptsächlich vor etwa zehn Milliarden Jahren. »Dank der Gaia-Messungen, unterstützt durch bodengebundene Beobachtungen, können wir inzwischen diese Verschmelzungsprozesse recht gut nachvollziehen«, erklärt die Astrophysikerin. »Inzwischen haben wir sogar Überreste von zerrissenen Zwerggalaxien gefunden, die zum Aufbau unserer Milchstraße beigetragen haben müssen. Zudem beobachten wir derartige Verschmelzungsprozesse auch in anderen Galaxien.« Die größte galaktische Akkretion steht der Milchstraße allerdings noch bevor. »Nämlich dann, wenn sie in ferner Zukunft mit der massereicheren Andromeda-Galaxie zu einer großen elliptischen Galaxie verschmelzen wird«, erklärt Grebel, siehe Frage 31 (S. 211). Die bisherigen Verschmelzungen in der Milchstraße können dagegen nur mit kleineren Galaxien stattgefunden haben. »Hätte es in der Vergangenheit eine Akkretion mit einer ebenbürtigen Galaxie gegeben, würde die Milchstraße als Spiralgalaxie längst nicht mehr existieren.«

Wie wirkmächtig waren also die Verschmelzungsprozesse in der Frühzeit der Milchstraße? Dank Gaia konnte jetzt eine Reihe von Objekten aus derartigen Verschmelzungsprozessen in der Milchstraße nachgewiesen werden. »Da wäre zum Beispiel Gaia-Enceladus, eine kleinere Galaxie, die zum Zeitpunkt der Verschmelzung vor ungefähr zehn Milliarden Jahren immerhin etwa ein Viertel der Masse der Milchstraße besaß«, sagt Grebel, siehe auch Frage 23 (S. 170). Durch die Verschmelzung erfuhr unsere Milchstraße einen beträchtlichen Massenzuwachs. »Damit hat die Milchstraßenscheibe auch eine komplexere Struktur erhalten.« Die Galaxis besteht heute zum einen aus einer dünnen galaktischen Scheibe aus Gas, Staub und Sternen mit einem Durchmesser von vielen Zehntausend Lichtjahren. »Das sind Gebiete, in denen sich auch gegenwärtig Sternentstehung vollzieht.« Zum anderen enthält die Milchstraße einen wesentlich ausgedehnteren, weniger dichten Bereich aus überwiegend älteren Sternen, deren älteste Vertreter vermutlich vor etwa 13 Milliarden Jahren entstanden sind. »Bei der Verschmelzung mit besagter Zwerggalaxie rund zwei Milliarden Jahre später wurden die Bahnen dieser älteren Sterne gestört, was zur Aufspreizung der Bahnebenen und Bildung einer dicken galaktischen Scheibe entlang der ursprünglichen galaktischen Ebene geführt hat«, sagt Grebel. Diese Sterne, die vor der Zeit des Verschmelzungsprozesses bereits existiert haben, laufen heute auf stark elliptischen Bahnen.

Der erste Hinweis auf diese Art der frühzeitlichen Verschmelzungsprozesse wurde 1994 noch auf Grundlage eines bodengestützten Observatoriums entdeckt. »Ich spreche von der Sagittarius-Zwerggalaxie, bezeichnet nach der Konstellation, in der man das Dichtezentrum dieser Galaxie ursprünglich entdeckt hatte«, erläutert Eva Grebel. »Die Sternströme aus dieser zerrissenen Galaxie lassen sich über den gesamten Himmel verfolgen.« Teilweise verschmelzen die Sterne mit ihren Bahnen erst nach vielen Umläufen der einzelnen Sterne um die Milchstraße zu einer gemeinsamen Dynamik des Gesamtsystems. Kommt es dabei auch zu Zusammenstößen? »Zu physischen Kollisionen von Sternen als Folge von Akkretionsprozessen kommt es dabei eher selten. Dafür sind die Abstände zwischen den Sternen einfach zu groß, selbst in so dichten Objekten wie Kugelsternhaufen passiert das eher nicht.« Zwerggalaxien haben in der Entwicklung der Milchstraße also eine große Rolle gespielt, weswegen wir sie im Folgenden nochmals genauer unter die Lupe nehmen.

FRAGE 30: WELCHE ROLLE SPIELEN ZWERGGALAXIEN?

Weshalb sie uns von der dunklen Seite des Universums berichten

Wie in einem Planetensystem mit einem massiven Zentralgestirn hält eine Galaxie die Materie darin mittels ihrer Schwerkraft zusammen. »Die Milchstraße ist massereich, sie behält ihre Sterne relativ gut beieinander. Eine Zwerggalaxie dagegen hat ein schwaches Gravitationsfeld, das sich relativ leicht überwinden lässt«, erklärt der Astronom Matthias Steinmetz.« Das hat viele Konsequenzen: Kommt es beispielsweise in einer Galaxie wie der Milchstraße zu einer Supernova-Explosion, verbleiben die Reste des explodierten Sterns im Wesentlichen in der Galaxie. »Aus den Sternenresten der Supernova-Explosionen, die auch schwere Elemente jenseits von Helium enthalten, bilden sich die nächsten Sterne. Bei den Zwerggalaxien hingegen

Die Wolf-Lundmark-Melotte-Zwerggalaxie befindet sich am Rand unserer lokalen Galaxiengruppe.

werden während Supernova-Explosionen die Sternenreste in den Raum geblasen.« Diese Materiereste – und damit auch die schweren Elemente jenseits von Helium – entkommen der Zwerggalaxie. »Zwerggalaxien haben folglich eine geringere Dichte an gewöhnlicher Materie als beispielsweise eine Galaxie wie unsere Milchstraße, weil ein großer Teil der Masse der Sterngenerationen aus der Zwerggalaxie schlicht herauskatapultiert wurde.«

Das bedeutet im Umkehrschluss, dass alte Zwerggalaxien sehr dominiert von Dunkler Materie sein müssen. »Das macht sie natürlich sehr interessant für die Untersuchung dieses rätselhaften Phänomens.« Für Steinmetz ist eine alte Zwerggalaxie quasi Dunkle Materie in Reinform. »Die gewöhnliche Materie reicht nicht aus, um die sichtbaren astrophysikalischen Objekte dynamisch zu beeinflussen.« Schauen wir dazu noch mal auf unsere Milchstraße: Schätzungsweise die Hälfte der Masse der Milchstraße besteht aus Dunkler Materie, die andere Hälfte entsprechend aus gewöhnlicher Materie wie Protonen, Neutronen und Elektronen. »Die gewöhnliche Materie trägt signifikant dazu bei, dass zum Beispiel unsere Sonne das galaktische Zentrum umkreist, während es bei der Zwerggalaxie de facto nur die Dunkle Materie ist, die dort die Sterne zusammenhält. Das erlaubt ein fast ungetrübtes Studium der gravitativen Wirkung der Dunklen Materie.« Die gewöhnliche Materie stellt dabei gewissermaßen eine optische Markierung dar, die den Astronomen anzeigt, wo sich das eigentliche Gravitationsfeld der Zwerggalaxie in etwa befindet. Doch sie bestimmt nicht das Gravitationsfeld der Zwerggalaxie. »Das erlaubt uns, die Eigenschaften der Dunklen Materie nahezu direkt zu vermessen.«

Allgemein haben Galaxien ein breites Massenspektrum. Jedoch ist nur das obere Ende dieses Spektrums ausreichend massereich, um die darin eingebetteten Gasnebel mittels Schwerkraft zusammenzuballen und zum Kollaps zu bringen, sodass sich Gassterne darin bilden können, was Matthias Steinmetz zurückführt auf Frage 26

(S. 188): »Nur in massereichen Gebieten fangen Sterne an zu leuchten und nur diese leuchtenden Objekte können wir am Ende sehen. Die massereicheren Objekte sind also gewöhnliche Galaxien, zum unteren Grenzfall hin begegnen wir den Zwerggalaxien.«

Aber wo etwa liegt die Massengrenze bei den Zwerggalaxien? »Ganz genau weiß man das noch nicht«, gibt die Astrophysikerin Eva Grebel zu. »Die masseärmsten Galaxien, die wir bisher gefunden haben, liegen im Bereich der Massen von kleinen Sternhaufen, also bei etwa 10^5 Sonnenmassen.« Daran schließt sich für Grebel die Frage an, ob noch kleinere Zwerggalaxien vorstellbar sind. »Bestehen die kleinsten von ihnen vielleicht nur noch aus Dunkler Materie und enthalten gar keine gewöhnliche Materie mehr? Konnten sich irgendwann keine Sterne mehr bilden, weil die Gesamtmassen einfach zu niedrig waren?« Neben diesen Fragestellungen beschäftigt sich Eva Grebel auch mit den sogenannten multiplen Populationen in Kugelsternhaufen, die an große Galaxien gravitativ gekoppelt sind und möglicherweise Zwerggalaxien entstammen. »Kugelsternhaufen sind sehr alte Sternhaufen, deren Sterne – wie der Name sagt – kugelförmig um ein Zentrum verteilt sind, zuweilen auch elliptisch, und die – mit Sternenaltern von etwa zehn Milliarden Jahren – aus wirklich alten Sternen bestehen.« Nicht zuletzt wurden in Kugelsternhaufen, wie dem Mayall II im Halo der Andromeda-Galaxie auch mögliche Kandidaten für mittelschwere Schwarze Löcher mit Massen von ein paar Tausend Sonnenmassen ausgemacht, siehe Frage 22 (S. 162). Aber ob es sich wirklich um Schwarze Löcher handelt, darum wird unter den Astronomen noch heftig gestritten.

Lange Zeit gingen Astronomen davon aus, dass die Sterne in solchen Kugelsternhaufen alle ungefähr dasselbe Alter und dementsprechend dieselbe chemische Zusammensetzung haben. Doch seit ein paar Jahrzehnten weiß man, dass es in den Sternen der Kugelsternhaufen große Variationen in der Häufigkeitsverteilung der leichten Elemente gibt. »Leichte Elemente wie zum Beispiel Kohlenstoff, Stickstoff, Natrium oder Sauerstoff treten in den Sternen unterschiedlich zahlreich auf. Der Grund dafür ist unverstanden: Warum gibt es diese Variationen?« Spätere Untersuchungen haben zudem gezeigt, dass sich die Verteilung der Eigenschaften von Sternen der Kugelsternhaufen im Hertzsprung-Russell-Diagramm hinsichtlich Farbe und Helligkeit nicht in Einklang bringen lässt mit einer gemeinsamen Entstehungszeit. »Das führt zur Idee der Existenz multipler Populationen«, sagt Grebel, »und dass in solchen Sternhaufen eben möglicherweise unterschiedlich alte Sternengenerationen gemeinsam auftreten. Das ändert unsere bisherige Vorstellung von der Sternentstehung und Entwicklung der Sternhaufen völlig«, sagt Grebel. Aber was ist der Grund für die unterschiedliche Häufigkeitsverteilung der leichten Elemente in den Sternen der Kugelsternhaufen? »Es gibt dazu eine Vielzahl von Theorien, doch keine davon ist in der Lage, unsere Beobachtungen konsistent zu erklären.« Grebel zufolge erklären die Theorien zwar einzelne Objekte in einem solchen Kugelsternhaufen durchaus zutreffend, aber sie lassen sich nicht auf alle Objekte übertragen. Findet man die multiplen Populationen auch in jüngeren Sternhaufen? »So wurden auch multiple Populationen in Sternhaufen gefunden, die ein bis zwei Milliarden Jahre alt sind, aber eben nicht in allen. Wo kommen dann diese Populationen her? Das ist ein echtes Mysterium.«

FRAGE 31: WANN STÖSST DIE MILCHSTRASSE AUF DIE ANDROMEDA-GALAXIE?

Und warum wir uns wahrscheinlich nicht anschnallen müssen

»Wir werden mit der Andromeda-Galaxie in vier bis fünf Milliarden Jahren zusammenstoßen«, hält der Astronom Matthias Steinmetz lakonisch fest. »Das wissen wir.« Doch diese Erkenntnis ist laut Steinmetz noch gar nicht so alt. »Dass sich der Andromeda-Nebel auf uns zubewegt, wissen wir zwar schon seit Edwin Hubble, aber bis vor Kurzem kannten wir nicht die Geschwindigkeit der Andromeda-Galaxie an unserem Firmament.« Steinmetz meint damit die Geschwindigkeitskomponenten senkrecht zur Bewegungsrichtung beziehungsweise Sichtlinie, die sogenannte Tangentialgeschwindigkeit. »Wir vermessen nämlich von der Erde aus bloß die Geschwindigkeit auf uns zu beziehungsweise von uns weg.« Die lässt sich laut Steinmetz verhältnismäßig leicht bestimmen. »Die Geschwindigkeit senkrecht dazu liegt deutlich unter den 20 Mikrobogensekunden pro Jahr, die gewissermaßen die Unschärfe bei bodengestützten Messungen darstellt. Sie ist entsprechend schwierig zu messen, wenn überhaupt.« In diesem Sinne war die Tangentialgeschwindigkeit lange Zeit nicht näher bestimmt. »Wir wussten also nicht, ob sich die Andromeda-Galaxie direkt auf uns zubewegt oder letztlich knapp an uns vorbeischrammen wird. Doch seit etwa zehn Jahren kennen wir die Tangentialgeschwindigkeit«, – dank des Hubble-Weltraumteleskops, das eine ähnliche Genauigkeit aufweist wie Gaia. »Nach Messzeiten über einen Zeitraum von über 20 Jahren können wir inzwischen abschätzen, wie schnell sich Andromeda am Firmament bewegt und wissen daher, dass sie tatsächlich auf Kollisionskurs mit unserer Milchstraße ist.« Informationen zur Präzisierung der Messungen liefern überdies systematische Durchmusterungen von kompakten Strahlungsquellen mit sehr hoher Strahlungstemperatur in der Andromeda-Galaxie – die sogenannten Maser-Quellen (microwave amplification by stimulated emission of radiation). Bei den Quellen kann es sich um extragalaktischen Wasserdampf, Methanol oder auch Formaldehyd handeln. Teleskope wie das Very Large Array (VLA), das Atacama Large Millimeter/submillimeter Array (ALMA) oder das Five-hundred-meter Aperture Synthesis Telescope (FAST) bewerkstelligen die Durchmusterungen. Sie geben Auskunft über die physikalischen Bedingungen der extragalaktischen Moleküle und über ihre Dynamik.

Dass sich die Andromeda-Galaxie und die Milchstraße aufeinander zubewegen, scheint also festzustehen. Wie aber kann man sich die Kollision vorstellen? Steinmetz bleibt gelassen. »Das wird relativ unspektakulär verlaufen«, erklärt er. »Denn die Abstände zwischen den Sternen sind sehr groß und bleiben es trotz Verschmelzung der beiden Galaxien überwiegend auch.« Aus seiner Sicht werden sich diese beiden gigantischen Masseansammlungen im Wesentlichen unberührt durchdringen. »Beide Galaxien sind zudem nicht mehr sonderlich gasreich.« Sie haben im Wesentlichen ihre Sterne gebildet, bloß ein Zehntel der gewöhnlichen Masse liegt in den Galaxien noch in Form von Gas vor. Auch deshalb rechnet Matthias Steinmetz nicht mit gravierenden Ereignissen. »Vielleicht gibt es noch mal eine AGN-Phase, sprich eine Phase mit einem active galactic nucleus [dt.: aktiven galaktischen Kern], wenn die Schwarzen Löcher in den gal-

Künstlerische Darstellung von der Kollision der Andromeda-Galaxie mit unserer Milchstraße.

aktischen Zentren in diesem Konglomerat von Andromeda und Milchstraße plötzlich mit Materie gefüttert werden.« Das schließt Steinmetz nicht aus, doch sehr überzeugt sind die Astronomen davon nicht. »Dafür haben wir zu kleine Schwarze Löcher, sind die beiden Galaxien zu gasarm, fehlt es einfach an ›Pepp‹ dahinter. Wahrscheinlicher ist, dass sich die Galaxien verhältnismäßig sanft durchdringen«, vermutet Steinmetz. »Der Nachthimmel wird allerdings spektakulär ausschauen. Man stelle sich vor, da ist nicht einfach nur ein Band der Milchstraße am Nachthimmel, sondern zwei, nämlich neben der Milchstraße auch das der Andromeda-Galaxie«, schwärmt Steinmetz.

Also bloß ein harmloses Rendezvous in der Zukunft? »Es kommt darauf an, was unter ›harmlos‹ zu verstehen ist«, hält die Astrophysikerin Eva Grebel entgegen. »Denn für die beiden Galaxien als Gesamtsysteme hat eine solche Verschmelzung durchaus gravierende Auswirkungen, wie sich recht gut bei anderen Galaxienverschmelzungen beobachten lässt.« Grebel führt spektakuläre Beispiele von miteinander verschmolzenen Spiralgalaxien wie NGC 6052 an, die sich im Universum an unterschiedlichen Stellen beobachten lassen. »Zunächst einmal werden die Scheibenstrukturen in den Spiralgalaxien gestört«, erklärt Eva Grebel. Die Sterne nehmen dabei elliptische Bahnen an, teilweise auch chaotische, instabile. »Es bildet sich in Folge eine einzige elliptische Galaxie aus«, sagt sie, siehe auch Frage 29 (S. 202). Das ist aus Sicht von Grebel durchaus ein invasiver Aspekt, eine dramatische Veränderung für das Gesamtsystem. »Die Gestalt des verschmolzenen Objekts ist eine ganz andere als zuvor, die Spiralgalaxien Milchstraße und Andromeda werden ihre Formen verlieren.«

Wie Steinmetz hält auch Grebel unmittelbare Kollisionen zwischen den Sternen für eher unwahrscheinlich. »Die Entfernungen zwischen den Sternen sind enorm groß«, erklärt die Astrophysikerin. »Aber das Gas der beiden kollidierenden Galaxien wird mit großer Geschwindigkeit aufeinandertreffen und zusammengepresst.« Auch wenn die Gasvorräte der Galaxien im Zeitraum der Kollision bereits überschaubar sind, vermutet Grebel in der Folge eine erhöhte Sternentstehung. »Das dürfte spektakulär aussehen – der Nachthimmel wird jedenfalls sehr viel heller sein durch die höhere Sternendichte und intensive neue Sternentstehung infolge des Zusammenpralls der Galaxiengase [engl.: starburst]. Aber der Prozess der neuen Sternentstehung ist zeitlich begrenzt, irgendwann ist das zusätzliche Gas, das durch die Kollision in das Gesamtsystem eingebracht wird, aufgebraucht und dann nehmen die Sternenbildung und alle damit zusammenhängenden Aktivitäten wieder ab.« Dann endet auch die Zeit der spektakulären Himmelserscheinungen an unserem Nachthimmel mit unzähligen, sehr massereichen Sternen, die entstehen und nach kurzer Zeit als Supernova aufblitzen und enden. »Aber all dies werden wir Menschen vermutlich ohnehin nicht mehr erleben, weil sich unsere Sonne bis dahin schon längst zu einem Roten Riesen aufgebläht hat und die Erde nicht mehr existieren wird.« Wir werden dieses Ereignis der Kollision von Andromeda und Milchstraße zumindest nicht von der Erde aus beobachten können. Das berührt letztlich die offenen Fragen nach der Zukunft unseres Sonnensystems wie die des Universums im Allgemeinen, siehe Frage 39 (S. 258).

FRAGE 32: WARUM BILDEN GALAXIEN EIN KOSMISCHES NETZ?

Von den Urnebeln zu den Filamenten des Alls

Aus Sicht des Astronomen Matthias Steinmetz bleibt den Galaxien eigentlich gar nichts anderes übrig: »Die Bildung eines kosmischen Netzes erfolgt fast zwangsläufig.« Dahinter steckt der Umstand, dass die Gravitation langreichweitig und anziehend ist und sich zudem die

Zusammenballung von Masse beschleunigend auswirkt. »Denken wir einmal sphärisch-symmetrisch«, führt Steinmetz physikalisch in die Fragestellung ein: »Im Fall von homogen verteilten Punktmassen ist der Ablauf verhältnismäßig einfach.« Das Gesamtsystem beginnt zu kollabieren, wobei sich das Gravitationsfeld zum Zentrum hin verstärkt. »Je kompakter es wird, desto stärker wird auch das Gravitationsfeld, das Objekt kollabiert weiter, wird noch kompakter und entsprechend stärker wiederum das damit zusammenhängende Gravitationsfeld.« Ein klassischer Runaway-Prozess, den nichts aufhalten würde, gäbe es nur die Gravitation. »Betrachten wir aber ein System, das nicht kugelsymmetrisch ist, also entlang einer Achse etwas kleiner als entlang der anderen.« Bei einer solchen Störung der Symmetrie ist die Gravitationskraft entlang der einen Achse stärker ausgeprägt. »Das führt zu einer Verflachung des kollabierenden Objekts. Aus demselben Grund, aus dem es kollabiert, verflacht es.« Ebenso sind Fälle vorstellbar, bei denen sich das betreffende Objekt in der einen Richtung ausdehnt und in der anderen kollabiert. Aber auch solche Fälle führen laut Steinmetz letztlich zu einer Verflachung der Form des Gesamtsystems. »Selbst im Fall eines Kollabierens in beide Richtungen evakuiert sich das System quasi selbst, indem es sich schlussendlich in alle Richtungen ausdehnt.« Damit erfolgen laut Steinmetz zwangsläufig bestimmte dynamische Sequenzen in der Entwicklung galaktischer Systeme, getrennt durch riesige Hohlräume, die in der Kosmologie als Voids bezeichnet werden. »Rein statistisch betrachtet tritt in manchen Gebieten des Universums der Fall ein, dass sich Systeme in alle drei Raumrichtungen ausdehnen, in anderen Gebieten dagegen nur in zwei Raumdimensionen und in wieder anderen kollabieren sie.« Ebenso ist laut Steinmetz vorstellbar, dass Systeme in zwei Raumdimensionen kollabieren und sich in der dritten ausdehnen oder sich der Kollaps in allen drei Raumdimensionen vollzieht. »Alle diese Fälle sind gleich wahrscheinlich«, hält Steinmetz fest. »Aber dort, wo eine Ausdehnung stattfindet, entsteht immer auch ein großes Loch«, – besagte Voids. »Und die Gebiete, die kollabieren, entwickeln sich auf der kosmischen Skala mehr oder weniger punktförmig zu einer Galaxie.« Die Fälle dazwischen, mit einer Ausdehnung in der einen Raumdimension und einem Kollabieren in der anderen, führen laut Steinmetz zur Ausbildung von Filamenten: Seile oder flächenartige Strukturen aus Materie. »Dieses Netzwerk entsteht somit zwangsläufig aus einer kleinen Störung der Symmetrie einer Struktur. Eigentlich der notwendige Lauf der Dinge.«

Daraus leiten sich für Steinmetz viele offene Fragen ab: Wie groß sind die Leerräume im Universum, wie lang die Filamente, welche Sorte von Sternen findet sich darin? Wie sind die Anteile der Dunklen Materie und der gewöhnlichen Materie? Wie schnell dehnen sich diese Strukturen aus? »Alle diese Fragen sind eng mit der Strukturbildung des Universums verknüpft.« Doch das Grundprinzip, dass sich ein kosmisches Netz im Laufe der Evolution des Universums herausbildet, ist für Steinmetz zwingend und folgt aus der Anziehungskraft der Gravitation. Auf diese Weise bildet sich ein kosmisches Netzwerk aus Filamenten von Galaxien, Galaxienhaufen und galaktischen Superhaufen, die lose über Leerräume gravitativ miteinander verbunden sind.

Lässt sich das Ganze irgendwie kartografieren? »Die 3D-Kartografie des Universums haben wir erstmals in den 1980er-Jahren mit dem berühmten CfA Redshift Survey begonnen«, erklärt Matthias Steinmetz. Damals stand die Region um den Virgo-Haufen im Fokus. »Heute untersuchen wir bei unseren Durchmusterungen Millionen von Galaxien.« Die Verarbeitung der entsprechenden Messdaten ist ein komplexer Prozess. »Zunächst wird die Position der Galaxie in zwei Koordinaten vermessen, dies erfolgt durch Digitalfotografie«, sagt Steinmetz. »Das ist noch verhältnismäßig leicht zu bewerkstelligen. Aber nun kommen wir zur dritten Dimension, der Tiefe.« Steinmetz erinnert daran, wie schwierig die Abstandsmessung in der Astronomie ist, siehe auch Frage 23 (S. 170). »Bei Galaxien hilft der Umstand, dass die meisten von ihnen so weit entfernt sind, dass sie sich im Grunde alle mit der Ausdehnung des Universums von uns wegbewegen.« Die Eigenbewegung dieser Objekte ist klein im Vergleich zur Ausdehnungsgeschwindigkeit unseres Kosmos. Diese lässt sich dann aus der Rotverschiebung des gemessenen Lichts im Spektrum des untersuchten Objekts bestimmen. »Damit wissen wir, mit welcher Geschwindigkeit sich das Objekt von uns wegbewegt.« Ein Maß für die Expansionsgeschwindigkeit des Universums ist die Hubble-Konstante. Je weiter eine Galaxie von uns entfernt ist, desto schneller bewegt sie sich von uns fort, was sich in der Rotverschiebung des Lichts zeigt. Über die Hubble-Relation ist bei Kenntnis der Fluchtgeschwindigkeit der Galaxie ableitbar, wie weit die jeweilige Galaxie von uns entfernt ist. »Auf diese Weise kann eine dreidimensionale Karte von den Galaxien in unserem Universum erstellt werden.« Allerdings ist die Messung von Spektren zeitaufwendig und die Astronomen sind auf bodengestützte Instrumente, sprich Teleskope und Observatorien, angewiesen. »Der große Fortschritt der letzten Jahre lässt sich unter dem Begriff Multi-Object-Fotografie zusammenfassen«, sagt Steinmetz. Dabei werden die Galaxien nicht einzeln spektroskopisch vermessen, sondern Hunderte und neuerdings sogar Tausende von Galaxien auf einmal. Möglich wird das durch die Verwendung handelsüblicher Lichtfasern in den Spektrografen. »Jede Faser fokussiert auf eine Galaxie, ihr Licht wird parallel vom Teleskop zum Spektrografen geführt. Das erlaubt es uns, mit einer einzigen Aufnahme für Hunderte von Fasern jeweils ein Spektrum zu erstellen.« Auf diese Weise werden heutzutage über viele Jahre hinweg Millionen von Spektren aufgenommen, was die Erstellung großräumiger dreidimensionaler Karten von Millionen von Galaxien ermöglicht – die Kartografie des Weltraums.

Wie Matthias Steinmetz sieht auch der Kosmologe Matthias Bartelmann von der Universität Heidelberg die große Herausforderung bei der Kartografierung des Universums in der Abstandsmessung. »Die Geschwindigkeitsmessungen sind zwar relativ einfach zu bewerkstelligen, aber um die Eigenbewegungen der Objekte vernachlässigen zu können, muss man schon zu relativ großen Entfernungen gehen.« Denn erst bei weit entfernten Objekten kommt man in den Bereich des sogenannten Hubble-Flusses, der die Entfernung anhand der Rotverschiebung des Lichts etwas fehlerfreier angibt. Matthias Bartelmann führt neben Parallaxen-, sprich Winkelentfernungen, noch die Leuchtkraftbestimmung von Objekten als ein grundlegendes Entfernungsmaß in der Kosmologie an. »Das nutzt man, wenn man zum Beispiel aus Standardkerzen auf die Hubble-Konstante schließen möchte.« Nun gibt es verschiedene Arten von Standardkerzen, die mehr oder weniger gut standardisiert sind. Supernovae vom Typ Ia sowie die Cepheiden-Sterne sind die bekanntesten. Neuerdings kommen Rote Riesen hinzu, die im Hertzsprung-Russell-Diagramm die Spitze des Rote-Riesen-Asts bevölkern und sich in der Analyse als Standardkerze etablieren. »In dem Moment, in dem ein Stern zum Roten Riesen mutiert und seinen Heliumvorrat zündet, hat er eine relativ gut standardisierte Leuchtkraft.« Die entsprechenden Objekte sind sehr hell und lassen sich deshalb über sehr große Entfernungen ausmachen, was sie als Standardkerze zur Entfernungsmessung qualifiziert. Weitere Methoden der Abstandsmessung basieren auf der kosmischen Mikrowellenhintergrundstrahlung, die dem Universum sozusagen ein Längenmaß aufgeprägt hat, an dem sich die Entfernungen der Strukturen ablesen lassen, siehe auch Frage 35 (S. 237). Inwiefern sich die verschiedenen Abstandsmessungen widersprechen oder übereinstimmen, darüber streiten die Gelehrten seit Jahren, wir kommen darauf zurück, siehe Frage 38 (S. 252).

Um die Übereinstimmung mit den Messungen zu überprüfen und ein konsistentes Bild zu erhalten, wird die Entwicklung des Universums daher auch in verschiedenen kosmologischen Modellen aufwendig simuliert. »Eine der detailliertesten Simulationen der vergangenen Jahre stellen die Constrained Local UniversE Simulations (CLUES) dar«, erklärt der Astrophysiker Günther Hasinger vom Deutschen Zentrum für Astrophysik (DZA). CLUES ist eine Simulation, die seinerzeit unter der Leitung des Leibniz-Instituts für Astrophysik in Potsdam durchgeführt wurde und den direkten Vergleich mit den Messungen und Beobachtungen erlaubt. »Großräumige Strukturen unserer Umgebung, wie der Virgo- oder der Coma-Galaxienhaufen, finden sich in dieser Simulation wieder«, sagt Hasinger. Inzwischen dringen die Astronomen

Die CLUES-Simulation der Galaxienstrukturen um die Lokale Gruppe und den Virgo-Galaxienhaufen.

noch tiefer in die Weiten des Weltalls vor, hin zu dem lokalen Groß-Superhaufen von Galaxien namens Laniakea, dem unter den unfassbar vielen anderen Galaxien auch unsere Milchstraße angehört.

Ebenso wie Steinmetz und Bartelmann ist auch Hasinger der festen Überzeugung, dass die Dunkle Materie eine wesentliche Rolle bei der gravitativen Ausformung der Materie zu einem kosmischen Netzwerk aus galaktischen Zentren, Filamenten und den großen Leerräumen dazwischen gespielt haben dürfte. Doch die Natur der Dunklen Materie ist nach wie vor unklar. »Es gibt eine ganze Reihe von rätselhaften Puzzlestückchen in unserem Bild von der Entwicklung des Universums, die sich mit primordialen Schwarzen Löchern wunderbar erklären ließen«, sagt der Astrophysiker Günther Hasinger. »Denn solche primordialen Schwarzen Löcher erzeugen viel kompaktere Gravitationsfelder als herumschwirrende hypothetische Elementarteilchen wie WIMPs oder Axionen«, sagt Hasinger. »Sie bilden diskrete, punktförmige Objekte, die ein Gravitationsfeld auf kleinem Raum viel stärker krümmen.« Damit könnte laut Hasinger die Verklumpung im Universum und die Stern- und Galaxienentstehung sehr viel früher und schneller vonstattengegangen sein. »Im Bild der primordialen Schwarzen Löcher bilden sich die Sterne nicht erst 300 Millionen Jahre nach dem Urknall, wie im Standardmodell der Kosmologie derzeit beschrieben, sondern bereits nach 50 Millionen Jahren.« Das wäre sechsmal schneller als bisher erwartet. Tatsächlich hat das James Webb Space Telescope bereits unerwartet viele Galaxien des frühen Universums gefunden. »Und wir kratzen uns am Kopf, wie diese Galaxien so früh entstanden sein könnten.« Das wäre ähnlich schnell wie die supermassereichen Schwarzen Löcher in den Quasaren. »Mittels primordialer Schwarzer Löcher ließe sich das erklären«, sagt Hasinger und lacht. Ein weiterer Grund, sich das Geschehen beim Urknall des Universums jetzt noch mal genauer anzuschauen, siehe die nächste Frage 33 (S. 225) im folgenden Kapitel.

TEIL 6

DAS FURIOSE UNIVERSUM

Wo nichts einfach nur so ist, wie es scheint

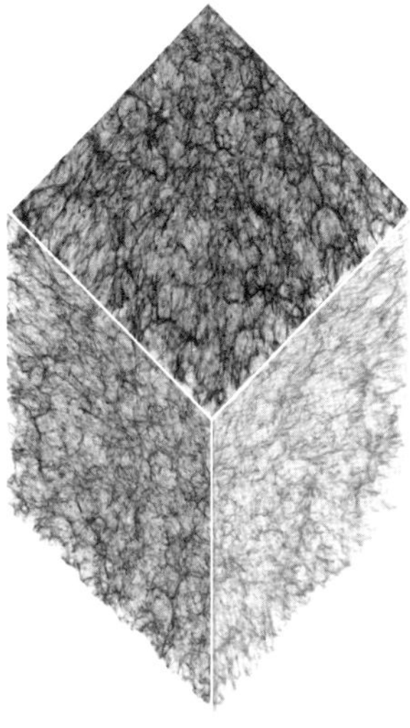

Das Weltall, von den alten Griechen als Kosmos – die Ordnung im Gegensatz zum Chaos – bezeichnet, oder latinisiert das Universum: Gemeint ist im Sinne der ersten beiden Begriffe die Gesamtheit der Sterne und Sternsysteme und alle Objekte darin, im modernen wissenschaftlichen Sinne die Gesamtheit von Raum, Zeit, Materie und Energie. Im weitesten Sinne ist die gesamte Natur eingeschlossen. Eng damit verknüpft ist der etwas veraltete Begriff des Weltalters – die Zeit, die nach der heute allgemein anerkannten Theorie vom expandierenden Kosmos seit dem Urknall verstrichen ist und etwa 13,8 Milliarden Jahre umfasst. Während alle Naturwissenschaften zur Erforschung des Weltalls beitragen, steht im Fokus der Kosmologie die Ergründung des Aufbaus und der Entwicklung des Universums, besonders im Bereich der Galaxiensysteme und großen kosmologischen Strukturen. Ausgehend von den astronomischen Beobachtungen und Erfahrungen seit der Antike und heute gestützt von einer modernen Geräte- und Messtechnik, basiert die Kosmologie auf den physikalischen Erkenntnissen und Theorien zur Gravitation der Allgemeinen Relativitätstheorie und zielt darauf ab, eine möglichst präzise Vorstellung über Entstehung, Entwicklung, Alter, Ausdehnung und Struktur des Kosmos zu gewinnen.

Die Kosmologie entwickelte sich jedoch erst in den letzten 100 Jahren zu einer selbstständigen Fachdisziplin, angefangen mit dem Nachweis, dass unsere Milchstraße nur ein einzelnes unter zahlreichen anderen Sternensystemen ist. Einen starken Impuls erhielt die kosmologische Forschung durch die Entdeckungen des Hubble-Gesetzes und der kosmischen Hintergrundstrahlung, die eine Expansion des Weltalls erkennen lassen und damit die Fragen nach der zeitlichen Veränderlichkeit und einem Anfangszustand aufwerfen. Mit der Zeit hat das Forschungsgebiet an Substanz durch theoretische Arbeiten zur Topologie des Kosmos gewonnen, sprich zur Räumlichkeit des Weltalls. Darunter fällt auch die Erkenntnis, dass die Struktur des kosmologischen Raums durch eine nichteuklidische Geometrie beschrieben werden kann, ähnlich der Flächenbestimmung auf einem Globus, was die Vorstellung eines unbegrenzten Raums mit endlichem Volumen erlaubt: Das Universum kann räumlich flach, positiv oder negativ gekrümmt sein. Bei positiver Krümmung ist es endlich, wenn es flach oder negativ gekrümmt ist, könnte es sogar unendlich groß sein. Grenzenlos ist es laut dem kosmologischen Prinzip in allen Fällen, wonach das Universum überall und in allen Richtungen gleich ist – sprich homogen und isotrop, es somit auch keine Mitte und kein Zentrum im Universum gibt. Unterstützt werden die Urknalltheorie und die Vorstellung eines expandierenden Universums durch die Entdeckung der sich in zeitlichen Etappen vollziehenden Bildung der chemischen Elemente. Einen weiteren Beleg liefert außerdem das sogenannte Olbers-Paradoxon, demzufolge es im Fall eines statischen Universums, das unendlich groß ist, an unserem Nachthimmel keine dunkle Stelle geben dürfte, die nicht durch dahinterliegende Sterne ausgeleuchtet ist. Das ist offensichtlich nicht der Fall. Doch auch ein unendliches, aus einem Anfangszustand heraus expandierendes Universum stünde nicht per se im Widerspruch zur Urknalltheorie.

In der Kosmologie treffen Makrokosmos und Mikrokosmos, die Welt des Allergrößten und des Allerkleinsten, aufeinander: die Schlange Ouroboros, die sich in den eigenen Schwanz beißt. Die Teilchenphysik, auch als Hochenergiephysik bezeichnet, ist eng mit der frühen Entwicklung des Universums verknüpft, da in den ersten Minuten unmittelbar nach dem Urknall alle Sorten von Elementarteilchen erzeugt wurden und eine extrem heiße und dichte Ursuppe bildeten. Die Physik bei mittleren Energien ist die Kernphysik; sie beschreibt die physikalischen Abläufe in den Sternen, die erst Millionen Jahre später in dem sich abkühlenden Universum entstanden. Die Bildung der Materie aus Sternenstaub zu Planetesimalen als Vorstufe der Planetenentstehung Milliarden Jahre später geht schließlich auf festkörperphysikalische und chemische Prozesse bei noch kleineren Energien zurück.

Als klassische Pioniere der Kosmologie gelten neben Albert Einstein mit der Allgemeinen Relativitätstheorie und Edwin Hubble mit den astronomischen Vermessungen von Galaxien zum Beispiel auch Alexander Friedmann und Georges Lemaître mit ihren Friedmann-Lemaître-Gleichungen zur zeitlichen Entwicklung des Universums oder auch James Peebles mit seinen theoretischen Arbeiten zum Standardmodell der Kosmologie. Dieses Modell enthält drei Hauptkomponenten des Universums: erstens eine Größe, die wir als Dunkle Energie bezeichnen, zweitens die Dunkle Materie, der wir bereits im vorangegangenen Teil begegnet sind, und drittens die gewöhnliche Materie inklusive der Lichtstrahlung. Was genau hinter den beiden dunklen Komponenten steckt, ist noch nicht klar und stellt eines der größten Rätsel der Kosmologie dar. Immerhin können wir heute die Entwicklung des Universums vom Urknall bis zur Gegenwart phänomenologisch sehr genau nachzeichnen. Wir erkennen: Der Kosmos ist in Raum und Zeit tief strukturiert und ermöglichte schließlich die Evolution des Lebens auf der Erde.

FRAGE 33: WIE IST DAS UNIVERSUM ENTSTANDEN?

Weshalb es unmittelbar nach dem Urknall wahrscheinlich zur Aufblähung gekommen ist

»Was ganz am Anfang los war, wissen wir nicht«, sagt der Astrophysiker Günther Hasinger vom Deutschen Zentrum für Astrophysik (DZA). »Wir müssen davon ausgehen, dass zu Beginn des Universums unvorstellbare Bedingungen herrschten, die sich kaum beziffern lassen.« Das gesamte Proto-Universum ist mit einem Energiefeld ver-

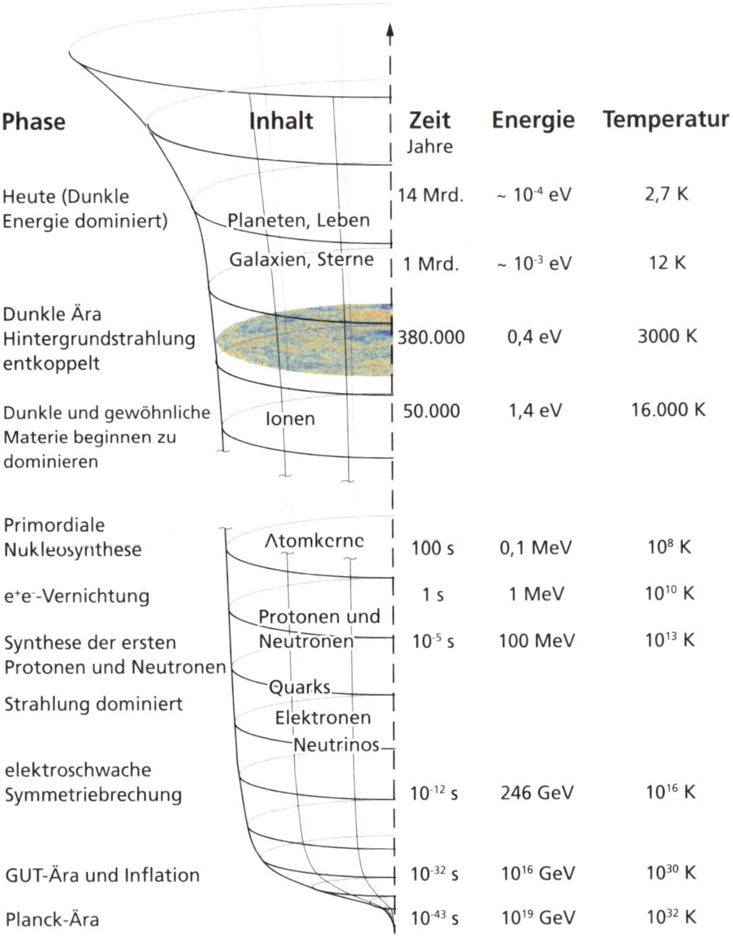

Die Entwicklung des Universums vom Urknall über die Planck-Ära und Inflation bis in die Gegenwart in Abhängigkeit von Zeit, Temperatur, Energie und seinem Inhalt.

sehen, einer Art Dunklen Energie – ein omnipräsentes, richtungsunabhängiges Feld, das überall und immer vorhanden ist. Dieses Feld wird erfasst von Quantenfluktuationen. Durch kosmische Expansion ergießt sich die Energie beim Urknall in den Raum – ein Raum, der von Beginn an die Gesamtheit des Universums einschließt und ohne Materie gezwungen ist, sich exponentiell auszudehnen. »Die erste zeitliche Phase des Universums nach dem Urknall nennen wir Planck-Ära«, sagt Hasinger. »Sie dauert mutmaßlich nur einen abstrus kleinen Bruchteil einer Sekunde, nämlich den aberwitzigen Zeitraum von 10^{-43} Sekunden.« Während dieser Zeit gelten die Grundvoraussetzungen unseres physikalischen Vorstellungsvermögens noch nicht, da physikalische Größen wie Zeit, Länge, Volumen und so weiter kleiner sind als die quantenmechanische Unschärfe, die diesen physikalischen Größen naturgemäß zu eigen ist. Mit anderen Worten: Raum und Zeit fluktuieren innerhalb dieser kurzen Ära und es war durchaus möglich, dass die Ursache für ein Ereignis erst nach ihrer Wirkung kommt. Das ist schwer vorstellbar und widerspricht dem Apriori unseres Denkens. »Wir vermuten, dass in dieser geheimnisvollen Planck-Ära die vier uns heute bekannten fundamentalen Kräfte noch in einer Urkraft vereinigt sind.« Eine Theorie zur Planck-Ära müsste daher die einsteinsche Relativitätstheorie zur Gravitation des Makrokosmos und die heisenbergsche Quantentheorie des Mikrokosmos in einer Quantengravitation vereinigen. »Leider ist bisher noch niemandem eine konsistente und in sich widerspruchsfreie Vereinigung zu einer ›Theorie von allem‹ [engl.: Theory of Everything, kurz: ToE] gelungen.«

Das Universum vergrößert sich indes rasant weiter und bewegt sich nach etwas mehr als 10^{-43} Sekunden aus den bizarren Planck-Skalen heraus. Die Temperatur beträgt nun etwa 10^{32} Kelvin. Es kommt zu einer abrupten Vergrößerung des Raums. So bläht sich allein der für uns heute beobachtbare Teil des Universums plötzlich für einen ultrakurzen Zeitraum um etwa 26 Größenordnungen von einem fast punktförmigen Etwas zu einem Objekt der Größe eines Fußballs auf. Das ist, als würde ein Proton mit einem Radius von 10^{-15} Metern in kürzester Zeit auf die Größe der Erdumlaufbahn um die Sonne von 10^{11} Metern anwachsen. »Diese exponentielle Aufblähung ist quasi der Urzustand des nicht massebeladenen Universums. Die eigentliche Frage ist, warum sie abrupt wieder aufhört.«

Spontan findet dabei ein wichtiger Phasensprung statt, bei dem sich die Gravitation von der vereinigten Wechselwirkung der Elementarteilchen abspaltet. »Die Quantenfluktuationen des Vakuums erzeugen unermüdlich virtuelle Teilchenpaare, bestehend aus elementaren Teilchen und ihren Antiteilchen. Sie werden bei der rasanten Expansion sehr schnell und sehr weit auseinandergezerrt«, erklärt Hasinger. Unter anderen Umständen würden sie ihr jeweiliges Antiteilchen schnell wiederfinden und sich als Lichtblitze gegenseitig auslöschen (annihilieren). Aber die Abstände zwischen ihnen sind schnell derartig groß, dass sie ihrer Selbstvernichtung vorerst entgehen. »Sie werden aus dem Vakuum herausgerissen und sind plötzlich reell. So entstehen sämtliche Elementarteilchen in exakt gleicher Anzahl. Ihre Teilchenenergien betragen mutmaßlich 10^{19} Gigaelektronenvolt; das liegt etwa 17 Größenordnungen oberhalb der Energien, die sich heutzutage mit unseren größten Beschleunigeranlagen im Labor erzielen lassen«, so Hasinger. Der Zeitraum des extrem schnellen Aufblähens des Universums wird als Inflation bezeichnet. »Wir vermuten ein skalares Inflaton-Feld als Ursache, das den gesamten Raum in dieser Zeitspanne vollständig erfüllt und ihn auseinandertreibt.« Das ist zwar eine gewagte Hypothese, aber eine sehr einleuchtende, wie wir noch sehen werden. Die Kräfte der Teilchen und Antiteilchen sollten sich im Rahmen einer GUT (Grand Unification Theory) beschreiben lassen, weil in dieser kurzen Ära abseits der Gravitation die drei fundamentalen Kräfte (starke, schwache und elektromagnetische Kraft) noch vereint sind. »Diese vereinte GUT-Kraft wird durch ein hypothetisches Kräfteteilchen übertragen, das sogenannte X-Boson, das eine extrem kurze Lebensdauer haben dürfte.« Dichte und Temperatur in dieser brodelnden Ursuppe sind jedoch dermaßen hoch, dass sich alle elementaren Teilchen bei Kollisionen ständig ineinander umwandeln oder als energiereiche Lichtblitze zerstrahlen.

Nach etwa 10^{-32} Sekunden ist der Spuk der Inflation zu Ende, das Universum hat sich durch die schnelle Expansion auf eine Temperatur von 10^{28} Kelvin abgekühlt, die X-Bosonen sind inzwischen zerfallen und neue können in der kälter werdenden Ursuppe nicht mehr erzeugt werden. »Die Inflationsphase kommt zum Erliegen und die Strukturen der Quantenfluktuationen frieren aus. Sie bilden die Keimpunkte für das folgende Strukturwachstum im Kosmos«, beschreibt Hasinger. Die Expansion des Universums läuft derweil weiter, aber gegenüber der Inflationsphase deutlich verlangsamt. Trotzdem kommt es in den nächsten Bruchteilen von Sekunden noch zu gewaltigen Phasensprüngen und Ereignissen, siehe Frage 34 (S. 231).

Doch bleiben wir noch einen Augenblick bei der Hypothese von einer momenthaften Inflation des Universums unmittelbar nach der Planck-Ära: Mit ihr ließe sich nicht nur der Ursprung der großräu-

Das BICEP2-Teleskop am Südpol (links) zusammen mit dem Südpolteleskop (rechts), das die Polarisation der kosmischen Mikrowellenhintergrundstrahlung misst.

migen Strukturen wie Galaxien und Galaxienhaufen des Kosmos erklären, sondern auch, weshalb das Universum augenscheinlich in allen Richtungen gleich erscheint. Man spricht hier von der Isotropie, siehe auch Fragen 38 (S. 252) und 41 (S. 269). Ohne eine Inflation wäre nicht erklärbar, weshalb das thermodynamische Gleichgewicht eines primordialen Universums, in dem alles miteinander in Kontakt stand, noch heute zu sehen ist. Zu erklären wäre damit unter anderem auch, weshalb das Universum heute augenscheinlich so unwahrscheinlich flach ist. Die kurzzeitige Inflation hätte die Krümmung des Raums quasi flachgebügelt. Doch wie lässt sich die Existenz dieser kurzen Phase des Universums nachweisen? »Zusammen mit den kosmischen Strukturen muss die Inflation alle möglichen Störungen der kosmischen Raumzeit hervorgerufen haben«, erklärt der Kosmologe Matthias Bartelmann von der Universität Heidelberg. Das ist neben besagten Dichtestörungen, die für die Differenzierung des kosmischen Mikrowellenhintergrunds verantwortlich sind, eben auch ein diffuses Gravitationswellenrauschen. »Die Messung dieses Hintergrundrauschens von primordialen Gravitationswellen wäre tatsächlich der entscheidende Hinweis darauf, dass zu Beginn des Universums eine Inflation stattgefunden haben muss«, erklärt Bartelmann. Daraus ergäbe sich einerseits eine zwingende Vorhersage des Inflationsmodells, andererseits aber auch eine Vorhersage in Abgrenzung zu anderen Modellen, die sich von der Hypothese einer inflationären Phase unterscheiden. »Vor kurzem fand eine Pressekonferenz von wissenschaftlichen Arbeitsgruppen statt, die sich mit sogenannten Pulsar Timing Arrays beschäftigen«, sagt Bartelmann. In der vorgestellten Studie wird untersucht, ob sich in den Signallaufzeiten einer großen Anzahl von Pulsaren etwaige Verzögerungen ausmachen lassen, die einem Gravitationswellenhintergrund geschuldet sein könnten. »Das wäre ein spektakulärer indirekter Nachweis des Gravitationswellenhintergrunds. Ich persönlich bin allerdings nicht ganz überzeugt davon, weil die Ergebnisse noch im Graubereich der Nachweisgrenze liegen.« Wir dürfen also gespannt sein – auch darauf, wie es mit dem Universum kurz nach dem Urknall weitergeht, siehe die nächste Frage.

FRAGE 34: WIE KAM DIE MASSE INS SPIEL?

Von der Entstehung der Materie und den allerersten Schwarzen Löchern

Kaum ist die Inflation knapp 10^{-32} Sekunden nach dem Urknall zu Ende, kommt es zu einem neuerlichen Phasensprung: Die starke Wechselwirkung koppelt sich von der GUT-Kraft ab. »Damit wirken nunmehr drei fundamentale Kräfte im noch jungen Universum: die Gravitation, die starke Kraft und die elektroschwache Kraft«, erklärt der Astrophysiker Günther Hasinger. Das Universum expandiert in dieser elektroschwachen Phase im Vergleich zur Inflation etwas gemächlicher, während es weiter abkühlt. »Das Vernichtungsgemetzel der elementaren Teilchen und Antiteilchen geht einstweilen unverdrossen weiter; das Ganze getaucht in ein Wärmebad aus energiereichem Licht von bis zu 10^{14} Gigaelektronenvolt.« Das Universum expandiert und kühlt dabei weiter ab.

Damit nähern wir uns ganz langsam jenem Bereich der kosmologischen Entwicklung, der uns heute im Labor in Ansätzen experimentell zugänglich ist. Vergleichen wir dazu die Teilchenenergien in unseren Beschleunigeranlagen von etwa 10^{2} Gigaelektronenvolt mit denen im frühen Universum und übertragen diese auf die Zeitskala, dann können wir im Labor immerhin Bedingungen erzeugen, wie sie etwa 10^{-11} Sekunden nach dem Urknall herrschen, also nach der ersten Billionstel Sekunde des Universums. Bei der weiteren Betrachtung der kosmologischen Entwicklung gelangen wir nach und nach auf solideres erkenntnistheoretisches Niveau, was die Konzeption von physikalischen Theorien erlaubt, die sich experimentell überprüfen lassen.

»Schon einen Moment später, genauer 10^{-10} Sekunden nach dem Urknall, erfolgt ein weiterer spontaner Phasensprung im Universum, den wir im Labor bereits vermessen haben«, sagt Hasinger. »Nun spaltet sich auch die elektroschwache Kraft in zwei fundamentale Teilkräfte auf, nämlich in die elektromagnetische und die schwache Wechselwirkung.« Verantwortlich dafür ist das Higgs-Feld, ein skalares Feld wie schon das Inflaton-Feld, das unser gesamtes Universum gleichmäßig durchzieht. »Ausdruck des Higgs-Felds ist das Higgs-Boson, das bildlich gesprochen bei diesem Phasensprung von seinem metastabilen Podest herunterfällt.« Fast mit einem Schlag erhalten die elementaren Teilchen, die Quarks und Elektronen sowie ihre Antiteilchen, eine Ruhemasse – wie Fische aus einem zerbrochenen Aquarium, die zappelnd auf dem nassen Boden liegen. Die Fische spüren ohne den Auftrieb im Wasser

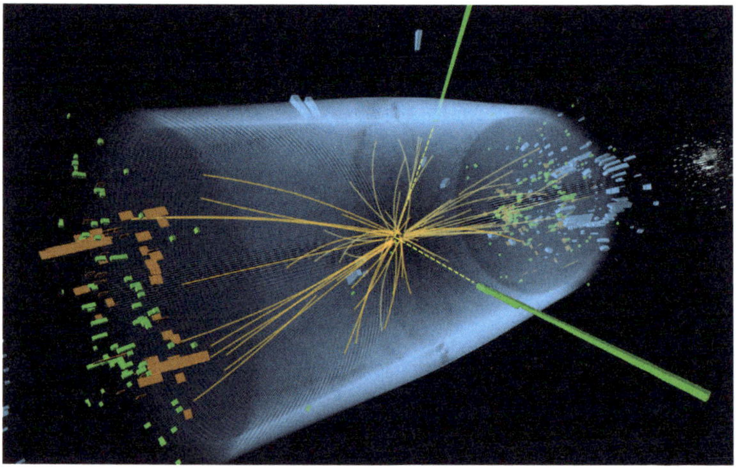

Rekonstruktion einer Nachweisreaktion im CMS-Detektor am LHC im Jahr 2012. Das Ereignis zeigt Zerfallskanäle eines Higgs-Bosons in die vom Standardmodell vorhergesagten Sekundärteilchen (gestrichelte farbige Linien und Quader).

plötzlich ihr Eigengewicht. Ähnlich muss es den Elementarteilchen im Higgs-Feld ergangen sein. Ein echter Schock, der allerdings dem Gemetzel zwischen Teilchen und Antiteilchen kein Ende bereitet.

Eigentlich müsste die kosmologische Erzählung an dieser Stelle zu ihrem Abschluss kommen. Denn bei dem Vernichtungsgemetzel löschen sich die gerade erst entstandenen Teilchen-Antiteilchen-Paare prompt wieder aus und verschwinden in Form von Lichtblitzen. Zwar kommt es in diesem Lichtblitzgewitter immer wieder zur Nachproduktion von Teilchen und ihren Antiteilchen, doch nach und nach verschwinden auch diese wieder. Doch eben nicht alle Materieteilchen: Ein Milliardstel sämtlicher Quarks und Elektronen des Universums entgehen der Apokalypse – im Gegensatz zu ihren Antiteilchen, den Anti-Quarks und Positronen. Was für diesen winzig kleinen Materieüberschuss in der Frühphase des Universums verantwortlich ist, dem schlussendlich auch wir unser Leben verdanken, wissen wir nicht. Es ist nicht auszuschließen, dass die Neutrinos etwas damit zu tun haben. Sie entspringen just in der neuen Phase der Teilchenreaktionen der schwachen Wechselwirkung. Ebenso wie die Quarks und Elektronen, die der gewöhnlichen Materie zugeschrieben werden, entstehen die Neutrinos und ihre Antineutrinos in drei Teilchenfamilien unterschiedlicher Masse. Und wie sie verfügen auch die Neutrinos über eine – wenngleich winzige – Masse. Weshalb sie diese haben, ist noch nicht klar. Zudem verfügen sie über die merkwürdige Eigenschaft, sich ohne weiteres Zutun in ihre verschiedenen Neutrino-Familienmitglieder umwandeln zu können – im Rahmen der sogenannten Neutrino-Oszillationen, siehe Frage 24 (S. 175). »Das deutet darauf hin, dass dieses Ungleichgewicht zwischen Materie und Antimaterie mit ihrer Hilfe über die elektroschwache Wechselwirkung zustande gekommen sein könnte«, sagt Hasinger, siehe auch Frage 36 (S. 241). »Ein weiteres Indiz dafür ist, dass exakt die gleiche Anzahl von positiven und negativen elektrischen Ladungen im Universum übriggeblieben ist.« Denn das Universum ist offensichtlich elektrisch neutral, was laut Hasinger darauf hindeutet, dass der Überschuss an Quarks mit der elektroschwachen Wechselwirkung zu tun hat.

Nicht nur, dass dank der Asymmetrie ein Rest von Materie im Universum verbleibt: Durch die Masse dieser Materie kommt nun auch die im Verhältnis zu den anderen Wechselwirkungen ungleich schwächere, aber nicht abschirmbare Gravitation voll zur Geltung. Damit könnten jetzt auch die ersten sogenannten primordialen Schwarzen Löcher entstehen, die als verhältnismäßig kleine Massemonster eine mögliche Erklärung für die Dunkle Materie wären. Vorstellbar ist aber auch, dass in den gerade geschilderten Prozessen die hypothetische Dunkle Materie, deren Wirkung wir nur über die Gravitation kennen, längst mitproduziert wurde. Wie auch immer alles genau vonstattenging, klar ist: Während all dieser Prozesse expandiert das Universum unablässig weiter.

Nach rund 10^{-6} Sekunden ist die Temperatur nun schon auf 10^{13} Kelvin abgesunken. Die Quarks können sich einzeln nicht mehr frei bewegen und kristallisieren aus. Es kommt zur sogenannten Hadronisierung, zur Bildung von Protonen und Neutronen aus jeweils drei Quarks. Die nur schwach wechselwirkenden Neutrinos sind nach 10^{-4} Sekunden nicht mehr im thermischen Gleichgewicht mit den anderen Teilchen und entkoppeln sich vom Rest. Für sie wird das Universum jetzt durchlässig. Nach der ersten Sekunde des Universums ist eine Temperatur von 10^{10} Kelvin erreicht. Nun annihilieren die letzten noch freien Positronen mit Elektronen.

Die im Vergleich zu den Protonen etwas schwereren Neutronen zerfallen unterdessen wieder zu Protonen, sofern sie nicht in Atomkernen eingefangen werden. Das passiert bei Temperaturen von 10^8 Kelvin: Das Universum erlebt das Zusammenschmelzen von Protonen und Neutronen, wodurch allererste komplexere Atomkerne entstehen wie Deuterium, Helium und Lithium. Dass solche Atomkerne unter diesen höllischen Umständen überhaupt entstehen und existieren können, ist erstaunlich. Wahrscheinlich bilden sie sich aus kompakten Multiquarkzuständen, die sich erst allmählich in Atomkerne verwandeln. Diese Prozesse kommen aber durch das weitere Absinken von Temperatur und Dichte bereits nach etwa drei Minuten wieder zum Erliegen. »Durch die primordiale Nukleosynthese der ersten drei Minuten werden viele der für die weitere chemische Entwicklung so bedeutsamen Neutronen für die Nachwelt gerettet.« Zur Erinnerung: Die Lebensdauer von freien Neutronen beträgt bloß etwas mehr als 14 Minuten.

Trotz der chemischen Bereicherung durch Neutronen bleibt die Ursuppe des Universums für viele, viele Jahre ein sehr heißes, brodelndes Feuer, umgeben von einer dominierenden Strahlung aus Photonen. »Bei jedem dieser Phasenübergänge verringert sich abrupt die Schallgeschwindigkeit im Universum. Die berechnet sich aus der Temperatur und der Dichte«, erklärt Günther Hasinger. »Zu Beginn des Universums, in der es von den Photonen dominiert ist, beträgt die Schallgeschwindigkeit etwa ein Drittel der Lichtgeschwindigkeit.« Im weiteren Verlauf der Expansion kühlt das Universum ab, womit sich auch die Schallgeschwindigkeit verringert. Irgendwann ist der Strahlungsdruck des Universums nicht mehr groß genug, um den Gravitationskollaps aufzuhalten. »Das führt dazu, dass gewisse Regionen gravitativ kollabieren können, weil ihnen die Photonen nicht mehr im Weg sind.« Das könnte Günther Hasinger zufolge zur frühzeitigen Bildung von Schwarzen Löchern geführt haben. »Je später der jeweilige Phasenübergang stattfindet, desto größer werden die Schwarzen Löcher, die dabei zusammenstürzen.«

Die allerersten Schwarzen Löcher entstehen dieser Hypothese zufolge mit dem Higgs-Feld und den massebehafteten Trägern der schwachen Wechselwirkung 10^{-10} Sekunden nach dem Urknall. »Daraus könnten dann die ersten primordialen Schwarzen Löcher entstanden sein, die planetare Massen gehabt haben sollten. Wenn sich später die Protonen und Neutronen aus dem Zusammenschluss der Quarks bilden, dann ist die Masse der primordialen Schwarzen Löcher schon etwa so groß wie die unserer Sonne.« Bei einem Alter des Universums von etwa zwei Sekunden beträgt die Masse der Schwarzen Löcher, die bei den letzten Elektronen-Positronen-Annihilationen entstehen, bereits etwa 10^6 Sonnenmassen. »Also praktisch die Masse eines supermassereichen Schwarzen Lochs.« Während der Rest des Universums noch sehr heiß ist, ballen sich diese Schwarzen Löcher bereits zusammen und erzeugen die ersten kosmischen Strukturen. »In diesem neuen Bild, das ich vertrete, gibt es also ein breites Spektrum an Schwarzen Löchern, darunter auch wenige supermassereiche, um die sich die anderen Schwarzen Löcher gruppieren.« So könnten schon Haufen von Schwarzen Löchern entstanden sein, noch bevor sich überhaupt das erste Atom im Universum nachhaltig herausgeschält hat.

Doch wie bekommt man heraus, ob es sich wirklich so zugetragen hat? »Mittels Vermessung von Gravitationswellen«, sagt Hasinger. »Wenn es im jungen Universum solche starken gravitativen Veränderungen gegeben hat, dann müssten sich, ähnlich wie bei der inflationären Phase, Gravitationswellen gebildet haben. Das ist eine sehr spannende Fragestellung, der wir in den nächsten Jahren nachgehen könnten.« Die nächste, um ein Vielfaches empfindlichere Generation der Gravitationswellendetektoren ist bereits in Planung und damit liegt eine solche Vermessung tatsächlich in Reichweite.

Wären die primordialen Schwarzen Löcher auch die ultimative Erklärung für Dunkle Materie? »Nun, vorstellbar ist auch«, räumt Hasinger ein, »dass sich primordiale Schwarze Löcher gebildet haben, diese aber nicht die gesamte Dunkle Materie des Universums ausmachen – dass die Dunkle Materie aus einer Mischform besteht.« Dabei würde es sich um eine Mischform handeln, die Anteile aus dunklen Elementarteilchen enthält, aber eben auch aus primordialen Schwarzen Löchern.

FRAGE 35: WIE WEIT KÖNNEN WIR ZEITLICH ZURÜCKBLICKEN?

Wir hören vom Nachhall des Urknalls

Nach den aufregenden ersten drei Minuten expandiert die brodelnde, strahlende Ursuppe des Universums für viele Jahre weiter, ohne dass sich ein neuer Phasenwechsel einstellt. »Nach etwa 380.000 Jahren hat sich das Universum während seiner stetigen Ausdehnung auf weniger als 3000 Kelvin abgekühlt, vergleichbar in etwa mit der Temperatur der Sonnenoberfläche oder der Flamme eines Bunsenbrenners«, sagt der Astrophysiker Günther Hasinger. Es ist der Beginn der Dunklen Ära. Nun können sich die negativ geladenen Elektronen mit den positiv geladenen Protonen zu den allerersten elektrisch neutralen Atomen verbinden, genauer zu Wasserstoff- und Heliumatomen. Übrigens: Eine der ältesten molekularen Verbindungen aus dieser Zeit wurde im Jahr 2019 im etwa 3000 Lichtjahre entfernten planetarischen Nebel NGC 7027 in der Milchstraße entdeckt: das Heliumhydridion – ein positiv geladenes Ion aus Helium und Wasserstoff –, nachgewiesen mithilfe eines Infrarotspektrometers an Bord der bis vor Kurzem noch in Betrieb befindlichen Flugzeugsternwarte SOFIA des Deutschen Zentrums für Luft- und Raumfahrt (DLR) und der NASA.

In dem sich neutralisierenden Universum stehen den Photonen die Elektronen nun nicht mehr im Weg, schlagartig wird für sie die Bahn frei und sie können sich fast ungehindert durch den Weltraum bewegen; das Universum wird für sie nahezu durchsichtig. »Noch heute können wir sie aus allen Himmelsrichtungen in weitgehend gleichmäßiger Intensität als Hintergrundstrahlung sehen – als lang gedehnter Nachhall des Urknalls.« Ansonsten herrscht in jener Frühphase des expandierenden Universums große Dunkelheit. Denn noch leuchten keine Sterne, noch gibt es keine Supernova-Explosionen, die im Weltraum am Ende eines Sternenlebens aufscheinen, und keine Pulsare, die ihr Röntgenlicht wie Leuchttürme ins Weltall aussenden. Das Universum, das immerhin schon knapp ein Tausendstel seiner heutigen Größe erreicht hat, ist lediglich angefüllt mit Wasserstoff, etwas Helium, Lithium und viel Dunkler Materie.

So schreitet die kosmologische Evolution fort. Vermutlich spielt die Dunkle Materie unter dem Einfluss ihrer Gravitation eine maßgebliche

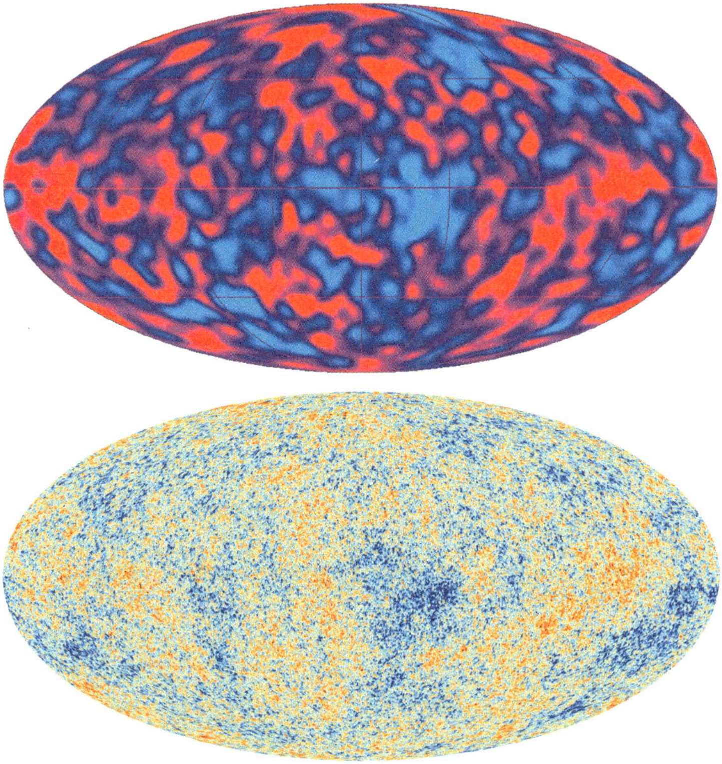

Temperaturschwankungen in der kosmischen Mikrowellenhintergrundstrahlung, aufgenommen von COBE (oben) und Planck (unten). Die Strahlung folgt exakt dem Planckschen Strahlungsgesetz der Thermodynamik, vorausgesetzt, dass sich die kosmische Photonendichte verringert bzw. das Universum entsprechend ausgedehnt hat – was als Nachweis des Urknalls gedeutet werden darf.

Rolle bei der Herausbildung der kosmischen Strukturen aus Materiefäden, -knoten und Leerräumen. Nach und nach verklumpen die gigantischen Wolken aus Wasserstoff und Helium und werden vermehrt dorthin gezogen, wo die Dunkle Materie am dichtesten ist. Nach ungefähr 100 Millionen Jahren entstehen die ersten Protogalaxien – riesige scheibenförmige Wolkenfelder aus Wasserstoff, und mit ihnen die ersten Sterne, siehe Fragen 12 (S. 106) und 26 (S. 188). Die Dunkle Ära endet und die Welt erlebt die Kinderstube eines jetzt von Materie dominierten Universums. »Seitdem das Universum für die Photonen durchsichtig geworden ist, hat sich der Kosmos etwa um den Faktor 1100 weiter ausgedehnt«, sagt Günther Hasinger. Die Wellenlänge der Hintergrundstrahlung hat sich mit der Ausdehnung des Universums um denselben Faktor vergrößert.« Sie kann deshalb heute im Mikrowellenbereich beobachtet und vermessen werden. »Die ursprüngliche Temperatur von 3000 Kelvin hat sich dabei auf gerade mal 2,725 Kelvin über dem absoluten Nullpunkt abgekühlt. Derartig kalte Temperaturen lassen sich allerdings nur mit speziell gekühlten Mikrowellenempfängern im Weltraum messen.« Dieses Echo des Urknalls erklingt aus allen Himmelsrichtungen in gleichmäßiger Intensität.

Für den Kosmologen Matthias Bartelmann von der Universität Heidelberg ist die Mikrowellenhintergrundstrahlung über den Urknall hinaus ein wichtiges Indiz dafür, dass der Kosmos anfänglich auch eine Inflation erlebt haben muss, siehe Frage 33 (S. 225). »Die Restwärmestrahlung des Urknalls hat überall am Himmel ziemlich genau dieselbe Temperatur, obwohl die Weglänge des Lichts in den ersten 380.000 Jahren, bevor es sich ungehindert ausbreiten konnte, nur wenige Lichtjahre betrug.« Ohne einen Mechanismus wie den der Inflation lässt sich nicht erklären, weshalb überall am Himmel dieselbe Temperatur herrscht und es dieses thermodynamische Gleichgewicht überhaupt gibt. »Im Fall einer Inflation wären die Bereiche, die zu Beginn des Universums subatomare Strukturen hatten, quantenphysikalisch miteinander verbunden gewesen«, führt Bartelmann aus. »In einem solchen quantenphysikalischen System kann sich mit Leichtigkeit ein Gleichgewicht eingestellt haben, das durch besagte Inflation einfach vergrößert und von einer subatomaren auf eine kosmologische Skala gebracht wurde.« Damit wären Bereiche, die früher im thermischen Gleichgewicht standen, auf einmal so groß wie das gesamte Universum. »Heute stehen die Strukturen des Universums nicht mehr im thermischen Gleichgewicht, aber dank der Inflation behalten sie die Informationen bei, die sie zu Beginn im Gleichgewicht gewonnen hatten.« Die Inflation sorgt also dafür, dass sich die subatomaren Strukturen des frühen Universums auf kosmologische Skalen vergrößern beziehungsweise übertragen. »Mit der Mikrowellenhintergrundstrahlung haben wir ein Abbild des Zustands des Alls kurz nach dem Urknall, das jetzt mindestens so groß ist wie unser gesamtes beobachtbares Universum.«

In den ersten 380.000 Jahren existierte noch eine Lichtgrenze im Universum. Erst anschließend ist es für das Licht durchsichtig geworden. Weiter können wir also nicht zurückblicken? »Es müssten jedoch noch andere Signale existieren, die uns möglicherweise tiefer zurückblicken lassen«, sagt Günther Hasinger. »Neben den besagten Gravitationswellen des Urknalls dürfte es vermutlich auch eine kosmische Neutrino-Hintergrundstrahlung geben. Wenn wir beispielsweise sehr empfindliche Neutrinodetektoren hätten, könnten wir mit Ihnen durch den Feuerball des kosmischen Mikrowellenhintergrunds hindurchschauen.« Ganz ähnlich, wie wir auch Neutrinos unserer Sonne detektieren können, die – im Gegensatz zu Photonen – praktisch ungebremst aus dem Inneren der Sonne zu uns gelangen. Aus diesem Grund gibt es ernsthafte Überlegungen zum Bau des PTOLEMY-Experiments (ursprünglich für Princeton Tritium Observatory for Light, Early-Universe, Massive-Neutrino Yield), mit dem der Nachweis des Hintergrunds aus sogenannten Relikt-Neutrinos des Urknalls erbracht werden könnte. Wir dürfen gespannt sein.

FRAGE 36: WESHALB GIBT ES ÜBERHAUPT ETWAS UND NICHT EINFACH NICHTS?

Warum wir einer winzigen Unstimmigkeit unser Leben verdanken

Im frühen Universum, etwa eine Millionstel Sekunde nach dem Urknall, bilden sich aus dem brodelnden, heißen See aus Quarks und Antiquarks erstmals Protonen und Neutronen beziehungsweise Antiprotonen und Antineutronen. Derweil driften Materie und Antimaterie beständig gegeneinander, darunter auch die Elektronen und Positronen, um schließlich in Photonen zu zerstrahlen, sprich zu annihilieren. »Die hochenergetischen Photonen generieren in dem extrem heißen Wärmebad ihrerseits wieder Teilchen-und Antiteilchenpaare«, erklärt die Physikerin Susanne Mertens von der Technischen Universität München (TUM). »Es entsteht ein Gleichgewicht von Annihilation und Generation.« Doch mit seiner Ausdehnung kühlt sich das Universum weiter ab. Schon nach 10^{-4} Sekunden beträgt die Temperatur nur noch 10^{12} Kelvin. Damit ist nur noch die Annihilation von Teilchen und Antiteilchen in Strahlung möglich, weil umgekehrt die Energien der Photonen nicht mehr ausreichen, um Teilchenpaare zu produzieren. Kurz darauf entkoppeln sich die Neutrinos vom Rest des Universums und die letzten freien Elektronen und Positronen annihilieren. »Wenn aber zu Beginn des Urknalls exakt dieselbe Anzahl von Teilchen und Antiteilchen vorgelegen hat und der Großteil davon in der kurzen Folgezeit aufeinandergetroffen und in Form von Licht zerstrahlt ist, dürfte am Ende im Universum neben den Photonen nur eine überschaubare kleine Schar an Teilchen und Antiteilchen übrigbleiben«, sagt Mertens, »nämlich jene Teilchen und Antiteilchen, die sich bis dahin noch nicht zur Annihilation getroffen haben.« Nach hinreichend langer Zeit sollte sich jedoch auch dieser Rest gefunden haben und in Licht zerstrahlt sein. Ein eher fades

Ende für ein noch junges Universum – und ein Ende, das augenscheinlich so nicht eingetroffen ist. Bloß: Was ist der Grund dafür?

»Heute können wir experimentell bestimmen, wie viel von der gewöhnlichen Materie bei der Annihilationsschlacht übriggeblieben ist und diesen Rest ins Verhältnis setzen zu den Photonen, die das Universum ausfüllen.« Beispielsweise durch Messung der kosmischen Mikrowellenhintergrundstrahlung mittels der Raumsonden WMAP (Wilkinson Microwave Anisotropy Probe) und Planck, siehe auch Frage 35 (S. 237). Dabei stößt man Susanne Mertens zufolge auf eine gewaltige Diskrepanz: Die Anzahl an Photonen aus der Frühzeit ist deutlich geringer, als es das Standardmodell der Kosmologie unter Annahme gleicher Anfangsbedingungen für Materie und Antimaterie vorhersagt. »Offenbar muss eine winzige Unstimmigkeit zwischen Materie und Antimaterie von weniger als einem Milliardstel dafür gesorgt haben, dass ein entsprechend kleiner Bruchteil an Materie dem Vernichtungsgemetzel entgangen und übriggeblieben ist.« Dieser Bruchteil macht die heute beobachtete Materie in unserem Universum aus. Was bleibt, ist jedoch die große Rätselfrage, was für das Ungleichgewicht zwischen Materie und Antimaterie verantwortlich ist.

»Eine Möglichkeit, der Antwort auf die Schliche zu kommen, bietet möglicherweise unser schwach wechselwirkendes Neutrino«, sagt Mertens. Es gibt nämlich in der schwachen Wechselwirkung Zerfallsprozesse, bei denen tatsächlich mehr Materie produziert wird als Antimaterie. »Doch sind die uns bekannten Prozesse statistisch betrachtet vernachlässigbar, weshalb sie allein die große Frage der Materie-Antimaterie-Asymmetrie noch nicht beantworten können.« Diskutiert wird aber ein weiterer hypothetischer Zerfallsprozess: der sogenannte neutrinolose doppelte Betazerfall, der zwar bisher experimentell noch nicht beobachtet wurde, der Theorie nach jedoch nicht ausgeschlossen ist. Dieser hypothetische Zerfall erfolgt unter der Annahme, dass ein Neutrino identisch ist mit seinem

Antineutrino – was auch auf gewisse andere Elementarteilchen zutrifft. »Der Nachweis dieses besonderen Zerfalls würde aufzeigen, wie ein Ungleichgewicht aus Materie und Antimaterie ins Universum gekommen sein könnte.«

Bei dem neutrinolosen doppelten Betazerfall handelt es sich genau genommen um zwei Betazerfälle, die gleichzeitig ablaufen. »Betrachten wir dazu einen Atomkern wie zum Beispiel Germanium, der sehr viele Protonen und Neutronen enthält«, erklärt Susanne Mertens. Nun kann es passieren, dass zwei Neutronen in diesem Atomkern simultan einen Betazerfall erleben, sich also jeweils in ein Proton verwandeln und dabei je ein Elektron und ein Elektron-Neutrino produzieren. »Dabei könnte dann das Neutrino des einen Zerfalls mit dem Neutrino des anderen Zerfalls annihilieren.« In der Folge würden die Neutrinos gar nicht erst aus dem Prozess herauskommen, sondern nur zwei Elektronen übrigbleiben, also Teilchen der gewöhnlichen Materie. »Die beiden Antineutrinos wären sogleich wieder verschwunden. In diesem Prozess läge eine echte Materie-Antimaterie-Asymmetrie vor.« Die Kunst des Experimentators besteht nun darin, nachzuweisen, dass bei dieser Art der Zerfälle wirklich keine Neutrinos herauskommen. Doch wie lässt sich das bewerkstelligen, handelt es sich bei den Neutrinos unter den uns bekannten Teilchen doch um diejenigen, die am schwächsten mit dem Rest der Welt wechselwirken? Wie lässt sich sicherstellen, dass die Neutrinos nicht bloß unerkannt entweichen? »Die Lösung besteht eben in einer bisher unerreichten Messgenauigkeit«, sagt Susanne Mertens. »Dem neutrinolosen doppelten Betazerfall wollen wir mit dem Experiment namens LEGEND auf die Spur kommen.« Das Akronym steht für Large Enriched Germanium Experiment for Neutrinoless ββ Decay. Für den Nachweis des doppelten Betazerfalls sehen die Forscherinnen und Forscher die Benutzung eines Germanium-Detektors vor. Dabei handelt es sich um einen Halbleiterdetektor, der mit Isotopen von Germanium angereichert wird. Das Nachweisgerät ist somit gleichzeitig auch die Quelle für den doppelten Betazerfall. Ähnlich wie beim TRISTAN-Detektor am KATRIN-Experiment soll der Germanium-Detektor von LEGEND die Energie der beiden Elektronen vermessen, siehe auch Frage 25 (S. 181). »Wenn nun diese beiden Elektronen gemeinsam mit zwei Neutrinos produziert werden, müssen sich die vier Partner die kinetische Energie untereinander aufteilen.« Die beiden Elektronen erhalten entweder gar keine, die maximale kinetische Energie oder irgendetwas dazwischen. »Wir erwarten ein kontinuierliches Energiespektrum, das diesem kinematischen Prozess entspricht.« Wenn aber die zwei Neutrinos gar nicht erst produziert, sondern direkt im Atomkern absorbiert werden, dann erhalten die beiden Elektronen die gesamte Energie, die beim Zerfall freigesetzt wird. »Das geht einher mit einem kontinuierlichen Spektrum, das dem Fall entspricht, in dem die Elektronen zusammen mit den Neutrinos entstehen, sowie mit einem scharfen Peak, der das Maximum der Energie anzeigt.« Dabei handelt es sich um den sogenannten Q-Wert, der auftritt, wenn sich der Zerfall neutrinolos vollzieht. »Wir suchen also nach diesem scharfen Peak am oberen Ende des Energiespektrums der Elektronen.« Susanne Mertens und ihr Team sehen sich allerdings messtechnisch ganz besonderen Herausforderungen gegenübergestellt. »Wir müssen alle möglichen Störsignale und ein gewaltiges Untergrundrauschen unterbinden.« Die Halbwertszeit des für den neutrinolosen doppelten Betazerfall in Betracht gezogenen Materials beträgt etwa 10^{26} Jahre. »Dieser Wert ist deutlich größer als die bisherige Lebensdauer des Universums.« Bei einer Tonne Germanium ist umgerechnet nur ein Zerfall pro Jahr zu erwarten. »Das ist eine sehr kleine Rate. Um überhaupt eine Chance zu haben, einen solchen Zerfall zu beobachten, braucht man also hinreichend große Mengen an Germanium.« Damit steigt die

Chance, dass der Zerfall irgendwo im Quellenmaterial geschieht und beobachtet werden kann. »Aber das eigentliche Messsignal darf keinesfalls überlagert werden vom Untergrundrauschen.« Deshalb soll LEGEND tief unter der Erde unter dem Gran-Sasso-Gebirge gebaut werden, wo das Experiment vor Störsignalen wie der kosmischen Strahlung aus dem Universum weitgehend geschützt ist. Wichtig ist auch die Unterdrückung des Hintergrunds, der aus den Materialien des Experiments selbst stammt. »Es dürfen nur Materialien Verwendung finden, die vernachlässigbare Mengen von Substanzen mit radioaktiven Zerfällen enthalten.« Aus diesem Grunde stellt die LEGEND-Kollaboration beispielsweise das später im Instrument verwendete Kupfer durch sogenanntes Electroforming selbst her. »Wir lassen sozusagen unser eigenes Kupfer wachsen, mit dem wir dann die Haltestrukturen des Detektors bauen.« Die Hoffnung dabei ist, dass ein absolut rauschfreier Detektor gebaut werden kann, der mit dem doppelten Betazerfall den entscheidenden Hinweis dafür liefert, weshalb es überhaupt etwas gibt und nicht einfach nichts.

3D-Modell des geplanten LEGEND-Experiments.

FRAGE 37: WIE GROSS IST DAS UNIVERSUM?

Und weshalb es sich schneller ausdehnt, als wir sehen können

Für den Astrophysiker Günther Hasinger führt diese Frage zunächst zum beobachtbaren Universum, genauer zum Beobachtungshorizont. »Diesen kennen wir gewissermaßen auch von unserer Erde. Wenn wir zum Beispiel am Strand stehen und aufs Meer schauen, liegt der Beobachtungshorizont in einer Entfernung von etwa fünf Kilometern.« Die Erde ist jedoch viel größer, sie hat einen Umfang von 40.000 Kilometern. »Wir müssten also 8000-mal zum jeweils beobachtbaren Horizont marschieren, um die Oberfläche unserer Erde einmal komplett zu erfassen.« Die Krümmung des Beobachtungshorizonts lässt somit eine Aussage darüber zu, wie groß der betrachtete Körper in Wirklichkeit ist. Handelt es sich um einen nahen Horizont – wie ihn beispielsweise die Astronauten auf dem Mond gesehen haben –, ist das Objekt entsprechend klein. »Das Prinzip ist auf das Universum als Ganzes übertragbar. Wir erblicken bei der Betrachtung des Universums ebenfalls einen Horizont«, erklärt Hasinger. »So zum Beispiel beim Anblick der Drei-Kelvin-Hintergrundstrahlung – das berühmte Tapetenmuster der kosmischen Hintergrundstrahlung, das rund um die Erde herum zu sehen ist«, erklärt Hasinger, siehe Frage 35 (S. 237). »Aus der Analyse dieses Tapetenmusters lässt sich auf den Krümmungsradius des Horizonts schließen.« Also im übertragenen Sinne, wie stark der Raum des Universums gekrümmt ist. Das Universum könnte nun sphärisch, euklidisch oder hyperbolisch geformt sein, sprich positiv gekrümmt, flach oder negativ gekrümmt. Im flachen Fall verlaufen zwei parallele Lichtstrahlen stets parallel, im sphärischen Fall laufen sie dagegen wie Längengrade auf einem Globus aufeinander zu. Im hyperbolischen Fall laufen sie wie auf der Oberfläche eines Sattels

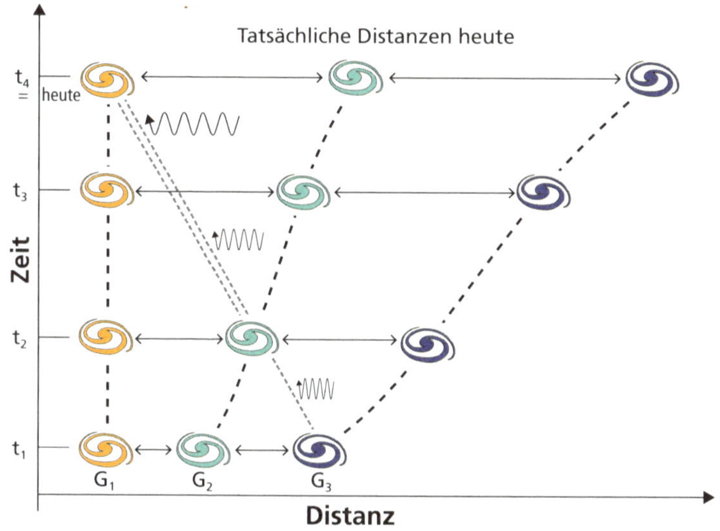

Kosmologische Distanzen auf großen Skalen: Während der Laufzeit des Lichtsignals eines Absenders (zum Beispiel G_3 zum Zeitpunkt t_1) zu einem Empfänger G_1 vergrößert sich die Distanz der Objekte stetig mit der Expansion des Universums.

auseinander. »Bei den Untersuchungen der Hintergrundstrahlung stellt man interessanterweise fest, dass unser Universum offenbar fast überhaupt nicht gekrümmt ist.« Tatsächlich erscheint der kosmische Beobachtungshorizont des Universums praktisch auf ein Promille genau flach. »Daraus lässt sich folgern, dass nun das, was außerhalb unseres Horizonts liegt, gigantisch viel größer sein muss, als das, was wir innerhalb des Horizonts erblicken; ein um viele Zehnerpotenzen größeres Volumen dessen, was wir überschauen – einfach gigantisch!«, erklärt Hasinger. Wahrscheinlich ist das für uns beobachtbare Universum nicht viel mehr als ein Kieselstein am Strand. »Immerhin dürfen wir annehmen, dass auch außerhalb des Beobachtungshorizonts dieselben uns bekannten physikalischen Gesetze gelten. Bloß kann uns Information jenseits des Beobachtungshori-

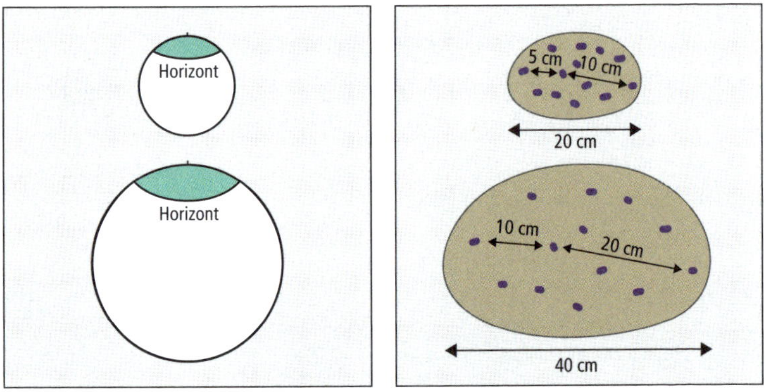

Links: der Horizont eines Ballons im Verhältnis zum Durchmesser desselbigen beim Aufblasen. Rechts: beim Aufbacken eines Rosinenbrötchens auf die doppelte Größe verdoppeln sich auch alle Abstände zwischen den Rosinen.

zonts niemals erreichen«, sagt Hasinger, »weil sich das Universum schneller ausbreitet, als das Licht von entfernten Objekten jenseits des Beobachtungshorizonts hinter uns herfliegen kann.«

Um das zu erläutern, führt der Astronom Matthias Steinmetz das von Hasinger beschriebene Bild weiter aus. »Vergleichen wir dazu unser Universum mit der Oberfläche eines Luftballons.« Zweidimensional betrachtet, handelt es sich dabei um eine endliche, aber grenzenlose Welt. »Wenn ich diesen Ballon aufblase, dehnt er sich in eine dritte Dimension aus.« Tatsächlich überschauen wir mit unserem Beobachtungshorizont bloß einen kleinen Ausschnitt der zweidimensionalen Ballonoberfläche. Während beim Aufblasen des Universums der Radius des Universums proportional mit der Zeit anwächst, vergrößert sich der Beobachtungshorizont lediglich mit der Quadratwurzel der besagten Zeit. Das Verhältnis von Beobachtungshorizont zum Radius des Ballons wird deshalb im Laufe der Zeit immer kleiner. Übertragen auf den Kosmos ist die Konsequenz, dass wir mit zeitlichem Fortschreiten immer weniger vom Universum sehen als in der Ver-

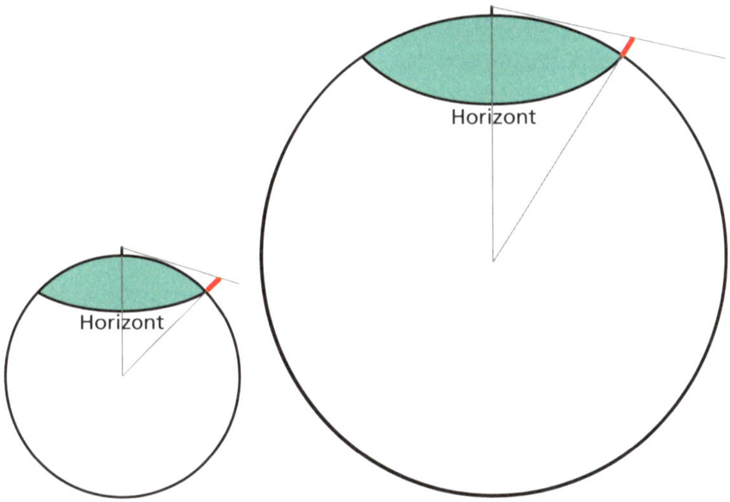

Detailansicht zur Geometrie des Horizonts im Ballonmodell: Der Horizont ist hier definiert durch eine rote Messlatte, die ein etwa gleich großer Beobachter auf der Oberfläche des Ballons stehend gerade noch erblicken kann. Wenngleich sich beim Aufblasen des Ballons der Horizont des Beobachters absolut betrachtet vergrößert, verkleinert er sich relativ zur absoluten Größe des Ballons.

gangenheit. Verdoppelt sich der Durchmesser des Universums, verdoppeln sich auch die Abstände zwischen den Strukturen darin – wie der Effekt eines sich im Backofen aufblähenden Rosinenbrötchens. Je weiter zwei Rosinen in einem solchen Brötchen voneinander entfernt sind, desto stärker entfernen sie sich beim Aufbacken. Das deckt sich mit der Beobachtung, dass sich Galaxien schneller von uns entfernen, je weiter sie von uns entfernt sind. Dieser Umstand lässt sich eindeutig aus der kosmologischen Rotverschiebung des Lichts dieser Objekte schließen. »Die Erklärung dafür ist ein Raum, der sich homogen, sprich überall in gleicher Weise, ausdehnt«, erklärt Steinmetz. »In ein paar Dutzend Milliarden Jahren werden wir außer unserer unmittelbaren kosmischen Umgebung nichts mehr zu sehen haben.« An unserem Nachthimmel wird lediglich zu sehen sein, wie die Andromeda-Galaxie mit unserer Milchstraße verschmolzen ist, denn beide bewegen sich ausnahmsweise aufeinander zu, siehe Frage 31 (S. 211). »– doch das war es«, sagt Steinmetz. »Die Astronomen sollten sich also beeilen, einen letzten Blick über unsere Milchstraße hinaus in die Tiefen des Universums zu erhaschen.« Bereits heute überblicken wir nur einen Ausschnitt des beobachtbaren Universums, das vor der extrem schnellen inflationären Ausdehnung kurz nach dem Urknall so klein wie ein Atom gewesen ist. Und gerade, weil das Universum zu Beginn so extrem zusammengestaucht war, ist es heute so gleichförmig, so homogen und isotrop, sprich in allen Richtungen gleich.

Da wir den nichtbeobachtbaren Teil des Universums nicht kennen, können wir über dessen Größe nur spekulieren. Wenn das Universum sphärisch, also positiv gekrümmt ist, dann wäre es endlich. Sollte es aber tatsächlich flach sein wie eine Ebene und einfach zusammenhängend, gäbe es nur einen direkten Weg von einer Lichtquelle zu einem Beobachter. Ein euklidisches und einfach zusammenhängendes Universum wäre unendlich groß. Dasselbe würde auch für ein einfach zusammenhängendes hyperbolisches, sprich negativ beziehungsweise sattelförmig gekrümmtes Universum gelten. Topologisch vorstellbar ist allerdings auch ein sogenanntes mehrfach zusammenhängendes Universum, das beispielsweise wie ein Torus geformt ist: wie ein Donut. Ein derartiges hyperbolisches Universum wäre hinsichtlich seiner Ausmaße endlich wie ein sphärisches. Dasselbe würde auch für ein mehrfach zusammenhängendes euklidisches Universum gelten. Noch gibt es auf die Topologie des Universums und die Frage, ob es unendlich oder endlich groß und einfach oder mehrfach zusammenhängend ist, keine abschließenden Antworten. Insofern wissen wir auch nichts über seine wahre Größe.

Aber lassen sich denn zumindest die Ausmaße des für uns beobachtbaren Universums fassen und abschätzen? »Ja«, sagt Günther Hasinger. »Das Licht der entferntesten Orte, die wir heute sehen könnten, ist vor etwas weniger als 13,8 Milliarden Jahren losgelaufen.« Diese Dauer entspricht dem Alter des Universums, das sich aus der heute vermessenen Rotverschiebung des Lichts der Galaxien ableiten lässt. »Doch in diesen 13,8 Milliarden Jahren, während das Licht zu uns unterwegs war, hat sich das Universum wie angesprochen weiter ausgedehnt.« Zu berücksichtigen ist demnach die Strecke, die das Licht seit dem Urknall zurücklegen konnte, sprich 13,8 Milliarden Lichtjahre, vermehrt um die kosmische Expansion. »Der entlegenste Ort, der noch in unserem Beobachtungshorizont liegt und von dem wir noch Licht empfangen können sollten, ist demnach heute etwa 47 Milliarden Lichtjahre von uns entfernt.« Und tatsächlich: Erst kürzlich konnte mit

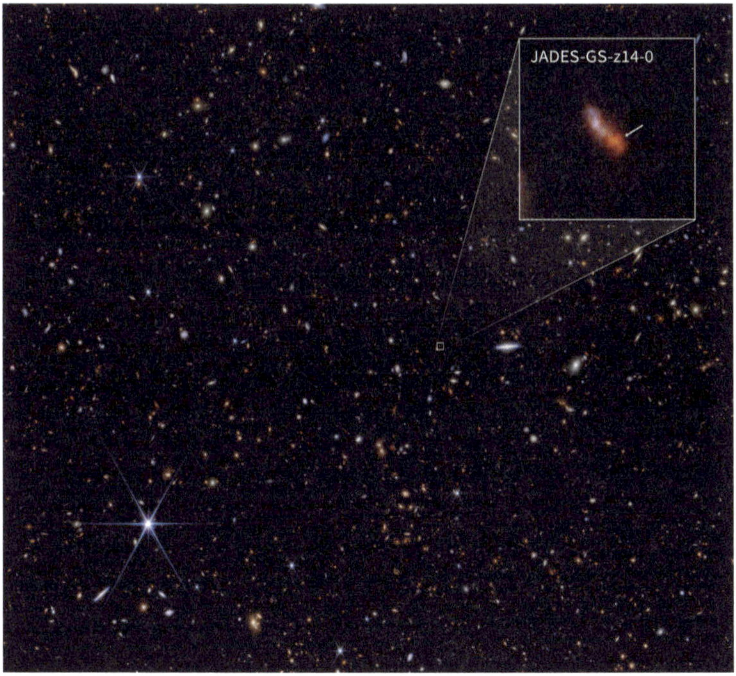

Aufnahme des James Webb Space Telescope von JADES-GS-z14-0, eines der entferntesten Objekte, das bisher fotografiert wurde.

dem JWST die von uns bisher entfernteste Galaxie im Sternbild Fornax am Südhimmel ausgemacht werden: JADES-GS-z14-0. Dabei handelt es sich um eine Galaxie, die rund 300 Millionen Jahre nach dem Urknall entstanden sein muss und damit heute mehr als 33 Milliarden Lichtjahre von uns entfernt ist. (Aber nochmal: Entfernungsmessungen über kosmologische Skalen hinweg sind besonders verzwickt, weil die Expansion des Universums die Laufzeit des Lichtsignals eines Absenders zum Empfänger vergrößert, sprich sich die Entfernung zwischen ihnen vergrößert, währenddessen das Lichtsignal auf dem Weg ist. Das ist ein Grund, weshalb die Astronomen lieber die Rotverschiebung als Maß für den Abstand eines kosmologischen Objekts angeben.) Eine weitere Galaxie, REBELS-25, die etwa 700 Millionen Jahre nach dem Urknall entstanden sein muss und vor kurzem am ALMA-Observatorium entdeckt wurde, zeigt sich in der Analyse bereits als erstaunlich weit formiert, fast vergleichbar mit unserer Milchstraße. Es wird bestimmt nicht die letzte Entdeckung vom Rand des Universums bleiben.

FRAGE 38: WARUM DEHNT SICH DAS UNIVERSUM BESCHLEUNIGT AUS?

Welche Dunkle Energie das alles antreibt

»Unsere astronomischen Beobachtungen legen nahe, dass unser Universum und seine Bestandteile zunehmend schneller auseinanderfliegen«, erklärt Matthias Bartelmann. Das zeigen dem Kosmologen zufolge die Abstandsmessungen der letzten Jahre auf Grundlage von Supernovae des Typs Ia. »Durch Kenntnis der absoluten Leuchtkraft dieser Standardkerzen im Vergleich zu deren gemessener relativen Leuchtkraft lassen sich ihre Entfernungen abschätzen.« Ihre Relativbewegungen wiederum ergeben sich jeweils aus der gemessenen

Rotverschiebung ihres Lichts. Diese ist aber für sehr weit entfernte Objekte größer als erwartet. »Der grundlegende Befund ist folglich, dass die Entfernungen offenbar im Laufe der kosmischen Entwicklung beschleunigt zunehmen«, hält Bartelmann fest. Das steht im krassen Missverhältnis zu unserem normalen Verständnis von Gravitation. »Eigentlich sollte sich das Universum dank seiner Schwerkraft gebremst ausdehnen und die Expansion durch die Gravitation der Objekte im Universum langsamer werden. Doch wir beobachten das genaue Gegenteil. Also, was ist da los?«

Der einfachste Ansatz zur Beschreibung dieses Phänomens steckt aus Sicht von Matthias Bartelmann in Einsteins Allgemeiner Relativitätstheorie und deren kosmologischer Konstante. Albert Einstein hatte diese Konstante seinerzeit in die Gleichungen eingeführt, um ein statisches, sprich unbewegtes Universum zu beschreiben. Nach der Entdeckung der Expansion des Universums soll Einstein die Konstante als seine ›größte Eselei‹ bezeichnet und sie zurückgesetzt haben, wodurch das Weltall in den Berechnungen notwendigerweise expandieren oder kollabieren muss. »Heute wissen wir, dass eine Gravitationstheorie von der Art der Allgemeinen Relativitätstheorie zwei verschiedene Anteile haben muss.« Bartelmann zufolge konnte der Kosmologe David Lovelock Anfang der 1970er-Jahre mathematisch herleiten, dass jede metrische Gravitationstheorie in vier Dimensionen zwei Kopplungskonstanten hat. »Es stellt sich somit heraus, dass die Gravitation in unserem Universum einen anziehenden und einen abstoßenden Anteil besitzt.« Eine Antwort könnte also lauten: Auf Skalen, die wir aus unserer alltäglichen Erfahrung kennen, wirkt Gravitation anziehend, auf kosmologischen Skalen hingegen abstoßend. »Der eine Anteil wird demnach durch die newtonsche Gravitationskonstante, der andere durch die kosmologische Konstante bestimmt.« Die kosmologische Konstante ist in dieser Vorstellung eine Art Vakuumenergiedichte, die zu einem Druck führt, der laut Allgemeiner Relativitätstheorie ein Energieäquivalent darstellt und (im Gegensatz zu einem Druck der newtonschen Mechanik) auch gravitativ wirkt und das Universum auseinandertreibt.

Allerdings hätten die Kosmologen dann keinen Joker mehr zur Erklärung der hypothetischen Inflation, die auf das frühe Universum ebenfalls eine beschleunigte Wirkung ausgeübt haben muss, siehe Frage 33 (S. 225). Sie müsste völlig anders erklärt werden, beispielsweise durch ein skalares Feld wie ein Inflaton-Feld. »Deshalb hängen viele Kosmologen eher der Überzeugung an, dass die beschleunigte Expansion, wie wir sie heute beobachten, von ganz ähnlicher Natur ist wie diejenige, die der Inflation zugrunde lag.« Ist die Dunkle Energie vielleicht eine Spätfolge des Higgs-Felds?

Matthias Bartelmann überzeugt das weniger und er führt zwei Gründe dafür an. »Erstens muss nach David Lovelock jede symmetrische Gravitationstheorie in vier Dimensionen zwei Anteile beziehungsweise zwei Kopplungskonstanten haben. Zweitens leuchtet mir nicht ein, dass eine dieser beiden Kopplungskonstanten Null betragen soll, nämlich die kosmologische Konstante, nicht aber die newtonsche. Diesen Ansatz halte ich für eher unbefriedigend.« Aus denselben Gründen glaubt Bartelmann umgekehrt auch, dass die kosmologische Konstante wirklich konstant ist. »Wäre sie irgendwie zeitabhängig, wie sie in manchen Ansätzen wie zum Beispiel der sogenannten Quintessenz diskutiert wird, stellte sich mir sofort die Frage, weshalb die newtonsche Gravitationskonstante nicht ebenso variabel sein sollte.« Tatsächlich sehen wir bisher keinen Hinweis darauf, dass die Gravitationskonstante nicht konstant wäre. »Im Gegenteil, wir sehen jede Menge Hinweise auf ihre Konstanz«, siehe auch Frage 41 (S. 269). Das ist für Bartelmann ein maßgeblicher Grund anzunehmen, dass die jetzige beschleunigte Expansion tatsächlich durch die kosmologische Konstante ausgelöst wird.

Doch wie konstant ist die kosmologische Konstante wirklich? Aktuelle Messungen am Observatorium DESI (Dark Energy Spectroscopic Instrument) in Arizona sollen zeigen, dass die durch die Dunkle Energie verursachte Aufblähung des Weltraums nachzulassen scheint. Wenn dem tatsächlich so wäre, würde das eine Wende in der Kosmologie einläuten. Allerdings räumen selbst die Mitglieder der DESI-Kollaboration ein, dass sich ihr Befund erst noch in den ausstehenden Datensätzen von drei bis fünf Jahren Messzeit erhärten muss. Wir müssen uns hinsichtlich eines abschließenden Urteils also noch gedulden und dürfen weiterhin annehmen, dass hinter der Dunklen Energie tatsächlich Einsteins kosmologische Konstante steckt – eine echte Konstante, die mit der Energiedichte im Universum korrespondiert. Aus einer Reihe verschiedener astronomischer Beobachtungen wird ihr Wert mit 0,7 abgeschätzt, was 70 Prozent der Energiedichte im Universum entspricht. Gehen also inzwischen knapp zwei Drittel des Energiehaushalts des Universums auf die Dunkle Energie zurück?

Den Astrophysiker Günther Hasinger erinnert das alles an die Diskussion um den Äther im 19. Jahrhundert. »Das war die verzweifelte und jahrzehntelange Suche nach einem Medium, in dem sich die elektromagnetischen Wellen ausbreiten können«, sagt Hasinger. »Bis Einstein gekommen ist und feststellte, dass bei Annahme der Konstanz der Lichtgeschwindigkeit kein Äther zur Ausbreitung des Lichts vonnöten ist.« Verhält es sich mit dem Phänomen der Dunklen Energie vielleicht genauso? Tatsächlich gibt es Kritiker wie den Astrophysiker Subir Sarkar von der Universität Oxford, die vermuten, dass es in unserer Region des Universums einen großräumigen Fluss an Materie gegen den kosmischen Mikrowellenhintergrund gibt, der bloß eine beschleunigte Expansion vortäuschen könnte. Damit stellt Sarkar gewissermaßen das kopernikanische Prinzip infrage, wonach niemand im Universum eine spezielle, herausgehobene Stellung einnimmt.

»Es gibt zu unserem Weltbild noch viele offene Fragen«, sagt Günther Hasinger. So haben wir beispielsweise noch keine Theorie, die Quantenmechanik und Relativitätstheorie miteinander verbindet.

»Beides sind fantastische Theorien, die für sich genommen wunderbar funktionieren, aber an der Stelle, wo sie eigentlich zusammenkommen müssten, finden sie nicht zueinander.« Das wäre zum Beispiel der Fall bei der Beschreibung der Schwarzen Löcher oder beim Urknall in der kurzen Zeit vor der Inflation – der Planck-Ära. »Aber einiges ist uns immerhin inzwischen klargeworden«, sagt Hasinger, »dass zum Beispiel das Vakuum des Nichts sehr viel Energie beinhaltet.« Es besteht aus virtuellen Teilchen, die hervorbrodeln und wieder annihilieren. »Wenn man allerdings aus den rein fundamentalen Kräften berechnet, wie groß die Energie des Vakuums sein müsste, kommt man auf eine absolut bizarre, fast schon peinlich zu nennende Fehlvoraussage«, räumt Hasinger ein, »dass nämlich die Energie des Vakuums eigentlich 120 Zehnerpotenzen größer sein müsste als die Energie, deren aufblähende Wirkung wir aktuell im Kosmos sehen.« Die Fehlweisung aus 120 Zehnerpotenzen wird zuweilen als die schlechteste theoretische Vorhersage in der Geschichte der Physik bezeichnet. »Die Frage ist also eigentlich nicht, warum es eine Dunkle Energie gibt«, sagt Hasinger, »sondern wieso sie derart winzig klein ist.« Das hängt für Hasinger mit der nicht weniger schwierigen Fragestellung zusammen, weshalb die Gravitation um 40 Zehnerpotenzen geringer ist als die anderen fundamentalen Kräfte der Elementarteilchen. Auch hierfür gibt es unterschiedliche Erklärungsansätze. »In der Stringtheorie hat man elf Dimensionen, von denen sieben Dimensionen sozusagen eingeklappt sind«, erklärt Hasinger. Es gibt daher die Vermutung, dass die Gravitationskraft teilweise einfach ›weggeklappt‹ sein könnte. »Vielleicht wirkt sie nur wie durch eine dicke Schicht, wodurch sie bloß schwach erscheint.« In diesem Bild besteht das eigentliche Rätsel nicht darin, weshalb das Vakuum eine Energie besitzt, sondern vielmehr, warum die Energie, die wir im Kosmos beobachten, so unwahrscheinlich viel kleiner ist. »Was uns auf das fundamentale Problem zurückwirft, dass wir nämlich in der

Die Weltraumsonde Euclid während der Montage in einer speziellen, staubfreien Fertigungshalle.

Physik seit 50 Jahren die Schwierigkeit haben, wie wir die Quantengravitation festlegen und greifen können«, sagt Günther Hasinger.

Könnte die neue Ära der Gravitationswellenphysik daran etwas ändern? »Es gibt mehrere Messmethoden, die versuchen, der Dunklen Energie mittels Gravitationswellenphysik auf den Leib zu rücken«, erklärt Hasinger. »Am 1. Juni 2023 ist der Euclid-Satellit ins All gestartet. Dieser Satellit wird das gesamte Universum vermessen, sodass man mehr über die Dunkle Energie lernen kann.« Es handelt sich dabei um eine Mission der ESA. Euclid wurde speziell für diese Fragestellung konzipiert und wird Bereiche des Universums auf Effekte der Dunklen Energie genauer vermessen. »Anhand der Eigenschaften galaktischer Cluster und entsprechender Referenzsignale wollen wir präziser als bisher die Spezifika der Dunklen Materie und der Dunklen Energie bestimmen.« Auch die Gravitationswellen könnten dabei eine große Rolle spielen, »und zwar genau dann, wenn es gelingt, Gravitationswellenereignisse zusammen mit elektromagnetischen Ereignissen aufzuspüren.« Das wäre beispielsweise der Fall, wenn Neutronensterne miteinander kollidieren. »Dann blitzt es elektromagnetisch auf und gleichzeitig werden Gravitationswellen erzeugt«, siehe auch Fragen 16 (S. 130) und 21 (S. 157). Doch leider finden solche Ereignisse nicht sehr häufig statt. »Wenn sich weitere gemeinsame Phänomene dieser Art entdecken ließen, dann hätte man so eine Art Gravitationswellen-Standardkerzen, die man auch sehr gut nutzen könnte, um Abstände im Kosmos genauer zu ermitteln und weitere unabhängige Aussagen über die Dunkle Energie zu erhalten.« Das wäre nichts weniger als die Vermessung der Welt!

FRAGE 39: WAS IST DIE ZUKUNFT DES UNIVERSUMS?

Warum die ferne Spekulation ein Rätsel bleibt

»Das Universum als Ganzes und alle Objekte und Strukturen darin durchlaufen eine Evolution in Raum und Zeit«, erklärt der Physiker Thomas Naumann vom Deutschen Elektronen-Synchrotron DESY in Zeuthen. »Galaxien, Sterne und Planeten entstehen und vergehen, darunter auch die Sonne, unser Heimatstern.« In einigen Milliarden Jahren tritt sie in ihre letzte Lebensphase. Bei Verbrauch der zur Neige gehenden Brennstoffressourcen erhöht die Sonne ihre Leuchtkraft noch einmal um rund ein Zehntel, während sie sich langsam zu einem Roten Riesen aufbläht, um dann nacheinander die inneren Planeten Merkur, Venus und wahrscheinlich auch die Erde zu verschlingen. »Schließlich erleidet die Sonne das Schicksal eines jeden Sterns ihres Typs«, sagt Naumann. »Doch momentan sind die Sterne, Galaxien und unser Universum sozusagen in ihrem besten Alter; voller interessanter Strukturen, Kraft und Energie. Aber auch sie beginnen zu altern. Alles unterliegt der Evolution, von der Geburt über das Erwachsensein bis zum Tod – das Universum als Ganzes, das Leben auf unserer Erde und unser eigenes Leben.« Nachdem erst der Wasserstoff und dann das Helium verbrannt sind und die Fusionsprozesse erlöschen, kollabiert unsere Sonne zu einem Weißen Zwerg, siehe Frage 13 (S. 112).

Das Universum entwickelt sich unterdessen weiter. Die uns nächste Galaxie, der Andromeda-Nebel, bewegt sich auf die Milchstraße zu. In vier bis fünf Milliarden Jahren werden die beiden Galaxien einander durchdringen, siehe Frage 31 (S. 211). Der Nachthimmel wird dann für hypothetische Beobachter der Supergalaxie angefüllt sein mit Sternen. »Die anderen Galaxien hingegen, die nicht gravitativ mit unserer Milchstraße verbunden sind, verlassen aufgrund der sich beschleunigenden Expansion des Weltalls nach und nach unser

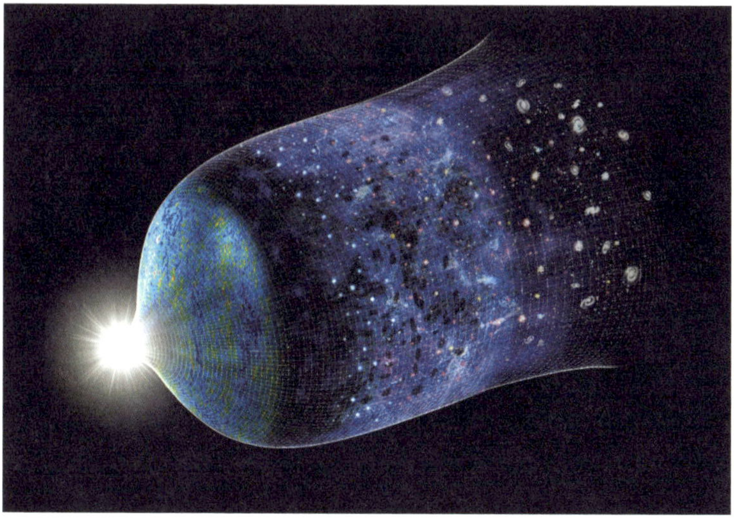

Künstlerische Darstellung der Entwicklung des Universums und seiner Strukturen in Raum und Zeit.

Blickfeld.« Heute bildet unsere Milchstraße zusammen mit der uns benachbarten Andromeda-Galaxie sowie einigen weiteren Dutzend Galaxien die sogenannte Lokale Gruppe. »Diese Galaxiengruppe ist Bestandteil der nächstgrößeren Struktur des Universums, des sogenannten Virgo-Superhaufens.« Dieser und andere Superhaufen sind so ausgedehnt und gravitativ schwach gebunden, dass deren Galaxien der kosmologischen Expansion und ihrer Beschleunigung durch die Dunkle Energie folgen. Die Gravitation ist es auch, die die Lokale Gruppe auch in Zukunft zusammenhält, während das Universum weiter expandiert und ausdünnt, mehr und mehr Sterne im Weltall erlöschen und sich langsam die Dunkelheit ausbreitet. Nach 1000 Milliarden Jahren bildet die Lokale Gruppe für ihre Bewohner die einzige noch beobachtbare Insel im beobachtbaren Universum – ein schwelendes Streichholz im Nichts. Oder gibt es einen Weg zurück in ein lebendiges, furioses Universum mit Sternen, leuchtenden planetarischen Nebeln, mit Supernovae und Radiopulsaren?

»Die im letzten Jahrhundert lange Zeit gängige Vorstellung, dass unser Universum nach dem Urknall in seiner Explosionsbewegung kraft seiner Gravitation abgebremst wird und irgendwann wieder implodiert – der sogenannte Big Crunch [engl.: das große Zusammenkrachen] –, war zu keinem Zeitpunkt durch Beobachtungen begründet«, erklärt der Astrophysiker Matthias Steinmetz. »Das geschlossene Universum, das sich ausdehnt und dann wieder in sich zusammenfällt, ist vermutlich eher philosophisch motiviert, weil die Menschen mit dem Bild eines sich unendlich ausdehnenden Universums Probleme haben.« An ein oszillierendes Universum knüpft auch ein kosmologisches Modell namens Big Bounce an [engl.: der große Rückprall], das eine Erklärung für die im Grunde nicht verstandene Singularität zu Beginn des Urknalls böte. Was aber passiert mit dem Universum, wenn es weder einen Big Bounce noch einen Big Crunch gegeben hat, beziehungsweise geben wird? »Als ein mögliches zeitli-

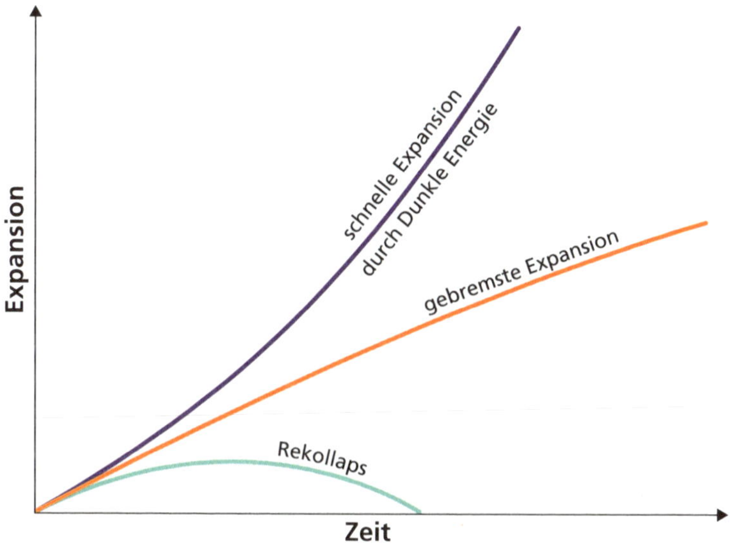

Verlauf des Universums: Vorstellbar ist eine stetig beschleunigte Expansion, die in einem kalten und leeren Kosmos oder in einem Zerreißen durch Dunkle Energie oder in einem Rekollaps durch Übermacht der anziehenden Gravitation endet.

ches Ende wird der Big Rip [engl.: das große Zerreißen] diskutiert«, erklärt Matthias Steinmetz. »Dabei expandiert das Universum aufgrund der Dunklen Energie immer schneller, um schließlich von den größten bis hin zu den kleinsten Strukturen vollständig zerrissen zu werden.« In diesem Szenario zerreißt die Dunkle Energie zuerst die gravitativen Bindungen von Sternen in Galaxien, dann die von Planeten in Planetensystemen, kurz darauf die elektrischen Bindungen in den Atomen, anschließend die nuklearen in den Atomkernen und am Ende dann sogar Raum und Zeit. Doch ob die notwendige Ausdehnung des Universums für ein solch reißerisches Finale in ferner Zukunft erreicht werden kann, ist durchaus fraglich. Möglicherweise kommt das Ende eher schleichend. Denn wenn das Universum nicht zerreißt, gibt es thermodynamisch betrachtet bloß noch den langsamen Wärmetod, sprich ein thermodynamisches Gleichgewicht nahe dem absoluten Nullpunkt. »Der Big Chill [engl.: die große Kühle] geht mit einer unendlichen Expansion und Abkühlung des Universums einher«, sagt Steinmetz. »In einer sehr fernen Zeit wird es dann vollständig dunkel und kalt sein.« Ohne Energiequellen können keine geordneten Systeme mehr entstehen. Das Universum strebt einem Zustand maximaler Entropie zu, sprich maximaler Unordnung. Vorstellbar ist auch, dass die Wellenlängen für jegliche Strahlungsarten bei unendlicher Expansion des Universums derart gedehnt werden, dass ihre Energien für keine physikalischen Prozesse mehr ausreichen und sich die Temperatur im Universum dem absoluten Nullpunkt nähert. Die Bezeichnung Big Freeze (engl.: das große Einfrieren) versucht, diesem trostlosen Ende einen Ausdruck zu geben. Aus dem Wärmetod würde ein Kältetod. Inwiefern Quantenfluktuationen diesen öden Szenarien noch etwas kosmologische Aufheiterung bescheren könnten, vermag niemand vorherzusagen.

Doch möglicherweise kommt es ganz anders. »Das am LHC am CERN entdeckte Higgs-Boson legt Zeugnis davon ab, dass unser Vakuum im Universum das Ergebnis einer Symmetriebrechung des alleserfüllenden Higgs-Felds ist«, erklärt Thomas Naumann. Mit anderen Worten: Das Universum ist derzeit gar nicht in seinem Grundzustand. »Das wirft die Frage auf, wie wahrscheinlich es ist, dass unser Universum über kurz oder lang, spontan oder durch bestimmte Prozesse angeregt, unter Freisetzung gigantischer Energiemengen in seinen eigentlichen Grundzustand zurückkehrt.« Das wäre wie ein zweiter Urknall, vergleichbar mit dem Phasenübergang des Inflaton-Felds, der die Inflation des frühen Universums ausgelöst haben könnte. »Ein solcher sich mit Lichtgeschwindigkeit ausbreitender Phasenübergang würde unsere Welt radikal verändern.« Es wäre eine Welt mit einer komplett anderen Physik. »Da unser Universum seit vielen Milliarden Jahren von extrem hochenergetischer kosmischer Strahlung durchdrungen wird und immer noch existiert, ist eine solche – unter anderem von Stephen Hawking diskutierte – Katastrophe in absehbarer Zeit allerdings äußerst unwahrscheinlich«, beruhigt Naumann. Für die ferne Zukunft ist ein solches Szenario jedoch nicht völlig auszuschließen. »Ob die Bausteine des Universums ein ewiges Leben haben, hängt auch stark davon ab, ob es eine Urkraft gab, in der alle Kräfte vereinigt waren«, sagt Naumann. Das wäre die ultimative Kraft der großen Vereinigung (beschrieben durch die GUT, siehe S. 228), in der die starke, schwache und elektromagnetische Wechselwirkung bei sehr hohen Energien vereinigt waren. »Dann könnten sich Quarks und Elektronen im Prinzip vereinigen und es gäbe keinen Grund anzunehmen, dass Protonen und Elektronen auf immer stabil sind.« Das hieße im Umkehrschluss, dass ein Proton in ein Positron zerfallen könnte. Da in unserem neutralen Universum zu jedem Proton ein Elektron gehört, würden Elektronen und Positronen in Photonen zerstrahlen. Das Universum würde folglich irgendwann als elektrisch neutrale, leere Lichtblase enden, in der aus der gewöhnlichen Materie einzig die Neutrinos ihre winzigen Massen behalten. Doch wann ist mit einem solchen Proton-Zerfall frühestens zu rechnen? »Die Kamiokande-Experimente in Japan untersuchen diese Fragestellung. Doch bisher wurde kein Signal gemessen, das mit einem Protonzerfall in Verbindung gebracht werden könnte. Fest steht schon heute: Die Lebensdauer des Protons ist wesentlich größer als das aktuelle Alter des Weltalls.«

Allen Szenarien eines immerwährend expandierenden Universums scheint eines gemeinsam: Die Verhältnisse des Urknalls kehren sich in ferner Zukunft um. Gab es zu Beginn noch unendliche Energie in minimalem Raum, gibt es am Ende minimale Energie in maximalem Raum. Die durch Evolution – thermodynamisch betrachtet durch Zunahme der Entropie – gekennzeichnete Zeit löst sich, wie der Historiker Alexander Demandt sagt, »in eine geschichtslose Ewigkeit auf, ein Prädikat, das wir Gott zusprechen.«

FRAGE 40: GIBT ES NOCH ANDERE UNIVERSEN?

Warum es Gründe gibt, das anzunehmen

»Je mehr wir über die physikalischen Mechanismen im Universum lernen, desto feiner abgestimmt wirkt das kosmische Uhrwerk«, erklärt der Physiker Thomas Naumann. »Die fundamentalen Parameter unseres Universums, wie die Zahl der Raumdimensionen, die Dichte seiner Bestandteile oder die Massen seiner Bausteine, bestimmen die Möglichkeiten zur Bildung von Strukturen im Universum und damit auch unser Leben.« Ist die Welt also für uns gemacht? Leben wir in der besten aller Welten, wie es schon Leibniz behauptet hat? Warum sind die Dimensionen und Symmetrien, die Naturgesetze und Naturkonstanten des Universums derart feinjustiert, dass sie die Bildung stabiler und komplexer Strukturen und damit Leben ermöglichen? Alles scheint im Detail abgestimmt zu sein. Das anthropische Prinzip fasst dieses Erstaunen in banal anmutende Worte, in dem es besagt, dass wir nur eine Welt beobachten können, die auch einen Beobachter ermöglicht. Minimale Änderungen an den fundamentalen Parametern würden diesen scheinbar fein auf uns abgestimmten Kosmos zum Einsturz bringen. Deshalb stellte schon Einstein die Frage, ob Gott eine Wahl hatte bei der Erschaffung der Welt.

»Vor diesem Hintergrund entstand in der Teilchenphysik wie in der Kosmologie in den letzten Jahrzehnten die Idee eines Multiversums«, erklärt Naumann, »– ein Multiversum, das aus vielen Universen mit unterschiedlichen physikalischen Gesetzen besteht.« Die Hypothese vom Multiversum gehört für Naumann zu den gewagtesten Konzepten der modernen Wissenschaft. »Hypothesen weisen immer ins Unbekannte und sind meist umstritten. Aber solange wir sie klar unterscheiden von überprüfbaren Theorien, sind sie ein unverzichtbarer Teil des Erkenntnisprozesses.« Das Konzept eines Multiversums ist eng mit dem Gedanken einer extremen Expansion oder Inflation zu Beginn der Evolution des Kosmos verbunden. In der Stringtheorie kann die Vielzahl möglicher Schemata zu Brechungen abstrakter Symmetrien und der sogenannten Kompaktifizierung höherdimensionaler Räume in unserem dreidimensionalen Raum die unvorstellbar große Zahl von 10^{500} erreichen – eine Eins mit 500 Nullen. »Dabei sind die Extradimensionen zusammengerollt, sodass wir bei niedrigen Energien nur unsere drei Dimensionen spüren. Die Anzahl denkbarer Universen mit unterschiedlichen physikalischen Gesetzen in einem Multiversum ist damit theoretisch unerschöpflich.«

Künstlerische Darstellung eines Multiversums: Die einzelnen Universen existieren als Parallelwelten. Das ist fast unglaublich und wohl für immer jenseits unserer erkenntnistheoretischen Grenzen.

Unser Universum, dessen Eigenschaften durch das Standardmodell der Kosmologie wie auch das der Elementarteilchen bestimmt werden, wäre damit nur eines von vielen Universen. Bei einer so großen Anzahl möglicher Universen wird es wahrscheinlich, dass mindestens eines darunter ist, das stabile komplexe Strukturen und daraus Leben hervorbringen kann. Das Konzept des Multiversums macht das logisch unbefriedigende anthropische Prinzip überflüssig. »Denkbar sind Universen mit beispielsweise bis zu sieben zusätzlichen Raumdimensionen, Universen ohne die Asymmetrie zwischen Materie und Antimaterie oder solche, in denen sich die Urkraft nicht oder anders in die uns bekannten Kräfte aufgespalten hat, und viele andere Welten mehr«, sagt Naumann. Zur Erklärung der Feinabstimmung unseres Universums bieten sich damit für Thomas Naumann zwei Auswege an. »Das wäre einerseits die Existenz eines fundamentalen Gesetzes hinter den Dingen: eine Weltformel im Rahmen einer Theory of Everything (ToE) im Sinne des anthropischen Prinzips, oder andererseits das statistische Konzept eines Multiversums, in dem unser Universum bloß eines von vielen Welten ist.« Beide Ansätze können gleichzeitig wahr sein und müssten einander nicht einmal widersprechen.

Für die Astrophysikerin und Publizistin Sibylle Anderl steht man dabei allerdings vor einem prinzipiellen Problem. »Wir haben nur ein empirisch zugängliches Universum. Trotzdem wollen wir wissenschaftliche Aussagen, sprich überprüfbare oder falsifizierbare Aussagen, darüber treffen.« Das darf aber Anderl zufolge nicht darüber hinwegtäuschen, dass uns im Grunde nur eine überschaubare, möglicherweise sogar schlechte Stichprobe vorliegt. »Doch wie kommen wir zu allgemeinen Aussagen, wenn wir nur das eigene Universum kennen und von dem sogar nur einen beobachtbaren Ausschnitt?«

Auch für Sibylle Anderl berührt das anthropische Prinzip eine der Kernfragen der Kosmologie. »Weshalb ist das Universum so, wie es ist? Mit all den Implikationen, die das mit sich bringt.« Denn wäre es anders, würde es uns nicht geben und wir könnten uns diese Frage nicht stellen. »Aus der Stringtheorie erhalten wir eine Aussage zur Möglichkeit der Existenz ganz vieler Universen, richtig«, greift Anderl die These des Multiversums auf, wonach unter den vielen diversen Universen auch eines wie das unsrige ist. »Um das zu glauben, muss man allerdings sehr viel Metaphysik der Stringtheorie in Kauf nehmen«, sagt Anderl.

Doch metaphysische Fragen sieht Anderl allein schon beim Urknall: »Auch bei dem gelangen wir bereits an unsere Erkenntnisgrenzen.« Wie gehen wir damit um? Was bedeutet das? Sind Raum und Zeit erst mit dem Urknall entstanden? Das sind Rätselfragen, die auch Menschen außerhalb der Astronomie sehr stark beschäftigen, wie Sibylle Anderl zu berichten weiß. »Auch hier stehen wir vor erkenntnistheoretischen Fragen«, sagt sie. »In welcher Position stehen wir überhaupt bei unserem Versuch, das Universum zu verstehen?« Denn ohne einige fundamentale Annahmen kommen wir dabei nicht aus. »Das kopernikanische Prinzip ist zuvorderst zu nennen, nämlich anzunehmen, dass unser Universum im Großen und Ganzen überall so aussieht, wie wir es innerhalb unseres Beobachtungshorizonts von der Erde aus sehen können«, sagt Anderl, siehe auch Frage 37 (S. 246). Aber ist das Universum wirklich isotrop und homogen? »Das scheint zwar eine sehr plausible Vorstellung zu sein – denken wir allein an die kosmische Hintergrundstrahlung –, doch handelt es sich immer noch bloß um eine Annahme.« Laut Anderl brauchen wir aber diese Annahme, sonst könnten wir die Kosmologie, wie wir sie betreiben, im Grunde vergessen. »Trotzdem lohnt es sich, über diese Annahmen und Prämissen philosophisch nachzudenken«, empfiehlt Anderl. »Was wären zum Beispiel die Implikationen, wenn das kopernikanische Prinzip in dem uns zugänglichen Teil des Universums nicht gälte?«

Schließlich kommt Sibylle Anderl auf eine Fragestellung zu sprechen, der sie verstärkt in ihrer eigenen philosophischen Auseinandersetzung nachgeht: »Angesichts unseres eingeschränkten Blicks auf das

Universum, gepaart mit dem Anspruch, es dennoch in Gänze verstehen zu wollen, ist es wichtig festzuhalten, dass wir das aus einer rein beobachtenden Perspektive tun.« Wir müssen uns laut Anderl darauf verlassen, dass uns die relevanten Informationen von sich aus erreichen. »Wir können keine Experimente außerhalb unseres Sonnensystems machen. Es bleibt die Frage, inwiefern das unser Potenzial der Erkenntnisfähigkeit beeinflusst.« Beschränkt das unsere Astrophysik und Kosmologie letztlich in ihren Möglichkeiten, oder nicht? Dazu gibt es laut Anderl unterschiedliche Stimmen. »Da wäre beispielsweise der Philosoph Ian Hacking, der die These vertreten hat, dass die Astrophysik keine Wissenschaft wie andere physikalische Disziplinen ist«, weil sie weniger sichere und belastbare Aussagen generiert. Aus Sicht von Sibylle Anderl lässt sich argumentativ relativ leicht dagegenhalten. »Aber Hackings Haltung zeigt, dass es offenbar keine ganz abwegige ist und dass die Astronomie gewisse Eigenheiten aufweist.«

Halten wir fest: Die Astronomie ist eine Disziplin, die massiv auf Prämissen, Modelle und Simulationen vertrauen muss. Und mit diesen Modellansätzen verbinden sich sehr viele interessante erkenntnistheoretische Fragestellungen. »So sprechen beispielsweise viele Astrophysiker, wenn sie kosmologische Simulationen machen, von einem Experiment. Nach dem Motto: Wir haben das Universum nachgebaut in einer Simulation und wir können nun mit diesem simulierten Universum experimentieren.« Für Anderl ist das eine interessante Redeweise. »Was heißt das eigentlich? Gibt es tatsächlich eine Ähnlichkeit zwischen Simulation und Experiment?« Intuitiv würden wir eher sagen, es gibt einen fundamentalen ontologischen Unterschied zwischen Simulation und Experiment. »Aber den genau auszubuchstabieren, entpuppt sich als gar nicht so einfach«, sagt Anderl.

Thomas Naumann nimmt diesen Gedanken auf. Er führt an, dass durch die revolutionären neuen Möglichkeiten der Rechentechnik und der Künstlichen Intelligenz die astrophysikalischen und kosmologischen Simulationen im Ergebnis für die Wissenschaft etwas Neues – etwas Drittes – darstellen; etwas zwischen Theorie und Experiment. »Wichtig dabei ist, klar zwischen Realität und Simulation zu unterscheiden.« Insofern erscheint ihm die letztlich nicht überprüfbare Hypothese des Multiversums unter den kosmologischen Vorstellungen als die erkenntnistheoretisch radikalste.

FRAGE 41: IST DIE ALLGEMEINE RELATIVITÄTS-THEORIE BIS HEUTE UNWIDERLEGT?

Im Grunde ist sie zu schön, um nicht wahr zu sein

»Das einfachste Weltmodell, das wir entwickeln konnten, ist das Standardmodell der Kosmologie, das mit unseren astronomischen Beobachtungsdaten bisher sehr gut im Einklang steht«, erklärt der Kosmologe Matthias Bartelmann von der Universität Heidelberg. »Es ist ein Modell, das sich unmittelbar aus der Allgemeinen Relativitätstheorie ableitet.« Als Standard hat sich dieses Modell in dem vergleichsweise jungen Forschungsgebiet der Kosmologie erst in den letzten Jahren etabliert, »vor allem dadurch, dass sich herausgestellt hat, dass es eine Vielzahl verschiedener Beobachtungen hinsichtlich der Entwicklung des Universums konsistent zusammenzubringen vermag.« Den wichtigsten Impuls hat das Standardmodell laut Bartelmann um die Jahrtausendwende durch genaue Beobachtungen des kosmischen Mikrowellenhintergrunds sowie der Supernova-Explosionen vom Typ Ia erhalten. »Diese Beobachtungen haben gezeigt, dass es so etwas geben muss wie eine kosmologische Konstante oder eine Dunkle Energie. Seitdem spricht man vom Standardmodell der Kosmologie. Nunmehr ist einigermaßen klar, dass es einen einheitlichen Satz aus sechs relativ genau bestimmten Parametern gibt, die aus verschiedenen Beobachtungen herkommend übereinstimmende Ergebnisse liefern.« So bestimmen einerseits Dichteparameter der Materie beziehungsweise Energiekomponenten die Grundgleichungen des Modells, andererseits empirische Parameter, die sich direkt aus experimentellen Beobachtungen ergeben, wie die Hubble-Konstante.

Für Matthias Bartelmann ist das kosmologische Standardmodell aus wissenschaftsphilosophischer und erkenntnistheoretischer Sicht äußerst interessant und eindrucksvoll: »Unter anderem spricht seine enorme Einfachheit sehr für das Modell. Es beruht letztendlich auf nur drei Annahmen«, – erstens, dass die Allgemeine Relativitätstheorie die gültige Gravitationstheorie für das Universum ist, zweitens, dass das Universum letztlich homogen ist und drittens, dass es isotrop ist. »Es stecken also zwei Annahmen zur Symmetrie in dem Modell, nämlich die über die Homogenität, also die Ortsunabhängigkeit, sowie die der Isotropie, also der Richtungsunabhängigkeit.« Und diese beiden Annahmen zur Symmetrie werden mit der Allgemeinen Relativitätstheorie verbunden. »Damit lässt sich die Allgemeine Relativitätstheorie mit Fug und Recht als die einfachste metrische Gravitationstheorie bezeichnen, die es gibt. Und schon haben wir das Weltmodell.«

Für Bartelmann steht damit die Frage im Raum, ob sich ein solch einfaches Weltmodell empirisch begründen lässt. »Es stellt sich heraus, dass wir mit den Friedmann-Lemaître-Gleichungen, die sich aus der Allgemeinen Relativitätstheorie ableiten, tatsächlich so gut wie alle kosmologischen Beobachtungen unter ein Dach bringen können«, erklärt Bartelmann, »vorausgesetzt, wir akzeptieren die Existenz der Dunklen Materie sowie die der Dunklen Energie.« Letztere lässt sich für Bartelmann mit der kosmologischen Konstante erklären, siehe Frage 38 (S. 252). »Dunkle Materie und Dunkle Energie sind die zwei von drei spekulativen Elemente im Standardmodell der Kosmologie«, sagt Bartelmann. »Denn selbst, wenn wir geneigt dazu

Künstlerische Darstellung einer Galaxie mit aktivem Kern, einem Quasar.

sind, der kosmologischen Konstante eine physikalische Bedeutung zuzuschreiben – wofür es meiner Ansicht nach sehr gute Gründe gibt –, bleibt die Ungewissheit, was genau hinter der Dunklen Materie stecken könnte.« Das andere spekulative Element des Standardmodells der Kosmologie ist die Voraussetzung einer kosmologischen Inflation. »Wir verstehen die Expansion des Universums mit der beobachtbaren physikalischen Kausalität im Universum nur dann in unserem Weltmodell, wenn es eine inflationäre Anfangsphase des Universums gegeben hat«, räumt Matthias Bartelmann ein, siehe auch Frage 33 (S. 225). Doch lässt sich dieser Zusammenhang laut Bartelmann auch umdrehen. »Eben weil unser Standardmodell der Kosmologie auf so einfachen und so wenigen Annahmen beruht, führt es uns direkt zur Dunklen Materie, zur Dunklen Energie und zur Inflation. Diese drei spekulativen Elemente sind sozusagen gleich mit in das Modell eingebaut.« Damit stellt sich auch die Frage, ob die Grundannahmen der Homogenität und Isotropie überhaupt richtig sind, und letztlich, ob Einsteins Beschreibung der Gravitation im Rahmen der Allgemeinen Relativitätstheorie korrekt ist.

»Bisher hat die Relativitätstheorie alle Tests bravourös bestanden«, erklärt die Astrophysikerin Victoria Grinberg von der European Space Agency (ESA). Das zeigen beispielsweise Beobachtungen von scheinbar einseitigen Jets von Quasaren (wie 3C175) im Vergleich zu symmetrischen Jets (wie Quasar 3C288), die sich mit Einsteins Spezieller Relativitätstheorie sehr gut erklären lassen. Laut Spezieller Relativitätstheorie wird nämlich die Strahlungscharakteristik einer isotropen, in alle Richtungen strahlenden Lichtquelle, die sich mit relativistischer Geschwindigkeit relativ zu einem Beobachter bewegt, stark in Vorwärtsrichtung gebündelt. Aber das ist nur ein spektakuläres Beispiel zur Überprüfung der Relativitätstheorie. Viktoria Grinberg kommen noch andere in den Sinn, wie zum Beispiel die Messungen von durch Röntgenstrahlen erhitzter Materie aus der unmittelbaren Umgebung von Schwarzen Löchern. »Hier gelangen wir zu fundamentalen Erkenntnissen über diese faszinierenden Objekte, obwohl sie selbst unseren Blicken vollkommen verborgen bleiben«, erklärt Grinberg. »Die Allgemeine Relativitätstheorie macht nämlich konkrete Vorhersagen zu den zwei wesentlichen Eigenschaften eines Schwarzen Lochs«, erklärt Grinberg, nämlich zu dessen Masse sowie der Rotationsgeschwindigkeit, sprich dem Drehimpuls. »Trotz intensiver Studien wurden bisher keinerlei Abweichungen zwischen Vorhersage und Messung in den von uns untersuchten Schwarzen Löchern gefunden.« Bemerkenswert findet Grinberg auch die messbaren Beugungseffekte von Licht, das von einer Akkretionsscheibe um ein Schwarzes Loch ausgestrahlt wird. »Das Licht wird durch die Schwerkraft des Schwarzen Lochs so stark gebrochen, dass es auf der anderen Seite regelrecht in die Scheibe zurückgeworfen wird.« Diese Effekte können mithilfe der Allgemeinen Relativitätstheorie modelliert werden, was wiederum Vorhersagen für die Messungen ermöglicht. »Es zeigt sich auch dabei: Die Vorhersagen stimmen mit den Messergebnissen wunderbar überein«, sagt Victoria Grinberg.

Aufgrund der Bedeutung der Relativitätstheorie für die praktische Anwendung auf Gebieten wie der Navigation und Geodäsie, sprich der Vermessung der Erdoberfläche, gehen die Untersuchungen der physikalischen Grundlagenforschung Hand in Hand mit einem guten Dutzend von entsprechenden Praxistests, ausgeführt in Satellitensystemen und ausgefeilten weltraumgestützten Experimenten. Aspekte zur Lichtgeschwindigkeit aus der Speziellen Relativitätstheorie kommen dabei genauso auf den Prüfstand wie das sogenannte Äquivalenzprinzip der Allgemeinen Relativitätstheorie, das besagt, dass die Trägheit und die Schwere von Masse äquivalent sind. Diese Äquivalenz bildet die Grundvoraussetzung für Einsteins Allgemeine Relativitätstheorie, wonach Masse die Raumzeit krümmt und Gravitation die Wirkung der Raumzeitkrümmung durch Masse ist. Ein Beispiel für Testmessungen der Relativitätstheorie ist die GRACE-Mission, bestehend aus dem Gravity Recovery And Climate Experiment, bei dem ein Satellitenpaar das Erdgravitationsfeld genauer als je zuvor vermessen wird. Damit wollen die Forscherinnen und Forscher kleinste Abweichungen von grundlegenden oder spezifischen Vorhersagen der Relativitätstheorie aufspüren. Ebenso erhoffen sie sich mögliche Hinweise darauf, welche Parameter für die Ausarbeitung einer angestrebten Quantengravitation zu berücksichtigen sind. Doch bisher haben sowohl die Spezielle wie auch die Allgemeine Relativitätstheorie alle Präzisionstests mit Bravour bestanden, zeigen die Tests keinerlei Auffälligkeiten, die in die eine oder andere theoretische Richtung weisen könnten.

Aber ist die Relativitätstheorie nicht ohnehin zu schön, um nicht wahr zu sein? Auf der einen Seite der Gleichung der Allgemeinen Relativitätstheorie steht das Gravitationsfeld G, auf der anderen Seite der Energie-Impuls-Tensor T als Ausdruck der Materie sowie die kosmologische Konstante Λ mit dem Metriktensor für die Dunkle Energie. Für den Physiker John Archibald Wheeler beschreibt die Gleichung die

Beziehung von Raumzeit und Materie, wobei die Materie der Raumzeit sagt, wie sie sich krümmen soll, und die Raumzeit der Materie wiederum, wie sie sich bewegen soll. Für Matthias Bartelmann ist die Schlichtheit des Modells erkenntnistheoretisch absolut überwältigend. »Wir gehen von einer Gravitationstheorie aus, die mit gutem Recht als die einfachste metrische Gravitation in vier Dimensionen gelten kann, nämlich von der Allgemeinen Relativitätstheorie. Dann machen wir die einfachsten Symmetrieannahmen, die vorstellbar sind, nämlich die der räumlichen Homogenität und Isotropie. Und auf diese Weise erhalten wir ein Weltmodell.«

Doch gibt es auch für Matthias Bartelmann in der Allgemeinen Relativitätstheorie etwas Verwunderliches. »Das betrifft das Verhältnis der newtonschen Gravitationskonstante zur kosmologischen Konstante«, was Bartelmann auf eine Längeneinheit führt. »Und diese Längeneinheit hat eine Bedeutung. Sie gibt nämlich an, auf welcher Skala der anziehende in den abstoßenden Teil der Gravitation übergeht«, siehe auch Frage 38 (S. 252). »Und in diesem Zusammenhang stehen wir tatsächlich vor einem Rätsel.« Weshalb ist die Gravitation so unvorstellbar schwach – im Vergleich zur Elektrodynamik beispielsweise um 40 Größenordnungen? In den Verhältnissen der Konstanten lässt sich ein tieferer physikalischer Sinn vermuten, ist sich Bartelmann sicher. Ein Sinn, der noch im Verborgenen liegt.

FRAGE 42: GIBT ES EINE ANTWORT AUF DIE FRAGE NACH ALLEM?

Warum wir vor (k)einem ultimativen Rätsel stehen

Diese letzte, die 42. Frage zielt auf den Sinn des Universums ab, auf Ziel und Zweck der kosmologischen Evolution, letztlich auf unsere

Rolle darin. Die Zahl ist Referenz an Douglas Adams' Roman *The Hitchhiker's Guide to the Galaxy* (dt.: *Per Anhalter durch die Galaxis*). In diesem Science-Fiction-Roman entwickeln pandimensionale hyperintelligente Wesen einen Supercomputer namens Deep Thought, dem sie besagte Frage nach ›life, the universe and everything‹ (dt.: dem Leben, dem Universum und dem ganzen Rest) stellen, um nach einer Rechenzeit von 7,5 Millionen Jahren endlich eine Antwort zu erhalten: 42. Aber wie lässt sich der Fragestellung abseits einer belletristischen Verballhornung nachgehen? Gibt es einfach keinen tieferen Sinn im kosmischen Gesamtsystem? Oder verhält sich die kosmologische Evolution wie von dem Jesuiten und Naturforscher Pierre Teilhard de Chardin gedeutet als ein großer Prozess, der mit Gott begonnen hat und am Ende auch wieder mit Gott enden wird – als großer Pilgerweg Gottes, bei dem das Universum von ihm ausgeht und sich am Ende der Zeit wieder in ihm sammelt und zurückkehrt? Oder ist das menschliche Gewese um einen tieferen Sinn des Universums sowieso unverhältnismäßig angesichts einer gigantischen Anzahl von Paralleluniversen, die eingebettet in einem gigantischen Multiversum sind?

»Um der Frage der Erfassbarkeit des Universums nachzugehen, hilft es vielleicht, die Entwicklung des Universums, vom Urknall bis zur Gegenwart, auf ein Kalenderjahr zu projizieren«, schlägt der Astrophysiker Günther Hasinger vom Deutschen Zentrum für Astrophysik (DZA) vor. Der Urknall erfolgt demnach am 1. Januar, unsere Gegenwart erleben wir genau ein Jahr später zu Silvester. »Anhand dieser Skalierung auf ein Erdenjahr lässt sich sehr schön darstellen, wann die verschiedenen kosmologischen Phänomene auftauchen, wie wir sie heute beobachten und zeitlich zuordnen«, erklärt Hasinger. »Das Universum ist 13,8 Milliarden Jahre alt. Wenn man diesen Zeitraum auf eine Skala eines Erdenjahres aufteilt, dann entsprechen 100 Jahre des Universums etwa 0,2 Sekunden unseres irdischen

Kalenderjahres.« Der Urknall hat einen heißen Feuerball hinterlassen, der sich rasant ausbreitet. Es dauert in dieser Skalierung etwa 14 Minuten der ersten Stunde des ersten Tages, bis sich die geladenen Atome und Elektronen finden und sich das Licht von der Materie entkoppeln kann. Im Laufe der nächsten Tage entspringen die ersten Sterne den Protogalaxien, kurz darauf kollabieren die ersten Sterne zu stellaren Schwarzen Löchern. »Die allerersten Sterne, die wir heute beobachten, haben ihr Licht auf dieser Skala bereits am 5. Januar ausgesendet.« So weit können wir mit dem James Webb Space Telescope zurückblicken. In der Folgezeit bis in den Sommer des Jahres bilden sich immer mehr neue Sterne und viele weitere Galaxien. Am 9. September schließlich entstehen unsere Sonne und ihre Planeten, darunter auch unsere Erde. »In dieser kalendarischen Einteilung erscheint unser eigenes Gestirn also erst im Herbst.« Doch hat es da schon viele Generationen vorangegangener Sterne gegeben. »Wir wissen aufgrund der beobachtbaren Vielfalt der chemischen Elemente – auch die unserer Sonne –, dass bereits zuvor viele, viele Supernova-Explosionen stattgefunden haben, bei denen die schwereren Elemente geschaffen wurden.« Für Hasinger ist absolut faszinierend, dass in dieser Kalendereinteilung bereits am 28. September – nur knapp drei Wochen nach Bildung des Sonnensystems – das erste Leben auf der Erde entsteht. »Da gibt es die Blaualgen, die dann ungewollt Terraforming betreiben und die Erdatmosphäre so ausgestalten, wie wir sie in etwa noch heute vorfinden. Und dieser erstaunlich kurze Zeitraum zwischen dem 9. und dem 28. September ist für mich eine Indikation dafür, dass die Entstehung des Lebens bereits vorbereitet war, dass die Bausteine längst existiert haben«, sagt Hasinger und spricht von einem Indiz dafür, dass einfaches Leben auch an anderen Orten des Universums anzutreffen sein müsste. »Es dauert dann aber vom 28. September bis zum 16. Dezember, also praktisch über zwei Monate auf dieser Skala, bis sich aus den einfachen Lebewesen die komplexen Lebewesen wie Wirbeltiere und Pflanzen entwickeln.« Und dann erfolgt regelrecht ein Urknall der biologischen Evolution. »In der Zeit vom 20. bis zum 24. Dezember entstehen Wälder, Fische, Reptilien. Auf dieser Skala werden die Weihnachtsbäume rechtzeitig zu Weihnachten fertig.« Erst am 25. Dezember entstehen die ersten Säugetiere – kleine Nager, die sich vor den Dinosauriern verstecken müssen. Denn zu diesem Zeitpunkt bilden die Saurier noch die dominante Lebensform, »– bis zum 28. Dezember, dann sterben sie von einem Moment zum nächsten aus«, sehr wahrscheinlich durch einen gewaltigen Meteoriteneinschlag in Yucatán im heutigen Mexiko. »Dann dauert es noch bis zum 31. Dezember, genauer bis um 20:00 Uhr des letzten Kalendertags – praktisch bis zur Tagesschau des Silvesterabends. Erst zu diesem Zeitpunkt entstehen die allerersten Vorfahren des Menschen – der *Australopithecus* und *Homo erectus* und wie sie alle heißen.« Etwa sechs Minuten vor Mitternacht betritt der moderne Mensch, der *Homo sapiens*, die Bildfläche. Er ist aber zu diesem Zeitpunkt noch nicht allein, denn es gibt noch den Neandertaler, der allerdings 70 Sekunden vor Mitternacht wieder ausstirbt. Unsere großen Weltreligionen entstehen etwa zehn Sekunden vor Mitternacht; 4,6 Sekunden vor Mitternacht wird Jesus Christus in der Krippe zu Bethlehem geboren. Hier beginnt unsere moderne Zeitrechnung. Die industrielle Revolution, der fossile Ressourcenverbrauch und mit ihr die Klimaveränderung – all das passiert auf dieser Skala in weniger als einer halben Sekunde. Unser eigenes, ganz persönliches Leben umfasst darauf bloß 0,18 Sekunden – ein knappes Blinzeln der Augenlider. »Doch empfinde ich es als faszinierend wie tröstlich«, sagt Günther Hasinger, »dass auf der Skala des Universums das eigene Leben immerhin noch nach menschlichen Maßstäben ermessen werden kann.« Als ein Wimpernschlag sozusagen.

DANKSAGUNG

Dieses Buch basiert maßgeblich auf Gesprächen und Diskussionen mit mehr als zwei Dutzend Wissenschaftlerinnen und Wissenschaftlern zu den 42 größten Rätseln der Astronomie. Der Dank gebührt daher zunächst meinen Gesprächspartnern zu den einzelnen Rätselfragen, die mir konzentriert, offenherzig und feinfühlig von den astronomischen Fragestellungen zum Aufbau unseres Universums und ihrer faszinierenden Erforschung berichtet haben. Im Einzelnen danke ich (aufgeführt in alphabetischer Reihenfolge unter Zuordnung der Rätselfragen als Fußnoten): Sibylle Anderl[40] (Astrophysikerin und Publizistin der *Frankfurter Allgemeine Zeitung* beziehungsweise der Wochenzeitschrift *Die Zeit*), Matthias Bartelmann[32,33,35,38,41] (Kosmologe an der Universität Heidelberg), Andreas Bauswein[16,21] (Astrophysiker am GSI Helmholtzzentrum für Schwerionenforschung in Darmstadt), Pascale Ehrenfreund[1,3,4,5,6,7,9,10,11] (Astrobiologin an der niederländischen Universität Leiden), Heino Falcke[18,19,20,27,28] (Astrophysiker an der niederländischen Radboud-Universität Nijmegen und der Max-Planck-Gesellschaft), Eva Grebel[12,17,23,26,29,30,31] (Astrophysikerin an der Universität Heidelberg), Victoria Grinberg[18,21,22,27,28,41] (Astrophysikerin der European Space Agency ESA), Günther Hasinger[19,21,32,33,34,35,37,38,42] (Astrophysiker am Deutschen Zentrum für Astrophysik DZA), Saskia Hekker[13,16] (Astrophysikerin an der Universität Heidelberg), Thomas Janka[16] (theoretischer Physiker am Max-Planck-Institut für Astrophysik MPA), Ralf Klessen[1,12,22,26] (theoretischer Astrophysiker an der Universität Heidelberg), Ulrich Köhler[1,2,3,4,5,6,7] (Planetengeologe am Institut für Planetenforschung in Berlin-Adlershof des Deutschen Zentrums für Luft- und Raumfahrt DLR), Dominik Kraus[6] (Experimentalphysiker am Helmholtz-Zentrum Dresden-Rossendorf HZDR), Thomas Lohse[24,25] (Experimentalphysiker der Humboldt-Universität zu Berlin),

Susanne Mertens[24,25,36] (Experimentalphysikerin an der Technischen Universität München TUM), Thomas Naumann[39,40] (Physiker am Deutschen Elektronen-Synchrotron DESY in Zeuthen), Heike Rauer[8,9,10,11] (Astrophysikerin am Institut für Planetenforschung in Berlin-Adlershof des Deutschen Zentrums für Luft- und Raumfahrt DLR), Ronald Redmer[6] (theoretischer Physiker an der Universität Rostock), Sami Solanki[9,13,14,15] (Astrophysiker am Max-Planck-Institut für Sonnensystemforschung in Göttingen), Frank Stefani[14] (Physiker am Helmholtz-Zentrum Dresden-Rossendorf HZDR) und Matthias Steinmetz[2,17,23,26,27,29,30,31,32,37,39] (Astronom am Leibniz-Institut für Astrophysik in Potsdam AIP).

Für konzeptionelle Ratschläge und Ideen zur Ausgestaltung der Fragestellungen danke ich überdies den Physikerinnen und Physikern Gisela Anton, Ursula Bassler und Ralph Engel, für spezifische Korrekturanmerkungen Felix Ahlborn, Marc Hempel und Thomas Naumann. Besonderer Dank für das Probelesen und die Kommentierung des Gesamtmanuskripts geht an meinen Physiklehrer Werner Goldbaum, den Publizisten Konstantin Sakkas und nicht zuletzt an den Physiker (und meinen Ex-Kommilitonen) Bernd Ruhm. Dem Astroteilchenphysiker Johannes Blümer danke ich für sein prägnantes Grußwort, das dem Buch vorangestellt ist. Danken möchte ich auch Sam Eadington für die Zeichnungen und dem Programmredakteur Sven Melchert für die konzeptionelle Betreuung des neuerlichen Vorhabens und unsere vertrauensvolle Zusammenarbeit. Schlussendlich danke ich meiner Familie und meinen Freunden für ihre Unterstützung und für ihr Verständnis, dass man sich nach den Rätseln der Physik auch im Rätseluniversum der Astronomie fantastisch verlieren kann.

WEITERFÜHRENDE LITERATUR

Aktuelles (in alphabetischer Ordnung)

Sibylle Anderl: Das Universum und ich – die Philosophie der Astrophysik. Hanser, München 2017.

Peter Atkins: Vier Gesetze, die das Universum bewegen – eine Einführung in die Thermodynamik. Reclam (Sachbuch), Ditzingen 2014.

Matthias Bartelmann: Das kosmologische Standardmodell: Grundlagen, Beobachtungen und Grenzen. Springer Spektrum, Heidelberg 2019.

Jim Bell: Das Astronomiebuch – 250 Meilensteine in der Geschichte des Universums und seiner Erforschung. Kerkdriel (Niederlande), 2019.

Ilja Bohnet: Die 42 größten Rätsel der Physik – Vom Quantenschaum bis zum Rand des Universums. Franckh-Kosmos, Stuttgart 2020.

Ilja Bohnet & Thomas Naumann: Das rätselhafte Universum – Die fundamentalen Fragen der modernen Wissenschaft. Franckh-Kosmos, Stuttgart 2022.

Thomas Bührke: Was ist Dunkle Materie – die Suche nach der unsichtbaren Kraft im All. Franckh-Kosmos, Stuttgart 2022.

Michael Büker: Ich war noch niemals auf Saturn – eine unterhaltsame Reise durchs Universum. Ullstein, Berlin 2016.

Mark Emmerich & Sven Melchert: Alles über Astronomie: Die Wunder des Weltalls – Sterne und Planeten beobachten. Franckh-Kosmos, Stuttgart 2021.

Heino Falcke & Jörg Römer: Licht im Dunkeln – Schwarze Löcher, das Universum und wir. Klett-Cotta, Stuttgart 2021.

Josef M. Gaßner & Jörn Müller: Kosmologie – Die größte Geschichte aller Zeiten. S. Fischer Verlag, Frankfurt a. M. 2022.

Arnold Hanslmeier: Einführung in die Astronomie und Astrophysik. Springer Spektrum, Heidelberg 2020.

Dieter B. Herrmann: Die Harmonie des Universums – Von der rätselhaften Schönheit der Naturgesetze. Franckh-Kosmos, Stuttgart 2017.

Günther Hasinger: Ist der Himmel symmetrisch? In: Symmetrie und Asymmetrie in Wissenschaft und Kunst (Hrsg.: M. Quack, J. Hacker), Nova Acta Leopoldina NF Nr. 412, Wissenschaftliche Verlagsgesellschaft Stuttgart, 2016.

Hans-Ulrich Keller: Kosmos Himmelsjahr – Sonne, Mond und Sterne im Jahreslauf. Franckh-Kosmos, Stuttgart 2024 (jährlich).

Katie Mack: Das Ende von allem – astrophysikalisch betrachtet. Piper, München 2021.

Matthias Matting: Kosmos und Universum – in 60 Sekunden erklärt. riva, München 2016.

Felicitas Mokler: Die Evolution des Universums: Vom Urknall bis in die Ewigkeit – Neue Erkenntnisse der Kosmologie. Franckh-Kosmos, Stuttgart 2022.

Historisches (in chronologischer Reihenfolge der Ersterscheinung)

Claudius Ptolemäus: mathematiké sýntaxis (Almagest). Alexandria 2. Jahrhundert n. Chr.

Nikolaus Kopernikus: De revolutionibus orbium coelestium. Nürnberg 1543.

Johannes Kepler: Astronomia Nova. Prag 1609.

Galileo Galilei: Sidereus Nuncius. Venedig 1610.

Simon Marius: Mundus Iovialis. Nürnberg 1614.

Isaac Newton: Philosophiae Naturalis Principia Mathematica. London 1687.

Thomas Wright: An original theory or new hypothesis of the universe. London 1750.

Immanuel Kant: Allgemeine Naturgeschichte und Theorie des Himmels. Königsberg und Leipzig 1755.

Pierre-Simon Laplace: Exposition du système du monde („Darstellung des Weltsystems“). Paris 1796.

Joseph Johann von Littrow: Die Wunder des Himmels. Stuttgart 1836. (überarbeitete Fassungen u. a. von Paul Guthnick, Berlin 1910, zuletzt von Karl Stumpff, Bonn 1963)
Robert Henseling: Sternenbüchlein. Franckh'sche Verlagsbuchhandlung, Stuttgart 1909 (und seitdem jährlich, siehe Kosmos Himmelsjahr).
Arthur S. Eddington: Raum, Zeit und Schwere – Ein Umriss der Allgemeinen Relativitätstheorie. Vieweg, Braunschweig 1923.
Bruno H. Bürgel: Weltall und Weltgefühl. Ullstein, Berlin 1925.
Arthur S. Eddington: Der Innere Aufbau der Sterne. Springer Verlag, Berlin 1928.
Hermann Oberth: Wege zur Raumschifffahrt, Oldenbourg-Verlag, München 1929.

Klassiker (in chronologischer Reihenfolge der Ersterscheinung)

Patrick Moore: Wir im Weltall – Kleiner Roman der Astronomie. Langenwiesche, Königstein im Taunus 1955.
Friedrich L. Boschke: Die Schöpfung ist noch nicht zu Ende – Naturwissenschaftler auf den Spuren der Genesis. Econ, Düsseldorf 1962.
Hoimar von Ditfurth: Im Anfang war der Wasserstoff. DTV, München 1972.
Steven Weinberg: Die ersten drei Minuten – Der Ursprung des Universums. Piper, München 1979.
Carl Sagan: Unser Kosmos – eine Reise durch das Weltall. Droemer Knaur, München 1980.
Cecilia Payne-Gaposchkin: Sterne und Sternhaufen – Spektrum der Astronomie. Vieweg, Wiesbaden 1984.
Stephen Hawking: Eine kurze Geschichte der Zeit. Rowohlt, Hamburg 1989.
Paul Davies: Prinzip Chaos – Die neue Ordnung des Kosmos. Goldmann, München 1991.
Donald E. Brownlee und Peter Ward, Rare Earth – Why Complex Life is Uncommon in the Universe, Springer 2000.

Bill Bryson: Eine kurze Geschichte von fast allem. Goldmann, München 2005.

Günther Hasinger: Das Schicksal des Universums – Eine Reise vom Anfang zum Ende, C. H. Beck, München 2007.

Rüdiger Vaas: Hawkings neues Universum – Wie es zum Urknall kam. Franckh-Kosmos, Suttgart 2008.

Lisa Randall: Die Vermessung des Universums – Wie die Physik von Morgen den letzten Geheimnissen auf der Spur ist. S. Fischer Verlag, Frankfurt a. M. 2011.

Belletristik mit Bezug zur Physik und zum Universum (in alphabetischer Ordnung)

Douglas Adams: Per Anhalter durch die Galaxis. (Science-Fiction-Parodie) Heyne, München 2005 (1980).

Ilja Bohnet: Schneeflockenrauschen – oder das Geheimnis der Schwarzen Serie. (Weihnachtskriminalroman im Spannungsfeld von Kunst und Wissenschaft, in dem Wasser eine ganz eigene Rolle spielt.) edition karo, Berlin 2023.

Ilja Bohnet: Einer für alle. (Kurzgeschichte der c't stories im c't–magazin für computertechnik, worin die Weltraumsonde Voyager 2 eine besondere Rolle spielt.) heise, Hannover 03/2023.

Thomas Bührke: Die Sonne im Zentrum – Aristarch von Samos. (Antikenroman) Beck, München 2009.

Andreas Eschbach: Solarstation. (Science-Fiction-Thriller) Lübbe, Köln 2022 (1996).

Stanisław Lem: Solaris. (Science-Fiction-Klassiker) Ullstein, Berlin 2021 (1961).

Cixin Liu: Die Drei Sonnen. (Science-Fiction-Klassiker) Heyne Verlag, München 2016 (2008).

FORSCHUNGSANLAGEN, MESSGERÄTE UND SONDEN (AUSWAHL)

- **4MOST** – 4-metre Multi-Object Spectroscopic Telescope
- **Apollo Program** – Human Spaceflight Program
- **ALMA** – Atacama Large Millimeter/submillimeter Array (observatory)
- **ALPS** – Axion-Like Particles (experiment)
- **AMT** – Africa Millimetre Telescope
- **Arecibo** – Radio Telescope
- **ARIEL** – Atmospheric Remote-sensing Infrared Exoplanet Large-survey (space telescope)
- **BepiColombo** – Joint Mission to the Planet Mercury (space probe)
- **BICEP-2** – Background Imaging of Cosmic Extragalactic Polarization (experiment)
- **BOREXINO** – particle physics experiment to study low energy solar neutrinos
- **Cassini–Huygens** – Space-research mission to Saturn (space probe)
- **CHEOPS**– CHaracterising ExOPlanet Satellite
- **COBE** – Cosmic Background Explorer (space telescope)
- **COROT** – COnvection, ROtation and planetary Transits (space telescope)
- **CRESST** – Cryogenic Rare Event Search with Superconducting Thermometers (experiments)
- **CTA** – Cherenkov Telescope Array (observatory)
- **CLUES** – Constrained Local UniversE Simulations (program)
- **Curiosity** – Mars rover designed to explore the Gale crater on Mars
- **DART** – Double Asteroid Redirection Test (space probe)
- **DARWIN** – Dark Matter Wimp Search with liquid Xenon (experiment)
- **DAVINCI** – Deep Atmosphere Venus Investigation of Noble gases, Chemistry, and Imaging (space probe)
- **DESI** – Dark Energy Spectroscopic Instrument (observatory)
- **Dragonfly** – a planned spacecraft and NASA mission
- **DRESDYN**– Dresdner Natrium-Anlage für Dynamo- und Thermohydraulikforschung (Experiment)
- **Dune** – Deep Underground Neutrino Experiment
- **EHT** – Event Horizon Telescope
- **ELT** – Extremely Large Telescope
- **EnVision** – Orbital Mission to Venus (space probe)
- **eROSITA** – extended ROentgen Survey with an Imaging Telescope Array (space telescope)

- **ESPRESSO at the VLT** – Echelle SPectrograph for Rocky Exoplanets and Stable Spectroscopic Observations at the VLT
- **ET**– Einstein Telescope
- **Euclid** – Near-Infrared Space Telescope
- **Europa Clipper** – Europa Multiple Flyby Mission (space probe)
- **European XFEL** – European X-Ray Free-Electron Laser Facility
- **ExoMars** – Trace Gas Orbiter carrying the Rosalind Franklin rover
- **FAIR** – Facility for Antiproton and Ion Research
- **FAST** – Five-hundred-meter Aperture Synthesis Telescope
- **FGST** – Fermi Gamma-ray Space Telescope
- **Gaia** – Space Observatory
- **GRACE** – Gravity Recovery and Climate Experiment (satellites)
- **GRAIL** – Gravity Recovery and Interior Laboratory
- **GRAVITY at the VLT** – Infrared wavefront sensors to observe highly dust-obscured objects at the VLT
- **H.E.S.S.** – High Energy Stereoscopic System (observatory)
- **HWO** – Habitable Worlds Observatory
- **HAKUTO-R** – ispace (space probe)
- **Hayabusa 2** – Asteroid Sample-Return Mission (space probe)
- **HST** – Hubble Space Telescope
- **IAXO** – International Axion Observatory
- **IceCube** – IceCube Neutrino Observatory
- **INTEGRAL** – INTErnational Gamma-Ray Astrophysics Laboratory
- **JUICE** – Jupiter Icy Moons Explorer (space probe)
- **JWST** – James Webb Space Telescope
- **Kamiokande Observatory** – Laboratory for Cosmic Ray Research
- **KATRIN**– Karlsruher Tritium Neutrino Experiment
- **Kepler** – Kepler Space Telescope
- **LIFE** – Large-Interferometer For Exoplanets (space telescope)
- **LEGEND** – Large Enriched Germanium Experiment for Neutrinoless bb Decay
- **LHC** – Large Hadron Collider
- **LIGO** – Laser Interferometer Gravitational-Wave Observatory
- **LISA** – Laser Interferometer Space Antenna
- **LOFAR** – Low Frequency Array (observatory)
- **LSST** – Large Synoptic Survey Telescope, now Vera C. Rubin Observatory
- **MADMAX** – Magnetized Disc and Mirror Axion Experiment
- **Magic** – Major Atmospheric Gamma-ray Imaging Cherenkov (observatory)
- **MARS Express** – Mars Mission of ESA (space probe)

- **MWA** – Murchison Widefield Array (observatory)
- **NEO Surveyor** – Near-Earth Object Camera (NEOCam), now NEO Surveillance Mission (space probe)
- **New Horizons** – Interplanetary Space Probe
- **OHP** – Observatoire de Haute-Provence
- **OSIRIS-Rex** – Origins Spectral Interpretation Resource Identification Security – Regolith Explorer (space probe)
- **Parker Solar Probe** – Nasa space probe
- **Perseverance** – car-sized Mars rover designed to explore the Jezero crater on Mars
- **Pierre Auger Observatory** – Cosmic Ray Observatory in Argentina
- **Planck** – Space Observatory (space telescope)
- **PLATO** – PLAnetary Transits and Oscillation of stars (space probe)
- **Psyche** – NASA space probe
- **Ptolemy** – Neutrino detector (experiment)
- **Rosalind Franklin** – ExoMars rover
- **Rosetta** – Space Probe
- **SDO** – Solar Dynamics Observatory (space telescope)
- **SETI** – Search for Extraterrestrial Intelligence (program)
- **SKA** – Square Kilometre Array (observatory)
- **SOFIA** – Stratospheric Observatory for Infrared Astronomy
- **SolO** – (Parker) Solar Orbiter (space probe)
- **SUNRISE** – Ballongetragenes Observatorium
- **TESS** – Transiting Exoplanet Survey Satellite
- **TRISTAN** – TRitium Investigation on STerile to Active Neutrino mixing (experiment)
- **Venera** – Sowjet space probe program
- **VIRGO** – Large Michelson interferometer designed to detect gravitational waves (observatory)
- **VISTA** – Visible and Infrared Survey Telescope for Astronomy
- **VLA** – Very Large Array (observatory)
- **VLT** – Very Large Telescope on Paranal (observatory)
- **WHT** – William Herschel Telescope
- **WMAP** – Wilkinson Microwave Anisotropy (space) Probe
- **XENON** – Dark Matter Research Project (experiment)
- **XMM-Newton** – High Throughput X-ray Spectroscopy Mission and the X-ray Multi-Mirror Mission (space telescope)
- **XRISM** – X-Ray Imaging and Spectroscopy Mission (space telescope)

Bildnachweis

11: Sam Eadington/KOSMOS; 13: Sam Eadington/KOSMOS; 36: Sam Eadington/KOSMOS; 40: ALMA (ESO/NAOJ/NRAO); 43: Sam Eadington/KOSMOS; 49: ESA/BepiColombo/MTM; 52: NASA/GSFC; 63: ESO/G. Glasø/M. Kornmesser; 66: NASA/JPL-Caltech; 72: German Space Agency at DLR; 77: ESA/Rosetta/NAVCAM; 79: Sam Eadington/KOSMOS; 81: Sam Eadington/KOSMOS; 85: ESA/ATG medialab; 90: OHB System AG; 92: NASA/Ames Research Center/Daniel Rutter; 99: wikimedia/Arne Nordmann (norro); 101: Sam Eadington/KOSMOS; 104: Sam Eadington/KOSMOS; 110: Clark et al.: The Formation and Fragmentation of Disks around Primordial Protostars, https://arxiv.org/abs/1101.5284, Fig. 1.; 113: ESO/M. Kornmesser; 116: Sam Eadington/KOSMOS; 122: NASA/GSFC/Solar Dynamics Observatory; 127: ESO/Petr Horálek; 133: ESA/ATG medialab; 137: NASA/JPL-Caltech; 139: ESO/P. Horálek; 140: Sam Eadington/KOSMOS; 147: EHT Collaboration; 151: Space Telescope Science Institute/FECYT, IAC; 155: Gerhard Weiland/KOSMOS; 158: Gerhard Weiland/KOSMOS; 163: ESO, ESA/Hubble, M. Kornmesser; 167: Sam Eadington/KOSMOS; 172: ESA/ATG medialab; background image: ESO/S. Brunier; 178: CTA/M-A. Besel/IAC (G.P. Diaz)/ESO; 182: MPA Garching/Springel et al.; 189: NASA, ESA, CSA, and STScI; 196: ESO/M. Kornmesser; 201: NSF/LIGO/Sonoma State University/A. Simonnet; 203 oben links: ESO; 203 oben rechts: NASA, ESA and the Hubble SM4 ERO Team; 203 Mitte: NASA, ESA, and The Hubble Heritage Team (STScI/AURA); 203 unten links: ESA/Hubble & NASA, L. Kelsey; 203 unten rechts: ESA/Hubble & NASA; 208: ESO; 213: NASA; ESA; Z. Levay and R. van der Marel, STScI; T. Hallas; and A. Mellinger; 220: CLUES team and C. Henze, N. McCurdy, J. Primack; 222, 226: Sam Eadington/KOSMOS; 229: Steffen Richter/Harvard University; 232: CERN; 238 oben: NASA; 238 unten: ESA and the Planck Collaboration; 245: Patrick Krause on behalf of the LEGEND collaboration; 247, 248, 249: Sam Eadington/KOSMOS; 251: NASA, ESA, CSA, STScI, B. Robertson (UC Santa Cruz), B. Johnson (CfA), S. Tacchella (Cambridge), P. Cargile (CfA); 257: ESA; 259: Nicolle R. Fuller, National Science Foundation; 261: Sam Eadington/KOSMOS; 265: shutterstock/Juergen Faelchle; 271: NASA, ESA and J. Olmsted (STScI).

Impressum
Umschlaggestaltung von Büro Jorge Schmidt, München, unter Verwendung einer Aufnahme des Lagunennebels (Hubble-Weltraumteleskop, NASA/ESA/STScI). Abbildungen im Innenumschlag: vorne Galaxienhaufen SMACS 0723 (James Webb Space Telescope/NASA, ESA, CSA, STScI); hinten: Illustration eines supermassereichen Schwarzen Lochs (ESO, ESA/Hubble, M. Kornmesser).

Mit 20 Farb- und Schwarzweißfotos und 44 Zeichnungen

Unser gesamtes Programm finden Sie unter **kosmos.de**.
Über Neuigkeiten informieren Sie regelmäßig unsere Newsletter, einfach anmelden unter **kosmos.de/newsletter**

FSC www.fsc.org MIX Papier | Fördert gute Waldnutzung FSC® C014889

Gedruckt auf chlorfrei gebleichtem Papier

ISBN 978-3-440-17913-0
Redaktion: Susanne Richter, Sven Melchert
Satz: DOPPELPUNKT, Stuttgart
Produktion: Ralf Paucke
Druck und Bindung: Friedrich Pustet GmbH & Co. KG, Regensburg
Printed in Germany / Imprimé en Allemagne